建筑施工现场专业人员技能与实操丛书

安 全 员

苏 建 主编

中国计划出版社

图书在版编目（CIP）数据

安全员 / 苏建主编. -- 北京 : 中国计划出版社, 2016.3
（建筑施工现场专业人员技能与实操丛书）
ISBN 978-7-5182-0375-8

Ⅰ. ①安… Ⅱ. ①苏… Ⅲ. ①建筑工程—工程施工—安全技术 Ⅳ. ①TU714

中国版本图书馆CIP数据核字(2016)第047958号

建筑施工现场专业人员技能与实操丛书
安全员
苏 建 主编

中国计划出版社出版
网址：www. jhpress. com
地址：北京市西城区木樨地北里甲11号国宏大厦C座3层
邮政编码：100038 电话：(010) 63906433（发行部）
新华书店北京发行所发行
北京天宇星印刷厂印刷

787mm×1092mm 1/16 15印张 359千字
2016年3月第1版 2016年3月第1次印刷
印数1—3000册

ISBN 978-7-5182-0375-8
定价：42.00元

《安全员》编委会

前　　言

安全管理是一项系统工程，包含着丰富的内涵和深邃的哲理。安全员只有不断加深自身的理论素养，学会用科学、辩证的眼光看问题，才能认清和把握安全工作的本质规律，在各种错综复杂的情况与是非面前，保持清醒的头脑和坚定的信念，也才能做一名合格的安全员。随着社会经济的发展，安全形式越来越严峻。为了提高安全员专业技术水平，加强科学施工与工程管理，确保工程质量和安全生产，我们组织编写了这本书。

本书根据《建筑与市政工程施工现场专业人员职业标准》JGJ/T 250—2011、《建筑施工扣件式钢管脚手架安全技术规范》JGJ 130—2011、《建筑施工门式钢管脚手架安全技术规范》JGJ 128—2010、《建筑施工木脚手架安全技术规范》JGJ 164—2008、《建筑施工竹脚手架安全技术规范》JGJ 254—2011、《建筑施工碗扣式钢管脚手架安全技术规范》JGJ 166—2008、《建筑施工工具式脚手架安全技术规范》JGJ 202—2010、《建筑施工模板安全技术规范》JGJ 162—2008、《施工现场临时用电安全技术规范》JGJ 46—2005、《建筑机械使用安全技术规程》JGJ 33—2012、《建设工程施工现场消防安全技术规范》GB 50720—2011、《建筑施工安全检查标准》JGJ 59—2011 等标准编写，主要内容包括施工现场临时用电安全管理、施工现场消防安全、高处作业安全防护、脚手架工程安全技术、建筑分部分项工程安全技术、现场施工机械安全使用、建筑施工安全检查与验收。本书内容丰富、通俗易懂；针对性、实用性强；既可供安全人员及相关工程技术和管理人员参考使用，也可作为建筑施工企业安全员岗位培训教材。

由于作者的学识和经验所限，虽经编者尽心尽力但书中仍难免存在疏漏或未尽之处，敬请有关专家和读者予以批评指正。

编　者

2015 年 9 月

目　　录

1　施工现场临时用电安全管理 ……（1）
1.1　临时用电安全管理概述 ……（1）
1.1.1　临时用电组织设计 ……（1）
1.1.2　电工及用电人员 ……（1）
1.1.3　安全技术档案 ……（2）
1.2　配电系统安全管理 ……（3）
1.2.1　配电室及自备电源 ……（3）
1.2.2　配电线路 ……（4）
1.2.3　配电箱及开关箱 ……（8）
1.3　施工照明安全管理 ……（18）
1.3.1　一般规定 ……（18）
1.3.2　照明供电 ……（18）
1.3.3　照明装置 ……（19）
1.4　防雷与接地安全管理 ……（20）
1.4.1　一般规定 ……（20）
1.4.2　保护接零 ……（22）
1.4.3　接地与接地电阻 ……（22）
1.4.4　防雷 ……（23）
1.5　电动建筑机械和手持电动工具的安全管理 ……（23）
1.5.1　一般规定 ……（23）
1.5.2　起重机械 ……（24）
1.5.3　桩工机械 ……（25）
1.5.4　夯土机械 ……（25）
1.5.5　焊接机械 ……（25）
1.5.6　手持式电动工具 ……（25）
1.5.7　其他电动建筑机械 ……（26）
2　施工现场消防安全 ……（27）
2.1　建筑防火 ……（27）
2.1.1　临时用房防火 ……（27）
2.1.2　在建工程防火 ……（27）
2.2　临时消防设施 ……（28）

2.2.1 一般规定 …… (28)
2.2.2 灭火器 …… (29)
2.2.3 临时消防给水系统 …… (30)
2.2.4 应急照明 …… (32)
2.3 防火管理 …… (32)
2.3.1 一般规定 …… (32)
2.3.2 可燃物及易燃易爆危险品管理 …… (33)
2.3.3 用火、用电、用气管理 …… (34)
2.3.4 其他防火管理 …… (35)
3 高处作业安全防护 …… (36)
3.1 高处作业安全防护 …… (36)
3.1.1 基本规定 …… (36)
3.1.2 临边作业的安全防护 …… (36)
3.1.3 洞口作业的安全防护 …… (38)
3.1.4 攀登作业的安全防护 …… (38)
3.1.5 悬空作业的安全防护 …… (41)
3.1.6 操作平台的安全防护 …… (42)
3.1.7 交叉作业的安全防护 …… (44)
3.1.8 高处作业安全防护设施的验收 …… (45)
3.2 建筑施工安全“三宝”、“四口” …… (45)
3.2.1 “三宝”防护安全技术 …… (45)
3.2.2 “四口”防护安全技术 …… (47)
3.2.3 “三宝”、“四口”及临边防护检查评分标准 …… (48)
4 脚手架工程安全技术 …… (51)
4.1 扣件式钢管脚手架 …… (51)
4.1.1 施工准备 …… (51)
4.1.2 地基与基础 …… (51)
4.1.3 搭设 …… (51)
4.1.4 拆除 …… (53)
4.1.5 安全管理 …… (54)
4.2 门式钢管脚手架 …… (55)
4.2.1 施工准备 …… (55)
4.2.2 地基与基础 …… (55)
4.2.3 搭设 …… (55)
4.2.4 拆除 …… (56)
4.2.5 安全管理 …… (57)
4.3 木脚手架 …… (58)
4.3.1 构造与搭设的基本要求 …… (58)

4.3.2 外脚手架的构造与搭设 …… (58)
4.3.3 满堂脚手架的构造与搭设 …… (61)
4.3.4 烟囱、水塔架的构造与搭设 …… (61)
4.3.5 斜道的构造与措施 …… (62)
4.3.6 脚手架拆除 …… (62)
4.3.7 安全管理 …… (63)
4.4 竹脚手架 …… (64)
4.4.1 构造与搭设的一般规定 …… (64)
4.4.2 双排脚手架 …… (68)
4.4.3 斜道 …… (72)
4.4.4 满堂脚手架 …… (73)
4.4.5 烟囱、水塔脚手架 …… (74)
4.4.6 拆除 …… (76)
4.4.7 安全管理 …… (77)
4.5 碗扣式钢管脚手架 …… (78)
4.5.1 施工组织 …… (78)
4.5.2 地基与基础处理 …… (78)
4.5.3 双排脚手架搭设 …… (78)
4.5.4 双排脚手架拆除 …… (79)
4.5.5 模板支撑架的搭设与拆除 …… (79)
4.5.6 安全使用与管理 …… (79)
4.6 工具式脚手架 …… (80)
4.6.1 附着式升降脚手架 …… (80)
4.6.2 高处作业吊篮 …… (89)
4.6.3 外挂防护架 …… (91)
4.6.4 安全管理 …… (93)
5 建筑分部分项工程安全技术 …… (96)
5.1 地基基础工程 …… (96)
5.1.1 土石方工程 …… (96)
5.1.2 沉井工程 …… (97)
5.1.3 地基处理工程 …… (97)
5.1.4 桩基工程 …… (98)
5.1.5 地下防水工程 …… (98)
5.2 主体结构工程 …… (99)
5.2.1 混凝土工程 …… (99)
5.2.2 砌体工程 …… (103)
5.2.3 钢结构工程 …… (104)
5.3 装饰装修工程 …… (108)

5.3.1 饰面板（砖）工程 …… (108)
5.3.2 涂装工程 …… (109)
5.3.3 油漆工程 …… (109)
5.3.4 门窗安装工程 …… (110)
5.3.5 轻质隔墙与玻璃工程 …… (111)
5.3.6 抹灰工程 …… (112)
5.3.7 吊顶与幕墙工程 …… (112)
5.3.8 裱糊、软包与细部工程 …… (113)
6 现场施工机械安全使用 …… (114)
6.1 土石方机械设备 …… (114)
6.1.1 一般规定 …… (114)
6.1.2 单斗挖掘机 …… (114)
6.1.3 挖掘装载机 …… (116)
6.1.4 推土机 …… (117)
6.1.5 拖式铲运机 …… (118)
6.1.6 自行式铲运机 …… (119)
6.1.7 静作用压路机 …… (119)
6.1.8 振动压路机 …… (120)
6.1.9 平地机 …… (121)
6.1.10 轮胎式装载机 …… (121)
6.1.11 蛙式夯实机 …… (122)
6.1.12 振动冲击夯 …… (123)
6.1.13 强夯机械 …… (124)
6.2 建筑起重机械设备 …… (124)
6.2.1 一般规定 …… (124)
6.2.2 履带式起重机 …… (127)
6.2.3 汽车、轮胎式起重机 …… (128)
6.2.4 塔式起重机 …… (129)
6.2.5 桅杆式起重机 …… (133)
6.2.6 门式、桥式起重机与电动葫芦 …… (134)
6.2.7 卷扬机 …… (135)
6.2.8 井架、龙门架物料提升机 …… (136)
6.2.9 施工升降机 …… (137)
6.3 运输机械设备 …… (138)
6.3.1 一般规定 …… (138)
6.3.2 自卸汽车 …… (140)
6.3.3 平板拖车 …… (140)
6.3.4 机动翻斗车 …… (141)

6.3.5 散装水泥车 …… (141)
6.3.6 皮带运输机 …… (142)
6.4 桩工机械 …… (142)
6.4.1 一般规定 …… (142)
6.4.2 柴油打桩锤 …… (144)
6.4.3 振动桩锤 …… (145)
6.4.4 静力压桩机 …… (146)
6.4.5 转盘钻孔机 …… (146)
6.4.6 螺旋钻孔机 …… (147)
6.4.7 全套管钻机 …… (148)
6.4.8 旋挖钻机 …… (148)
6.4.9 深层搅拌机 …… (149)
6.4.10 成槽机 …… (149)
6.4.11 冲孔桩机 …… (150)
6.5 混凝土机械设备 …… (150)
6.5.1 一般规定 …… (150)
6.5.2 混凝土搅拌机 …… (151)
6.5.3 混凝土搅拌运输车 …… (151)
6.5.4 混凝土输送泵 …… (152)
6.5.5 混凝土泵车 …… (153)
6.5.6 插入式振捣器 …… (153)
6.5.7 附着式、平板式振捣器 …… (153)
6.5.8 混凝土振动台 …… (154)
6.5.9 混凝土喷射机 …… (154)
6.5.10 混凝土布料机 …… (155)
6.6 钢筋加工机械设备 …… (155)
6.6.1 一般规定 …… (155)
6.6.2 钢筋调直切断机 …… (155)
6.6.3 钢筋切断机 …… (156)
6.6.4 钢筋弯曲机 …… (156)
6.6.5 钢筋冷拉机 …… (157)
6.6.6 钢筋冷拔机 …… (157)
6.6.7 钢筋螺纹成型机 …… (158)
6.6.8 钢筋除锈机 …… (158)
6.7 焊接机械设备 …… (158)
6.7.1 一般规定 …… (158)
6.7.2 交（直）流焊机 …… (159)
6.7.3 氩弧焊机 …… (160)

6.7.4 点焊机 …… (160)
6.7.5 二氧化碳气体保护焊机 …… (160)
6.7.6 埋弧焊机 …… (161)
6.7.7 对焊机 …… (161)
6.7.8 竖向钢筋电渣压力焊机 …… (161)
6.7.9 气焊（割）设备 …… (162)
6.7.10 等离子切割机 …… (162)
6.7.11 仿形切割机 …… (163)
6.8 木工机械设备 …… (163)
6.8.1 一般规定 …… (163)
6.8.2 带锯机 …… (164)
6.8.3 圆盘锯 …… (164)
6.8.4 平面刨（手压刨） …… (164)
6.8.5 压刨床（单面和多面） …… (165)
6.8.6 木工车床 …… (165)
6.8.7 木工铣床（裁口机） …… (165)
6.8.8 开榫机 …… (166)
6.8.9 打眼机 …… (166)
6.8.10 锉锯机 …… (166)
6.8.11 磨光机 …… (166)
6.9 地下施工机械设备 …… (167)
6.9.1 一般规定 …… (167)
6.9.2 顶管机 …… (167)
6.9.3 盾构机 …… (168)
6.10 动力与电气装置 …… (170)
6.10.1 一般规定 …… (170)
6.10.2 内燃机 …… (171)
6.10.3 发电机 …… (171)
6.10.4 电动机 …… (172)
6.10.5 空气压缩机 …… (173)
6.10.6 10kV 以下配电装置 …… (174)
7 建筑施工安全检查与验收 …… (175)
7.1 施工项目安全检查 …… (175)
7.1.1 安全检查的内容 …… (175)
7.1.2 安全检查的方法 …… (177)
7.1.3 安全检查的评分办法 …… (178)
7.1.4 施工机械的安全检查和评价 …… (180)
7.1.5 临时用电的安全检查和评价 …… (199)

7.1.6 消防设施的安全检查和评价 …… (211)
7.2 施工项目安全验收 …… (215)
7.2.1 验收项目 …… (215)
7.2.2 验收的程序 …… (215)
7.2.3 验收内容 …… (215)
7.2.4 各种检查验收表（单） …… (216)
参考文献 …… (225)

1 施工现场临时用电安全管理

1.1 临时用电安全管理概述

1.1.1 临时用电组织设计

施工现场临时用电施工组织设计是施工现场临时用电安装、架设、使用、维修和管理的重要依据，指导和帮助供、用电人员准确按照用电施工组织设计的具体要求和措施执行确保施工现场临时用电的安全性和科学性。

（1）施工现场临时用电设备在5台及以上或设备总容量在50kW及以上者，应编制用电组织设计。

（2）施工现场临时用电组织设计应包括下列内容：

1）现场勘测。

2）确定电源进线、变电所或配电室、配电装置、用电设备位置及线路走向。

3）进行负荷计算。

4）选择变压器。

5）设计配电系统。

①设计配电线路，选择导线或电缆。

②设计配电装置，选择电器。

③设计接地装置。

④绘制临时用电工程图纸，主要包括用电工程总平面图、配电装置布置图、配电系统接线图、接地装置设计图。

6）设计防雷装置。

7）确定防护措施。

8）制定安全用电措施和电气防火措施。

（3）临时用电工程图纸应单独绘制，临时用电工程应按图施工。

（4）临时用电组织设计及变更时，必须履行“编制、审核、批准”程序，由电气工程技术人员组织编制，经相关部门审核及具有法人资格企业的技术负责人批准后实施。变更用电组织设计时应补充有关图纸资料。

（5）临时用电工程必须经编制、审核、批准部门和使用单位共同验收，合格后方可投入使用。

1.1.2 电工及用电人员

（1）电工必须经过按国家现行标准考核合格后，持证上岗工作；其他用电人员必须通过相关职业健康安全教育培训和技术交底，考核合格后方可上岗工作。

（2）安装、巡检、维修或拆除临时用电设备和线路，必须由电工完成，并应有人监护。电工等级应同工程的难易程度和技术复杂性相适应。

（3）各类用电人员应掌握安全用电基本知识和所用设备的性能，并应符合下列规定：

1）使用电气设备前必须按规定穿戴和配备好相应的劳动防护用品，并应检查电气装置和保护设施，严禁设备带“缺陷”运转。

2）保管和维护所用设备，发现问题及时报告解决。

3）暂时停用设备的开关箱必须分断电源隔离开关，并应关门上锁。

4）移动电气设备时，必须经电工切断电源并做妥善处理后进行。

1.1.3 安全技术档案

（1）施工现场临时用电必须建立职业健康安全技术档案，并应包括下列内容：

1）用电组织设计的全部资料。单独编制的施工现场临时用电施工组织设计及相关的审批手续。

2）修改用电组织设计的资料。临时用电施工组织设计及变更时，必须履行“编制、审核、批准”程序，变更用电施工组织设计时应补充有关图纸资料。

3）用电技术交底资料。电气工程技术人员向安装、维修电工和各种用电设备人员分别贯彻交底的文字资料。包括总体意图、具体技术要求、安全用电技术措施和电气防火措施等文字资料。交底内容必须有针对性和完整性，并有交底人员的签名及日期。

4）用电工程检查验收表。

5）电气设备的试验、检验凭单和调试记录。电气设备的调试、测试和检验资料，主要是设备绝缘和性能完好情况。

6）接地电阻、绝缘电阻和漏电保护器漏电动作参数测定记录表。接地电阻测定记录应包括电源变压器投入运行前其工作接地阻值和重复接地阻值。

7）定期检（复）查表。定期检查复查接地电阻值和绝缘电阻值的测定记录等。

8）电工安装、巡检、维修、拆除工作记录。电工维修等工作记录是反映电工日常电气维修工作情况的资料，应尽可能记载详细，包括时间、地点、设备、部位、维修内容、技术措施、处理结果等。对于事故维修还要作出分析提出改进意见。

（2）安全技术档案应由主管该现场的电气技术人员负责建立与管理。其中“电工安装、巡检、维修、拆除工作记录”可指定电工代管，每周由项目经理审核认可，并应在临时用电工程拆除后统一归档。

（3）临时用电工程应定期检查。定期检查时，应复查接地电阻值和绝缘电阻值。

（4）临时用电工程定期检查应按分部、分项工程进行，对安全隐患必须及时处理，并应履行复查验收手续。

1.2 配电系统安全管理

1.2.1 配电室及自备电源

1. 配电室

（1）配电室应靠近电源，并应设在灰尘少、潮气少、振动小、无腐蚀介质、无易燃易爆物品及道路畅通的地方。

（2）成列的配电柜和控制柜两端应与重复接地线及保护零线做电气连接。

（3）配电室和控制室应能自然通风，并应采取防止雨雪侵入和动物进入的措施。

（4）配电室布置应符合下列要求：

1）配电柜正面的操作通道宽度，单列布置或双列背对背布置不小于1.5m，双列面对面布置不小于2.0m。

2）配电柜后面的维护通道宽度，单列布置或双列面对面布置不小于0.8m，双列背对背布置不小于1.5m，个别地点有建筑物结构凸出的地方，则此点通道宽度可减少0.2m。

3）配电柜侧面的维护通道宽度不小于1.0m。

4）配电的顶棚与地面的距离不低于3.0m。

5）配电室内设置值班或检修室时，该室边缘距配电柜的水平距离大于1.0m，并采取屏障隔离。

6）配电室内的裸母线与地面垂直距离小于2.5m时，采用遮拦隔离，遮拦下面通道的高度不小于1.9m。

7）配电室围栏上端与其正上方带电部分的净距不小于0.075m。

8）配电装置的上端距顶棚不小于0.5m。

9）配电室内的母线涂刷有色油漆，以标志相序；以柜正面方向为基准，其涂色符合表1-1规定。

表1-1 母线涂色

相　　别	颜　　色	垂直排列	水平排列	引下排列
L_1（A）	黄	上	后	左
L_2（B）	绿	中	中	中
L_3（C）	红	下	前	右
N	淡蓝	—	—	—

10）配电室的建筑物和构筑物的耐火等级不低于3级，室内配置砂箱和可用于扑灭电器火灾的灭火器。

11）配电室的门应向外开，并配锁。

12）配电室的照明分别设置正常照明和事故照明。

（5）配电柜应装设电度表，并应装设电流表、电压表。电流表与计费电度表不得共用一组电流互感器。

（6）配电柜应装设电源隔离开关及短路、过载、漏电保护电器。电源隔离开关分断时应有明显可见分断点。

（7）配电柜应编号，并应有用途标记。

（8）配电柜或配电线路停电维修时，应挂接地线，并应悬挂“禁止合闸、有人工作”停电标志牌。停送电必须由专人负责。

（9）配电室应保持整洁，不得堆放任何妨碍操作、维修的杂物。

2. 230/400V 自备发电机组

（1）发电机组及其控制、配电、修理室等可分开设置；在保证电气安全距离和满足防火要求情况下可合并设置。

（2）发电机组的排烟管道必须伸出室外。发电机组及其控制、配电室内必须配置可用于扑灭电气火灾的灭火器，严禁存放贮油桶。

（3）发电机组电源必须与外电线路电源连锁，严禁并列运行。

（4）发电机组应采用电源中性点直接接地的三相四线制供电系统和独立设置 TN－S 接零保护系统，其工作接地电阻值应符合《施工现场临时用电安全技术规范》JGJ 46—2005 第 5.3.1 条要求。

（5）发电机控制屏宜装设下列仪表：

1）交流电压表。

2）交流电流表。

3）有功功率表。

4）电度表。

5）功率因数表。

6）频率表。

7）直流电流表。

（6）发电机供电系统应设置电源隔离开关及短路、过载、漏电保护电器。电源隔离开关分断时应有明显可见分断点。

（7）发电机组并列运行时，必须装设同期装置，并在机组同步运行后再向负载供电。

1.2.2 配电线路

施工现场的配电线路一般可分为室外和室内配电线路。室外配电线路又可分为架空配电线路和电缆配电线路。

1. 架空线路的敷设

（1）架空线必须采用绝缘导线。

（2）架空线必须架设在专用电杆上，严禁架设在树木、脚手架及其他设施上。

（3）架空线导线截面的选择应符合下列要求：

1）导线中的计算负荷电流不大于其长期连续负荷允许载流量。

2）线路末端电压偏移不大于其额定电压的5%。

3）三相四线制线路的 N 线和 PE 线截面不小于相线截面的50%，单相线路的零线截面与相线截面相同。

4）按机械强度要求，绝缘铜线截面不小于10mm²，绝缘铝线截面不小于16mm²。

5）在跨越铁路、公路、河流、电力线路档距内，绝缘铜线截面不小于16mm²，绝缘铝线截面不小于25mm²。

（4）架空线在一个档距内，每层导线的接头数不得超过该层导线条数的50%，且一条导线应只有一个接头。

在跨越铁路、公路、河流、电力线路档距内，架空线不得有接头。

（5）架空线路相序排列应符合下列规定：

1）动力、照明线在同一横担上架设时，导线相序排列是：面向负荷从左侧起依次为L_1、N、L_2、L_3、PE。

2）动力、照明线在二层横担上分别架设时，导线相序排列是：上层横担面向负荷从左侧起依次为L_1、L_2、L_3。下层横担面向负荷从左侧起依次为L_1（L_2、L_3）、N、PE。

（6）架空线路的档距不得大于35m。

（7）架空线路的线间距不得小于0.3m，靠近电杆的两导线的间距不得小于0.5m。

（8）架空线路横担间的最小垂直距离不得小于表1－2所列数值。横担宜采用角钢或方木，低压铁横担角钢应按表1－3选用，方木横担截面应按80mm×80mm选用。横担长度应按表1－4选用。

表1－2 横担间的最小垂直距离

排列方式	直线杆（m）	分支或转角杆（m）
高压与低压	1.2	1.0
低压与低压	0.6	0.3

表1－3 低压铁横担角钢选用

导线截面（mm²）	直线杆	分支或转角杆	
		二线及三线	四线及以上
16 25 35 50	∟50×5	2×∟50×5	2×∟63×5
70 95 120	∟63×5	2×∟63×5	2×∟70×6

表1－4 横担长度选用（m）

二线	三线、四线	五线
0.7	1.5	1.8

（9）架空线路与邻近线路或固定物的距离应符合表1－5的规定。

表1－5 架空线路与邻近线路或固定物的距离

<table>
<tr><td>项目</td><td colspan="7">距离类别</td></tr>
<tr><td rowspan="2">最小净空距离（m）</td><td colspan="2">架空线路的过引线、接下线与邻线</td><td colspan="2">架空线与架空线电杆外缘</td><td colspan="3">架空线与摆动最大时树梢</td></tr>
<tr><td colspan="2">0.13</td><td colspan="2">0.05</td><td colspan="3">0.50</td></tr>
<tr><td rowspan="3">最小垂直距离（m）</td><td rowspan="2">架空线同杆架设下方的通信、广播线路</td><td colspan="3">架空线最大弧垂与地面</td><td rowspan="2">架空线最大弧垂与暂设工程顶端</td><td colspan="2">架空线与邻近电力线路交叉</td></tr>
<tr><td>施工现场</td><td>机动车道</td><td>铁路轨道</td><td>1kV以下</td><td>1～10kV</td></tr>
<tr><td>1.0</td><td>4.0</td><td>6.0</td><td>7.5</td><td>2.5</td><td>1.2</td><td>2.5</td></tr>
<tr><td rowspan="2">最小水平距离（m）</td><td colspan="2">架空线电杆与路基边缘</td><td colspan="2">架空线电杆与铁路轨道边缘</td><td colspan="3">架空线边线与建筑物凸出部分</td></tr>
<tr><td colspan="2">1.0</td><td colspan="2">杆高（m）+3.0</td><td colspan="3">1.0</td></tr>
</table>

（10）架空线路宜采用钢筋混凝土杆或木杆。钢筋混凝土杆不得有露筋宽度大于0.4mm的裂纹和扭曲。木杆不得腐朽，其梢径不应小于140mm。

（11）电杆埋设深度宜为杆长的1/10加0.6m，回填土应分层夯实。在松软土质处宜加大埋入深度或采用卡盘等加固。

（12）直线杆和15°以下的转角杆，可采用单横担单绝缘子，但跨越机动车道时应采用单横担双绝缘子；15°～45°的转角杆应采用双横担双绝缘子45°以上的转角杆，应采用十字横担。

（13）架空线路绝缘子应按下列原则选择：

1）直线杆采用针式绝缘子。

2）耐张杆采用蝶式绝缘子。

（14）电杆的拉线宜采用不少于3根*D*4.0mm的镀锌钢丝。拉线与电杆的夹角应在30°～45°之间。拉线埋设深度不得小于1m。电杆拉线如从导线之间穿过，应在高于地面2.5m处装设拉线绝缘子。

（15）因受地形环境限制不能装设拉线时，可采用撑杆代替拉线，撑杆埋设深度不得小于0.8m，其底部应垫底盘或石块。撑杆与电杆之间的夹角宜为30°。

（16）接户线在档距内不得有接头，进线处离地高度不得小于2.5m。接户线最小截面应符合表1－6规定。接户线线间及与邻近线路间的距离应符合表1－7的要求。

表1－6 接线户的最小截面

<table>
<tr><td rowspan="2">接户线架设方式</td><td rowspan="2">接户线长度（m）</td><td colspan="2">接户线截面（mm^2）</td></tr>
<tr><td>铜线</td><td>铝线</td></tr>
<tr><td rowspan="2">架空或沿墙敷设</td><td>10～25</td><td>6.0</td><td>10.0</td></tr>
<tr><td>≤10</td><td>4.0</td><td>6.0</td></tr>
</table>

表1-7 接户线线间及邻近线路间的距离

接户线架设方式	接户线档距（m）	接户线线间距离（mm）
架空敷设	≤25	150
	>25	200
沿墙敷设	≤6	100
	>6	150
架空接户线与广播电话线交叉时的距离（mm）		接户线在上部，600 接户线在下部，300
架空或沿墙敷设的接户线零线和相线交叉时的距离（mm）		100

（17）架空线路必须有短路保护。

采用熔断器做短路保护时，其熔体额定电流不应大于明敷绝缘导线长期连续负荷允许载流量的1.5倍。

采用断路器做短路保护时，其瞬动过流脱扣器脱扣电流整定值应小于线路末段单相短路电流。

（18）架空线路必须有过载保护。采用熔断器或断路器做过载保护时，绝缘导线长期连续负荷允许载流量不应小于熔断器熔体额定电流或断路器长延时过流脱扣器脱扣电流整定值的1.25倍。

2. 电缆线路的敷设

（1）电缆中必须包含全部工作芯线和用作保护零线或保护线的芯线。需要三相四线制配电的电缆线路必须采用五芯电缆。

五芯电缆必须包含淡蓝、绿/黄二种颜色的绝缘芯线。淡蓝色芯线必须用作N线。绿/黄双色芯线必须用作PE线，严禁混用。

（2）电缆截面的选择应符合《施工现场临时用电安全技术规范》JGJ 46—2005第7.1.3条第1款~第3款的规定，根据其长期连续负荷允许载流量和允许电压偏移值确定。

（3）电缆线路应采用埋地或架空敷设，严禁沿地面明设，并应避免机械损伤和介质腐蚀。埋地电缆路径应设方位标志。

（4）电缆类型应根据敷设方式、环境条件选择。埋地敷设宜选用铠装电缆。当选用无铠装电缆时，应能防水、防腐。架空敷设宜选用无铠装电缆。

（5）电缆直接埋地敷设的深度不应小于0.7m，并应在电缆紧邻上、下、左、右侧均匀敷设不小于50mm厚的细砂，然后覆盖砖或混凝土板等硬质保护层。

（6）埋地电缆在穿越建筑物、构筑物、道路、易受机械损伤、介质腐蚀场所及引出地面从2.0m高到地下0.2m处，必须加设防护套管，防护套管内径不应小于电缆外径的1.5倍。

（7）埋地电缆与其附近外电电缆和管沟的平行间距不得小于2m，交叉间距不得小于1m。

(8) 埋地电缆的接头应设在地面上的接线盒内，接线盒应能防水、防尘、防机械损伤，并应远离易燃、易爆、易腐蚀场所。

(9) 架空电缆应沿电杆、支架或墙壁敷设，并采用绝缘子固定，绑扎线必须采用绝缘线，固定点间距应保证电缆能承受自重所带来的荷载，敷设高度应符合《施工现场临时用电安全技术规范》JGJ 46—2005 第 7.1 节架空线路敷设高度的要求，但沿墙壁敷设时最大弧垂距地不得小于 2.0m。

架空电缆严禁沿脚手架、树木或其他设施敷设。

(10) 在建工程内的电缆线路必须采用电缆埋地引入，严禁穿越脚手架引入。电缆垂直敷设应充分利用在建工程的竖井、垂直孔洞等，并宜靠近用电负荷中心，固定点每楼层不得少于一处。电缆水平敷设宜沿墙或门口刚性固定，最大弧垂距地不得小于 2.0m。

装饰装修工程或其他特殊阶段，应补充编制单项施工用电方案。电源线可沿墙角、地面敷设，但应采取防机械损伤和电火措施。

(11) 电缆线路必须有短路保护和过载保护，短路保护和过载保护电器与电缆的选配应符合第 1 款中 (17) 和 (18) 要求。

3. 室内配电线路

(1) 室内配线必须采用绝缘导线或电缆。

(2) 室内配线应根据配线类型采用瓷瓶、瓷（塑料）夹、嵌绝缘槽、穿管或钢索敷设。

潮湿场所或埋地非电缆配线必须穿管敷设，管口和管接头应密封。当采用金属管敷设，金属管必须做等电位连接，且必须与 PE 线相连接。

(3) 室内非埋地明敷主干线距地面高度不得小于 2.5m。

(4) 架空进户线的室外端应采用绝缘子固定，过墙处应穿管保护，距地面高度不得小于 2.5m，并应采取防雨措施。

(5) 室内配线所用导线或电缆的截面应根据用电设备或线路的计算负荷确定，但铜线截面积不应小于 1.5mm^2，铝线截面积不应小于 2.5mm^2。

(6) 钢索配线的吊架间距不宜大于 12m。采用瓷夹固定导线时，导线间距不应小于 35mm，瓷夹间距不应大于 800mm，采用瓷瓶固定导线时，导线间距不应小于 100mm，瓷瓶间距不应大于 1.5m。采用护套绝缘导线或电缆时，可直接敷设于钢索上。

(7) 室内配线必须有短路保护和过载保护，短路保护和过载保护电器与绝缘导线、电缆的选配应符合第 1 款中 (17) 和 (18) 要求。对穿管敷设的绝缘导线线路，其短路保护熔断器的熔体额定电流不应大于穿管绝缘导线长期连续负荷允许载流量的 2.5 倍。

1.2.3 配电箱及开关箱

施工现场的配电箱是电源与用电设备之间的中枢环节，而开关箱又是配电系统的末端，是用电设备的直接控制装置，它们的设置和运用直接影响着施工现场的用电安全。

1. 配电箱及开关箱的设置

(1) 配电系统应设置配电柜或总配电箱、分配电箱、开关箱，实行三级配电。

配电系统宜保证三相负荷平衡。220V 或 380V 单相用电设备宜接入 220/380V 三相四线系统；当单相照明线路电流大于30A时，宜采用220/380V三相四线制供电。

室内配电柜的设置应符合《施工现场临时用电安全技术规范》JGJ 46—2005第6.1节的规定。

（2）总配电箱以下可设若干分配电箱；分配电箱以下可设若干开关箱。

总配电箱应设在靠近电源的区域，分配电箱宜设在用电设备或负荷相对集中的区域，分配电箱与开关箱的距离不得超过30m，开关箱与其控制的固定式用电设备的水平距离不宜超过3m。

（3）每台用电设备必须有各自专用的开关箱。严禁用同一个开关箱直接控制2台及2台以上用电设备（含插座）。

（4）动力配电箱与照明配电箱宜分别设置。当合并设置为同一配电箱时，动力和照明应分路配电；动力开关箱与照明开关箱必须分设。

（5）配电箱、开关箱应装设在干燥、通风及常温场所，不得装设在有严重损伤作用的瓦斯、烟气、潮气及其他有害介质中，亦不得装设在易受外来固体物撞击、强烈振动、液体喷溅及热源烘烤场所，否则，应予清除或做防护处理。

（6）配电箱、开关箱周围应有足够2人同时工作的空间和通道，不得堆放任何妨碍操作、维修的物品，不得有灌木、杂草。

（7）配电箱、开关箱应采用冷轧钢板或阻燃绝缘材料制作，钢板厚度应为1.2～2.0mm，其开关箱箱体钢板厚度不得小于1.2mm，配电箱箱体钢板厚度不得小于1.5mm，箱体表面应做防腐处理。

（8）配电箱、开关箱应装设端正、牢固。固定式配电箱、开关箱的中心点与地面的垂直距离应为1.4～1.6m。移动式配电箱、开关箱应装设在坚固、稳定的支架上。其中心点与地面的垂直距离宜为0.8～1.6m。

（9）配电箱、开关箱内的电器（含插座）应先安装在金属或非木质阻燃绝缘电器安装板上，然后方可整体紧固在配电箱、开关箱箱体内。

金属电器安装板与金属箱体应做电气连接。

（10）配电箱、开关箱内的电器（含插座）应按其规定位置紧固在电器安装板上，不得歪斜和松动。

（11）配电箱的电器安装板上必须分设N线端子板和PE线端子板。N线端子板必须与金属电器安装板绝缘；PE线端子板必须与金属电器安装板做电气连接。

进出线中的N线必须通过N线端子板连接；PE线必须通过PE线端子板连接。

（12）配电箱，开关箱内的连接线必须采用铜芯绝缘导线。导线绝缘的颜色标志应按《施工现场临时用电安全技术规范》JGJ 46—2005第5.1.11条要求配置并排列整齐；导线分支接头不得采用螺栓压接，应采用焊接并做绝缘包扎，不得有外露带电部分。

（13）配电箱、开关箱的金属箱体、金属电器安装板以及电器正常不带电的金属底座、外壳等必须通过PE线端子板与PE线做电气连接，金属箱门与金属箱体必须通过采用编织软铜线做电气连接。

（14）配电箱、开关箱的箱体尺寸应与箱内电器的数量和尺寸相适应，箱内电器安装板板面电器安装尺寸可按照表1－8确定。

表1-8 配电箱、开关箱内电器安装尺寸选择值

间距名称	最小净距（mm）
并列电器（含单极熔断器）间	30
电器进、出线瓷管（塑胶管）孔与电器边沿间	15A，30 20~30A，50 60A及以上，80
上、下排电器进出线瓷管（塑胶管）孔间	25
电器进、出线瓷管（塑胶管）孔至板边	40
电器至板边	40

（15）配电箱、开关箱中导线的进线口和出线口应设在箱体的下底面。

（16）配电箱、开关箱的进、出线口应配置固定线卡，进出线应加绝缘护套并成束卡固在箱体上，不得与箱体直接接触。移动式配电箱、开关箱的进、出线应采用橡皮护套绝缘电缆，不得有接头。

（17）配电箱、开关箱外形结构应能防雨、防尘。

2. 电器装置的选择

（1）配电箱、开关箱内的电器必须可靠、完好，严禁使用破损、不合格的电器。

（2）总配电箱的电器应具备电源隔离，正常接通与分断电路，以及短路、过载、漏电保护功能。电器设置应符合下列原则：

1）当总路设置总漏电保护器时，还应装设总隔离开关、分路隔离开关以及总断路器、分路断路器或总熔断器、分路熔断器。当所设总漏电保护器是同时具备短路、过载、漏电保护功能的漏电断路器时，可不设总断路器或总熔断器。

2）当各分路设置分路漏电保护器时，还应装设总隔离开关、分路隔离开关以及总断路器、分路断路器或总熔断器、分路熔断器。当分路所设漏电保护器是同时具备短路、过载、漏电保护功能的漏电断路器时，可不设分路断路器或分路熔断器。

3）隔离开关应设置于电源进线端，应采用分断时具有可见分断点，并能同时断开电源所有极的隔离电器。如采用分断时具有可见分断点的断器，可不另设隔离开关。

4）熔断器应选用具有可靠灭弧分断功能的产品。

5）总开关电器的额定值、动作整定应与分路开关电器的额定值、动作整定值相适应。

（3）总配电箱应装设电压表、总电流表、电度表及其他需要的仪表。专用电能计量仪表的装设应符合当地供用电管理部门的要求。

装设电流互感器时，其二次回路必须与保护零线有一个连接点，且严禁断开电路。

（4）分配电箱应装设总隔离开关、分路隔离开关以及总断路器、分路断路器或总熔断器、分路熔断器。其设置和选择应符合《施工现场临时用电安全技术规范》JGJ 46—2005要求。

（5）开关箱必须装设隔离开关、断路器或熔断器，以及漏电保护器。当漏电保护器

是同时具有短路、过载、漏电保护功能的漏电断路器时，可不装设断路器或熔断器；隔离开关应采用分断时具有可见分断点，能同时断开电源所有极的隔离电器，并应设置于电源进线端。当断路器是具有可见分断点时，可不另设隔离开关。

（6）开关箱中的隔离开关只可直接控制照明电路和容量不大于3.0kW的动力电路，但不应频繁操作。容量大于3.0kW的动力电路应采用断路器控制，操作频繁时还应附设接触器或其他启动控制装置。

（7）开关箱中各种开关电器的额定值和动作整定值应与其控制用电设备的额定值和特性相适应。通用电动机开关箱中电器的规格可按表1－9选配。

（8）漏电保护器应装设在总配电箱、开关箱靠近负荷的一侧，且不得用于启动电气设备的操作。

（9）漏电保护器的选择应符合现行国家标准《剩余电流动作保护器的一般要求》GB/Z 6829—2008和《剩余电流动作保护装置安装和运行》GB 13955—2005的规定。

（10）开关箱中漏电保护器的额定漏电动作电流不应大于30mA，额定漏电动作时间不应大于0.1s。

使用于潮湿或有腐蚀介质场所的漏电保护器应采用防溅型产品，其额定漏电动作电流不应大于15mA，额定漏电动作时间不应大于0.1s。

（11）总配电箱中漏电保护器的额定漏电动作电流应大于30mA，额定漏电动作时间应大于0.1s，但其额定漏电动作电流与额定漏电动作时间的乘积不应大于30mA·s。

（12）总配电箱和开关箱中漏电保护器的极数和线数必须与其负荷侧负荷的相数和线数一致。

（13）配电箱、开关箱中的漏电保护器宜选用无辅助电源型（电磁式）产品，或选用辅助电源故障时能自动断开的辅助电源型（电子式）产品。当选用辅助电源故障时不能自动断开的辅助电源型（电子式）产品时，应同时设置缺相保护。

（14）漏电保护器应按产品说明书安装、使用。对搁置已久重新使用或连续使用的漏电保护器应逐月检测其特性，发现问题应及时修理或更换。

漏电保护器的正确使用接线方法应按图1－1选用。

（15）配电箱、开关箱的电源进线端严禁采用插头和插座做活动连接。

3. 使用与维护

（1）配电箱、开关箱应有名称、用途、分路标记及系统接线图。

（2）配电箱、开关箱箱门应配锁，并应由专人负责。

（3）配电箱、开关箱应定期检查、维修。检查、维修人员必须是专业电工，检查、维修时必须按规定穿、戴绝缘鞋、手套，必须使用电工绝缘工具，并应做检查、维修工作记录。

（4）对配电箱、开关箱进行定期维修、检查时，必须将其前一级相应的电源隔离开并分闸断电。并悬挂“禁止合闸、有人工作”停电标志牌，严禁带电作业。

（5）配电箱、开关箱必须按照下列顺序操作：

1）送电操作顺序为：总配电箱→分配电箱→开关箱。

2）停电操作顺序为：开关箱→分配电箱→总配电箱。

表 1－9 电动机负荷线和电器选配

电动机				熔断器				启动器		接触器			漏电保护器		负荷线	
型号	功率（kW）	额定电流	启动电流	RL1	RM10	RT10	RC1A	QC20	MSJB MSBB	B	CJX	LC1－D	DZ15L	DZ20L	通用橡套软电缆主芯线截面（mm^2）	铜芯绝缘线芯线截面（mm^2）
Y		A	A	熔断器规格（A）				额定电流（A）		额定电流（A）			脱扣器额定电流（A）		环境 35℃	环境 30℃
1	2	3	4	5	6	7	8	9	10	11	12	13	14	15	16	17
801－4	0.55	1.6	10	15/4	15/6	20/6	10/4	16	8.5	8.5	9	9	6	16	2.5	1.5
801－2	0.75	1.8	13	15/5			10/6									
802－4		2.0	14													
90S－6		2.3	14													
802－2	1.1	2.5	18	15/6		20/10										
90S－4		2.7	18													
90L－6		3.2	19													
90S－2	1.5	3.4	24	15/10	15/10	20/15	10/10									
90L－4		3.7	24													
100L－6		4.0	24													
90L－2	2.2	4.8	33	15/15	15/15											
100L1－4		5.0	35	60/20		20/20										
112M－6		5.6	34	15/15												
132S－8		5.8	32													

续表 1－9

<table>
<tr><th colspan="4">电　动　机</th><th colspan="4">熔　断　器</th><th colspan="2">启　动　器</th><th colspan="3">接　触　器</th><th colspan="2">漏电保护器</th><th colspan="2">负　荷　线</th></tr>
<tr><th>型号</th><th>功率(kW)</th><th>额定电流</th><th>启动电流</th><th>RL1</th><th>RM10</th><th>RT10</th><th>RC1A</th><th>QC20</th><th>MSJB MSBB</th><th>B</th><th>CJX</th><th>LC1－D</th><th>DZ15L</th><th>DZ20L</th><th>通用橡套软电缆主芯线截面(mm^2)</th><th>铜芯绝缘线芯线截面(mm^2)</th></tr>
<tr><th>Y</th><th></th><th>A</th><th>A</th><th colspan="4">熔断器规格(A)</th><th colspan="2">额定电流(A)</th><th colspan="3">额定电流(A)</th><th colspan="2">脱扣器额定电流(A)</th><th>环境 35℃</th><th>环境 30℃</th></tr>
<tr><td>1</td><td>2</td><td>3</td><td>4</td><td>5</td><td>6</td><td>7</td><td>8</td><td>9</td><td>10</td><td>11</td><td>12</td><td>13</td><td>14</td><td>15</td><td>16</td><td>17</td></tr>
<tr><td>100L－2</td><td rowspan="4">3.0</td><td>6.4</td><td>45</td><td rowspan="4">60/20</td><td rowspan="4">60/20</td><td>20/20</td><td rowspan="4">15/15</td><td rowspan="16">16</td><td rowspan="8">8.5</td><td rowspan="8">8.5</td><td rowspan="8">9</td><td rowspan="8">9</td><td rowspan="5">10</td><td rowspan="12">16</td><td rowspan="16">2.5</td><td rowspan="16">1.5</td></tr>
<tr><td>100L2－4</td><td>6.8</td><td>48</td><td rowspan="7">30/25</td></tr>
<tr><td>132S－6</td><td>7.2</td><td>47</td></tr>
<tr><td>132M－8</td><td>7.7</td><td>43</td></tr>
<tr><td>112M－2</td><td rowspan="4">4.0</td><td>8.2</td><td>57</td><td rowspan="4">60/30</td><td rowspan="4">60/25</td><td rowspan="4">30/20</td></tr>
<tr><td>112M－4</td><td>8.8</td><td>62</td><td rowspan="7">16</td></tr>
<tr><td>132M1－6</td><td>9.4</td><td>61</td></tr>
<tr><td>160M1－8</td><td>9.9</td><td>59</td></tr>
<tr><td>132S1－2</td><td rowspan="4">5.5</td><td>11</td><td>78</td><td rowspan="4">60/35</td><td rowspan="4">60/35</td><td rowspan="4">30/30</td><td rowspan="4">30/25</td><td rowspan="4">11.5</td><td rowspan="4">11.5 (B12)</td><td rowspan="4">12</td><td rowspan="4">12</td></tr>
<tr><td>132S－4</td><td>12</td><td>81</td></tr>
<tr><td>132M2－6</td><td>13</td><td>82</td></tr>
<tr><td>160M2－8</td><td>13</td><td>80</td></tr>
<tr><td>132S2－2</td><td rowspan="4">7.5</td><td>15</td><td>105</td><td rowspan="3">60/50</td><td rowspan="4">30/45</td><td rowspan="4">60/40</td><td rowspan="4">60/40</td><td rowspan="4">15.5</td><td rowspan="4">15 (B16)</td><td rowspan="4">16</td><td rowspan="4">16</td><td rowspan="4">20</td><td rowspan="4">20</td></tr>
<tr><td>132M－4</td><td>15</td><td>108</td></tr>
<tr><td>160M－6</td><td>17</td><td>111</td></tr>
<tr><td>100L－8</td><td>18</td><td>97</td><td>60/40</td></tr>
</table>

续表 1－9

电动机				熔断器				启动器		接触器			漏电保护器		负荷线	
型号	功率（kW）	额定电流	启动电流	RL1	RM10	RT10	RC1A	QC20	MSJB MSBB	B	CJX	LC1－D	DZ15L	DZ20L	通用橡套软电缆主芯线截面（mm^2）	铜芯绝缘线芯线截面（mm^2）
Y		A	A	熔断器规格（A）				额定电流（A）		额定电流（A）			脱扣器额定电流（A）		环境 35℃	环境 30℃
1	2	3	4	5	6	7	8	9	10	11	12	13	14	15	16	17
160M1－2	11	22	153	100/80	60/45	60/50	60/50	32	22	22（B25）	22（CJ×1）25（CJ×2）	25	25	32	4.0	1.5
160M－4		23	158										32			
160L－6		25	160													
180L－8		25	151													
160L2－2	15	29	206		100/80	60/60	60/60		30	30（B30）	32（CJ×1）	32			6.0	2.5
160L－4		30	212													
180L－6		32	205										40	40		4.0
200L－8		34	205													
160L－2	18.5	36	249			100/80	100/80	63	37	37（B37）	—	40			10.0	
180M－4		36	251													
200L1－6		38	245										50	50		
225S－8		41	248													
180M－2	22	42	295	100/100			100/100		45	45（B45）		50				6.0
180L－4		43	298													
200L2－6		45	290													
225M－8		48	286													

续表 1－9

电 动 机				熔 断 器				启 动 器		接 触 器			漏电保护器		负 荷 线	
型号	功率（kW）	额定电流	启动电流	RL1	RM10	RT10	RC1A	QC20	MSJB MSBB	B	CJX	LC1－D	DZ15L	DZ20L	通用橡套软电缆主芯线截面（mm^2）	铜芯绝缘线芯线截面（mm^2）
Y		A	A	熔断器规格（A）				额定电流（A）		额定电流（A）			脱扣器额定电流（A）		环境 35℃	环境 30℃
1	2	3	4	5	6	7	8	9	10	11	12	13	14	15	16	17
200L1－2	30	57	398	200/125	200/125	100/100	200/120	63	65	65（B65）	—	63	63	63	16.0	10.0
200L－4		57	398													
225M－6		60	387													
250M－8		63	378													
2202L－2	37	70	489	200/150	200/160	—	200/150	80	85	85（B85）		80	80	80		
225S－4		70	489													
250M－6		72	468												25	
280S－8		79	472													
225M－2	45	84	587	200/200			200/200	—				95	100	100		16
225M－4		84	589													
280S－6		85	555							105（B105）						
280M－8		93	559													
315M－10		98	637		200/200		—									

续表 1－9

电动机				熔断器				启动器		接触器			漏电保护器		负荷线	
型号	功率(kW)	额定电流	启动电流	RL1	RM10	RT10	RC1A	QC20	MSJB MSBB	B	CJX	LC1－D	DZ15L	DZ20L	通用橡套软电缆主芯线截面(mm^2)	铜芯绝缘线芯线截面(mm^2)
Y		A	A	熔断器规格(A)				额定电流(A)		额定电流(A)			脱扣器额定电流(A)		环境 35℃	环境 30℃
1	2	3	4	5	6	7	8	9	10	11	12	13	14	15	16	17
250M－2		103	719	—	—	—	—	—	105	105(B105)	115(CJ×4)	—	—	125	35	16
250M－4		103	718													
280M－6	55	105	682							170(B170)						
315S－8		109	709													25
315M2－10		120	780								185(CJ×2)					
280S－2		140	981		350/225				170					160	50	35
280S－4		140	978													
315S－6	75	142	923													
315M1－8		148	962													
315M3－10		160	1040		350/260									180	70	

注：1. 熔体的额定电流是按电动机轻载启动计算的。

2. 接触器的约(额)定发热电流均大于其额定(工作)电流，因而表中所选接触器均有一定承受过载能力。

3. MSJB、MSBB 系列磁力启动器采用 B 系列接触器和 T 系列热继电器，表中所列数据为启动器额定(工作)电流，均小于其配套接触器的约(额)定发热电流，因而表中所选接触器均有一定承受过载能力。类似地，QC20 系列磁力启动器也有一定承受过载能力。

4. 漏电保护器的脱扣器额定电流系指其长延时动作电流整定值。

5. 负荷线选配按空气中明敷设条件考虑，其中电缆为三芯及以上电缆。

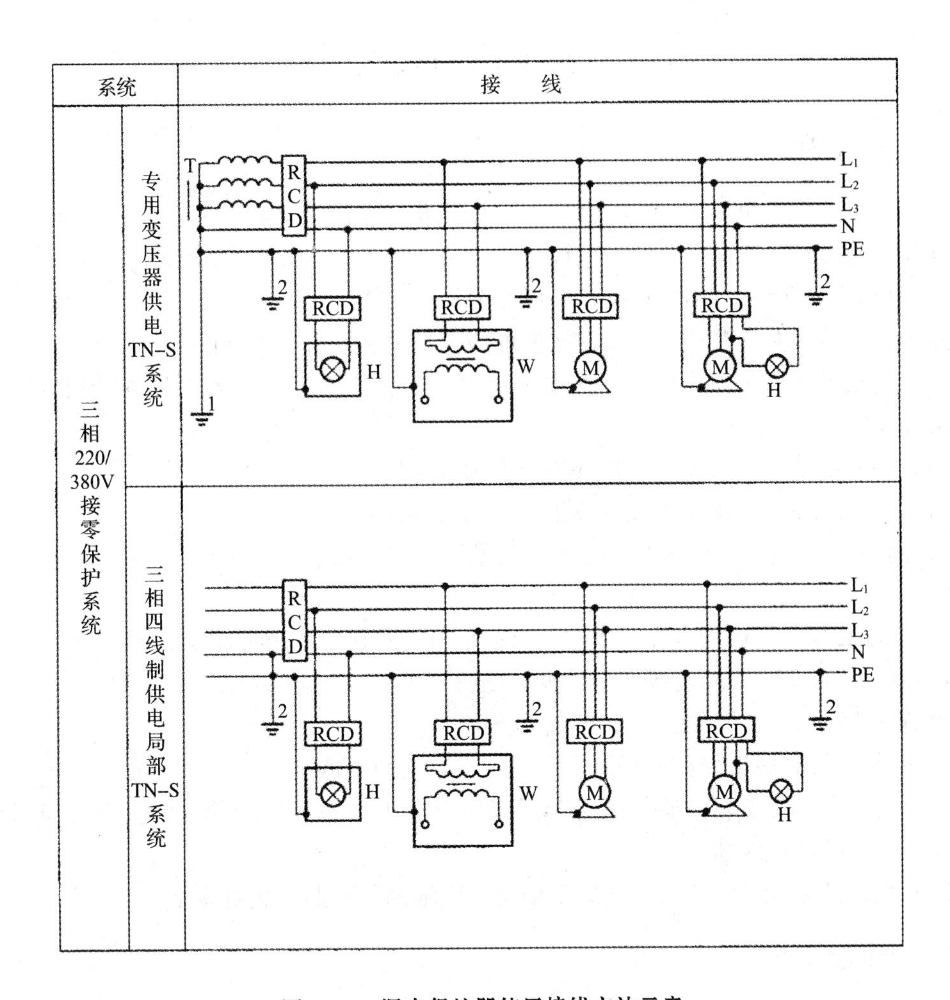

图 1-1 漏电保护器使用接线方法示意

L_1、L_2、L_3—相线；N—工作零线；PE—保护零线，保护线；1—工作接地；2—重复接地；
T—变压线；RCD—漏电保护器；H—照明器；W—电焊机；M—电动机

但出现电气故障的紧急情况可除外。

（6）施工现场停止作业1小时以上时，应将动力开关箱断电上锁。

（7）开关箱的操作人员必须符合《施工现场临时用电安全技术规范》JGJ 46—2005第3.2.3条规定。

（8）配电箱、开关箱内不得放置任何杂物，并应保持整洁。

（9）配电箱、开关箱内不得随意挂接其他用电设备。

（10）配电箱、开关箱内的电器配置和接线严禁随意改动。

熔断器的熔体更换时，严禁采用不符合原规格的熔体代替。漏电保护器每天使用前应启动漏电试验按钮试跳一次，试跳不正常时严禁继续使用。

（11）配电箱、开关箱的进线和出线严禁承受外力，严禁与金属尖锐断口、强腐蚀介质和易燃易爆物接触。

1.3 施工照明安全管理

1.3.1 一般规定

（1）在坑、洞、井内作业、夜间施工或厂房、道路、仓库、办公室、食堂、宿舍、料具堆放场及自然采光差的场所，应设一般照明、局部照明或混合照明。

在一个工作场所内，不得只装设局部照明。

停电后，操作人员需及时撤离的施工现场，必须装设自备电源的应急照明。

（2）现场照明应采用高光效、长寿命的照明光源。对需大面积照明的场所，应采用高压汞灯或混光用的卤钨灯等。

（3）照明器的选择必须按下列环境条件确定：

1）正常湿度的一般场所，选用密闭型防水照明器。

2）潮湿或特别潮湿的场所，选用密闭型防水照明器或配有防水灯头的开启式照明器。

3）含有大量尘埃但无爆炸和火灾危险的场所，选用防尘型照明器。

4）有爆炸和火灾危险的场所，按危险场所等级选用防爆型照明器。

5）存在较强振动的场所，选用防振型照明器。

6）有酸碱等强腐蚀介质的场所，采用耐酸碱型照明器。

（4）照明器具和器材的质量应符合国家现行有关强制性标准的规定，不得使用绝缘老化或破损的器具和器材。

（5）无自然采光的地下大空间施工场所，应编制单项照明用电方案。

1.3.2 照明供电

（1）一般场所宜选用额定电压为220V的照明器。

（2）下列特殊场所应使用安全特低电压照明器：

1）隧道、人防工程、高温、有导电灰尘、比较潮湿或灯具离地面高度低于2.5m等场所的照明，电源电压不应大于36V。

2）潮湿和易触及带电体场所的照明，电源电压不得大于24V。

3）特别潮湿的场所、导电良好的地面、锅炉或金属容器内的照明，电源电压不得大于12V。

（3）使用行灯应符合下列要求：

1）电源电压不大于36V。

2）灯体与手柄应坚固、绝缘良好并耐热耐潮湿。

3）灯头与灯体结合牢固，灯头无开关。

4）灯泡外部有金属保护网。

5）金属网、反光罩、悬吊挂钩固定在灯具的绝缘部位上。

（4）远离电源的小面积工作场地、道路照明、警卫照明或额定电压为12～36V照明的场所，其电压允许偏移值为额定电压值的 -10% ~5%；其余场所电压允许偏移值为额定电压值的 ±5%。

（5）照明变压器必须使用双绕组型安全隔离变压器，严禁使用自耦变压器。

（6）照明系统宜使三相负荷平衡，其中每一个单相回路上，灯具和插座数量不宜超过25个，负荷电流不宜超过15A。

（7）携带式变压器的一次侧电源线应采用橡皮护套或塑料护套软电缆，中间不得有接头，长度不宜超过3m，其中绿/黄双色线只可作PE线使用，电源插销应有保护触头。

（8）工作零线截面应按下列规定选择：

1）单相二线及二相二线线路中，零线截面与相线截面相同。

2）三相四线制线路中，当照明器为白炽灯时，零线截面不小于相线截面的50%；当照明器为气体放电灯时，零线截面按最大负载的电流选择。

3）在逐相切断的三相照明电路中，零线截面与最大负载相线截面相同。

1.3.3 照明装置

（1）照明灯具的金属外壳必须与PE线相连接，照明开关箱内必须装设隔离开关、短路与过载保护器和漏电保护器。

（2）室外220V灯具距地面不得低于3m，室内220V灯具距地面不得低于2.5m。

普通灯具与易燃物距离不宜小于300mm；聚光灯、碘钨灯等高热灯具与易燃物距离不宜小于500mm，且不得直接照射易燃物。达不到规定安全距离时，应采取隔热措施。

（3）路灯的每个灯具应单独装设熔断器保护。灯头线应做防水弯。

（4）荧光灯管应采用管座固定或用吊链悬挂。荧光灯的镇流器不得安装在易燃的结构物上。

（5）碘钨灯及钠、铊、铟等金属卤化物灯具的安装高度宜在3m以上，灯线应固定在杆线上，不得靠近灯具表面。

（6）投光灯的底座应安装牢固，应按需要的光轴方向将枢轴拧紧固定。

（7）螺口灯头及其接线应符合下列要求：

1）灯头的绝缘外壳无损伤、无漏电。

2）相线接在与中心触头相连的一端，零线接在与螺纹口相连的一端。

（8）灯具内的接线必须牢固。灯具外的接线必须做可靠的防水绝缘包扎。

（9）暂设工程的照明灯具宜采用拉线开关控制。开关安装位置宜符合下列要求：

1）拉线开关距地面高度为2~3m，与出、入口的水平距离为0.15~0.2m。拉线的出口应向下。

2）其他开关距地面高度为1.3m，与出、入口的水平距离为0.15~0.2m。

（10）灯具的相线必须经开关控制，不得将相线直接引入灯具。

（11）对夜间影响飞机或车辆通行的在建工程及机械设备，必须设置醒目的红色信号灯，其电源应设在施工现场总电源开关的前侧，并应设置外电线路停止供电时的应急自备电源。

1.4 防雷与接地安全管理

1.4.1 一般规定

（1）在施工现场专用变压器的供电的 TN－S 接零保护系统中，电气设备的金属外壳必须与保护零线连接。保护零线应由工作接地线、配电室（总配电箱）电源侧零线或总漏电保护器电源侧零线处引出（图 1－2）。

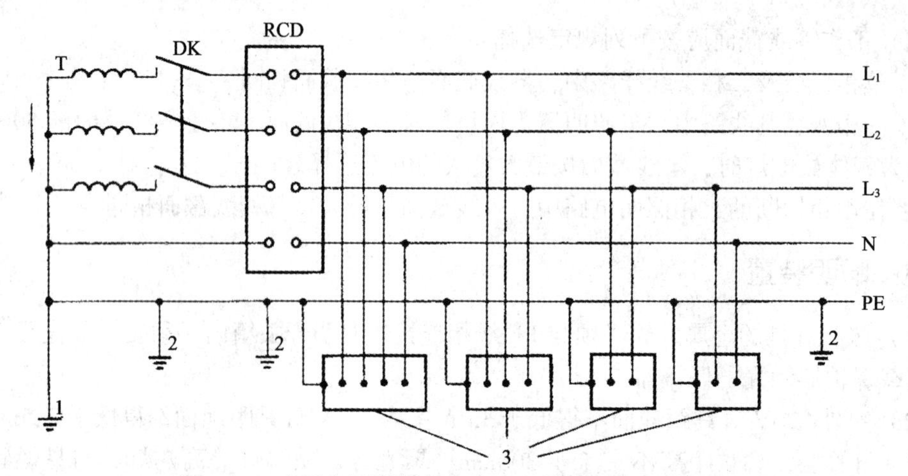

图 1－2 专用变压器供电时 TN－S 接零保护系统示意

1—工作接地；2—PE 重复接地；3—电器设备金属外壳（正常不带电的外露可到点部分）；
L_1、L_2、L_3—相线；N—工作零线；PE—保护零线；DK—总电源隔离开关；
RCD—漏电保护器（兼有短路、过载、漏电保护功能的漏电断路器）；T—变压器

（2）当施工现场与外电线路共用同一供电系统时，电气设备的接地、接零保护应与原系统保持一致。不得一部分设备做保护接零，另一部分设备做保护接地。

采用 TN 系统做保护接零时，工作零线（N 线）必须通过总漏电保护器，保护零线（PE 线）必须由电源进线零线重复接地处或总漏电保护器电源侧零线处，引出形成局部 TN－S 接零保护系统（图 1－3）。

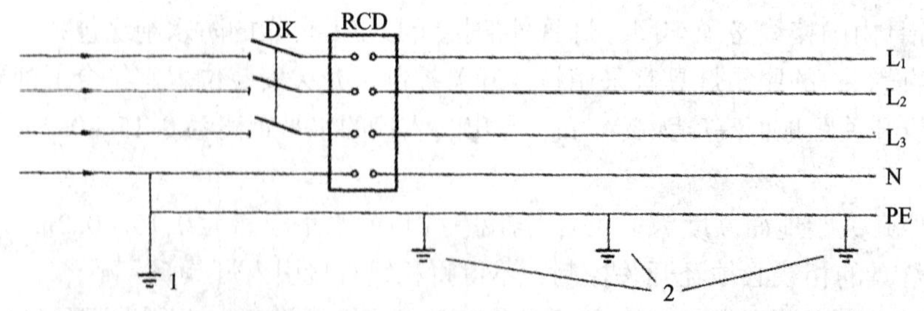

图 1－3 三相四线供电时局部 TN－S 接零保护系统保护零钱引出示意

1—NPE 线重复接地；2—PE 重复接地；L_1、L_2、L_3—相线；N—工作零线；PE—保护零线；
DK—总电源隔离开关；RCD—漏电保护器（兼有短路、过载、漏电保护功能的漏电断路器）

（3）在TN接零保护系统中，通过总漏电保护器的工作零线与保护零线之间不得再做电气连接。

（4）在TN接零保护系统中，PE零线应单独敷设，重复接地线必须与PE线相连接，严禁与N线相连接。

（5）使用一次侧由50V以上电压的接零保护系统供电，二次侧为50V以下电压的安全隔离变压器时，二次侧不得接地，并应将二次线路用绝缘管保护或采用橡皮护套软线。

当采用普通隔离变压器时，其二次侧一端应接地，且变压器正常不带电的外露可导电部分应与一次回路保护零线相连接。

以上变压器尚应采取防直接接触带电体的保护措施。

（6）施工现场的临时用电电力系统严禁利用大地做相线或零线。

（7）接地装置的设置应考虑土壤干燥或冻结等季节变化的影响，并应符合表1－10的规定，接地电阻值在四季中均应符合《施工现场临时用电安全技术规范》JGJ 46—2005第5.3节的要求。但防雷装置的冲击接地电阻值只考虑在雷雨季节中土壤干燥状态的影响。

表1－10　接地装置的季节系数ϕ值

埋深（m）	水平接地体	长2～3m的垂直接地体
0.5	1.4～1.8	1.2～1.4
0.8～1.0	1.25～1.45	1.15～1.3
2.5～3.0	1.0～1.1	1.0～1.1

注：大地比较干燥时，取表中较小值；比较潮湿时，取表中较大值。

（8）PE线所用材质与相线、工作零线（N线）相同时，其最小截面应符合表1－11的规定。

表1－11　PE线截面与相线截面的关系（mm^2）

相线芯线截面S	PE线最小截面
$S \leq 16$	5
$16 < S \leq 35$	16
$S > 35$	$S/2$

（9）保护零线必须采用绝缘导线。配电装置和电动机械相连接的PE线应为截面不小于2.5mm^2的绝缘多股铜线。手持式电动工具的PE线应为截面不小于1.5mm^2的绝缘多股铜线。

（10）PE线上严禁装设开关或熔断器，严禁通过工作电流，且严禁断线。

（11）相线、N线、PE线的颜色标记必须符合以下规定：相线L_1（A）、L_2（B）、L_3（C）相序的绝缘颜色依次为黄、绿、红色；N线的绝缘颜色为淡蓝色；PE线的绝缘颜色为绿/黄双色。任何情况下上述颜色标记严禁混用和互相代用。

1.4.2 保护接零

（1）在TN系统中，下列电气设备不带电的外露可导电部分应做保护接零：

1）电机、变压器、电器、照明器具、手持式电动工具的金属外壳。

2）电气设备传动装置的金属部件。

3）配电柜与控制柜的金属框架。

4）配电装置的金属箱体、框架及靠近带电部分的金属围栏和金属门。

5）电力线路的金属保护管、敷线的钢索、起重机的底座和轨道、滑升模板金属操作平台等。

6）安装在电力线路杆（塔）上的开关、电容器等电气装置的金属外壳及支架。

（2）城防、人防、隧道等潮湿或条件特别恶劣施工现场的电气设备必须采用保护接零。

（3）在TN系统中，下列电气设备不带电的外露可导电部分，可不做保护接零：

1）在木质、沥青等不良导电地坪的干燥房间内，交流电压380V及以下的电气装置金属外壳（当维修人员可能同时触及电气设备金属外壳和接地金属物件时除外）。

2）安装在配电柜、控制柜金属框架和配电箱的金属箱体上，且与其可靠电气挂接的电气测量仪表、电流互感器、电器的金属外壳。

1.4.3 接地与接地电阻

（1）单台容量超过100kV·A或使用同一接地装置并联运行且总容量超过100kV·A的电力变压器或发电机的工作接地电阻值不得大于4Ω。

单台容量不超过100kV·A或使用同一接地装置并联运行且总容量不超过100kV·A的电力变压器或发电机的工作接地电阻值不得大于10Ω。

在土壤电阻率大于1000Ω·m的地区，当达到接地电阻值有困难时，工作接地电阻值可提高到30Ω。

（2）在TN系统中，保护零线每一处重复接地装置的接地电阻值不应大于10Ω。在工作接地电阻值允许达到10Ω的电力系统中，所有重复接地的等效电阻值不应大于10Ω。

（3）在TN系统中，严禁将单独敷设的工作零线再做重复接地。

（4）每一接地装置的接地线应采用2根及以上导体，在不同点与接地体做电气连接。

不得采用铝导体做接地体或地下接地线。垂直接地体宜采用角钢、钢管或光面圆钢，不得采用螺纹钢。

接地可利用自然接地体，但应保证其电气连接和热稳定。

（5）移动式发电机供电的用电设备，其金属外壳或底座应与发电机电源的接地装置有可靠的电气连接。

（6）移动式发电机系统接地应符合电力变压器系统接地的要求。下列情况可不另做保护接零：

1）移动式发电机和用电设备固定在同一金属支架上，且不供给其他设备用电时。

2）不超过2台的用电设备由专用的移动式发电机供电，供、用电设备间距不超过

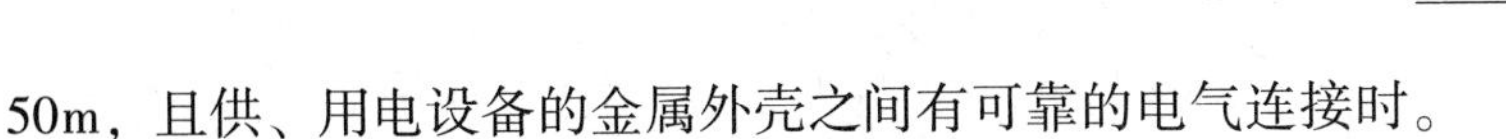

50m，且供、用电设备的金属外壳之间有可靠的电气连接时。

（7）在有静电的施工现场内，对集聚在机械设备上的静电应采取接地泄漏措施。每组专设的静电接地体的接地电阻值不应大于100Ω，高土壤电阻率地区不应大于1000Ω。

1.4.4 防雷

（1）在土壤电阻率低于200Ω区域的电杆可不另设防雷接地装置，但在配电室的架空进线或出线处应将绝缘子铁脚与配电室的接地装置相连接。

（2）施工现场内的起重机、井字架、龙门架等机械设备，以及钢脚手架和正在施工的在建工程等的金属结构，当在相邻建筑物、构筑物等设施的防雷装置接闪器的保护范围以外时，应按表1－12规定安装防雷装置。

表1－12 施工现场内机械设备及高架设施需安装防雷装置的规定

地区年平均雷暴日（d）	机械设备高度（m）
≤15	≥50
>15，<40	≥32
≥40，<90	≥20
≥90及雷害特别严重地区	≥12

当最高机械设备上避雷针（接闪器）的保护范围能覆盖其他设备，且又最后退出现场，则其他设备不可设防雷装置。

确定防雷装置接闪器的保护范围可采用《施工现场临时用电安全技术规范》JGJ 46—2005附录B的滚球法。

（3）机械设备或设施的防雷引下线可利用该设备或设施的金属结构体，但应保证电气连接。

（4）机械设备上的避雷针（接闪器）长度应为1～2m。塔式起重机可另设避雷针（接闪器）。

（5）安装避雷针（接闪器）的机械设备，所有固定的动力、控制、照明、信号及通信线路，应采用钢管敷设。钢管与该机械设备的金属结构体应做电气连接。

（6）施工现场内所有防雷装置的冲击接地电阻值不得大于30Ω。

（7）做防雷接地机械上的电气设备，所连接的PE线必须同时做重复接地。同一台机械电气设备的重复接地和机械的防雷接地可共用同一接地体。但接地电阻应符合重复接地电阻值的要求。

1.5 电动建筑机械和手持电动工具的安全管理

1.5.1 一般规定

（1）施工现场中电动建筑机械和手持式电动工具的选购、使用、检查和维修应遵守下列规定：

1）选购的电动建筑机械、手持式电动工具及其用电安全装置符合相应的国家现行有关强制性标准的规定，且具有产品合格证和使用说明书。

2）建立和执行专人专机负责制，并定期检查和维修保养。

3）接地和漏电保护符合要求，运行时产生振动的设备的金属基座、外壳与 PE 线的连接点不少于 2 处。

4）按使用说明书使用、检查、维修。

（2）塔式起重机、外用电梯、滑升模底板的金属操作平台及需要设置避雷装置的物料提升机，除应连接 PE 线外，还应做重复接地。设备的金属结构构件之间应保证电气连接。

（3）手持式电动工具中的塑料外壳Ⅱ类工具和一般场所手持式电动工具中的Ⅲ类工具可不连接 PE 线。

（4）电动建筑机械和手持式电动工具的负荷线应按其计算负荷选用无接头的橡胶护套铜芯软电缆。

电缆芯线数应根据负荷及其控制电器的相数和线数确定：三相四线时，应选用五芯电缆；三相三线时，应选用四芯电缆。当三相用电设备中配置有单相用电器具时，应选用五芯电缆；单相二线时，应选用三芯电缆。其中 PE 线应采用绿/黄双色绝缘导线。

（5）每一台电动建筑机械或手持式电动工具的开关箱内，除应装设过载、短路、漏电保护电器外，还应装设隔离开关或具有可见分断点的断路器和控制装置。正、反向运转控制装置中的控制电器应采用接触器、继电器等自动控制电器，不得采用手动双向转换开关作为控制电器。

1.5.2 起重机械

（1）塔式起重机的电气设备应符合现行国家标准《塔式起重机安全规程》GB 5144—2006 中的要求。

（2）塔式起重机应按《施工现场临时用电安全技术规范》JGJ 46—2005 第 5.4.7 条要求做重复接地和防雷接地。轨道式塔式起重机接地装置的设置应符合下列要求：

1）轨道两端各设一组接地装置。

2）轨道的接头处作电气连接，两条轨道端部做环形电气连接。

3）较长轨道每隔不大于 30m 加一组接地装置。

（3）塔式起重机与外电线路的安全距离应符合《施工现场临时用电安全技术规范》JGJ 46—2005 第 4.1.4 条要求。

（4）轨道式塔式起重机的电缆不得拖地行走。

（5）需要夜间工作的塔式起重机，应设置正对工作面的投光灯。

（6）塔身高于 30m 的塔式起重机，应在塔顶和臂架端部设红色信号灯。

（7）在强电磁波附近工作的塔式起重机，操作人员应戴绝缘手套和穿绝缘鞋，或在吊钩吊装地面物体时，在吊钩上挂接临时接地装置。

（8）外用电梯梯笼内、外均应安装紧急停止开关。

(9) 外用电梯和物料提升机的上、下极限位置应设置限位开关。

(10) 外用电梯和物料提升机在每日工作前必须对行程开关、限位开关、紧急停止开关、驱动机构和制动器等进行空载检查，正常后方可使用。检查时必须有防坠落措施。

1.5.3 桩工机械

(1) 潜水式钻孔机电动机的密封性能应符合现行国家标准《外壳防护等级（IP代码）》GB 4208—2008 中 IP68 级的规定。

(2) 潜水电动机的负荷线应采用防水橡胶护套铜芯软电缆，长度不应小于1.5m，且不得承受外力。

(3) 潜水式钻孔机开关箱中的漏电保护器，其额定漏电动作电流不应大于15mA，额定漏电动作时间不应大于0.1s。

1.5.4 夯土机械

(1) 夯土机械开关箱中的漏电保护器，其额定漏电动作电流不应大于15mA，额定漏电动作时间不应大于0.1s。

(2) 夯土机械 PE 线的连接点不得少于2处。

(3) 夯土机械的负荷线应采用耐气候型橡胶护套铜芯软电缆。

(4) 使用夯土机械必须按规定穿戴绝缘用品，使用过程应有专人调整电缆，电缆长度不应大于50m。电缆严禁缠绕、扭结和被夯土机械跨越。

(5) 多台夯土机械并列工作时，其间距不得小于5m。前后工作时，其间距不得小于10m。

(6) 夯土机械的操作扶手必须绝缘。

1.5.5 焊接机械

(1) 电焊机械应放置在防雨、干燥和通风良好的地方。焊接现场不得有易燃、易爆物品。

(2) 交流弧焊机变压器的一次侧电源线长度不应大于5m，其电源进线处必须设置防护罩。发电机式直流电焊机的换向器应经常检查和维护，应消除可能产生的异常电火花。

(3) 电焊机械开关箱中的漏电保护器必须符合《施工现场临时用电安全技术规范》JGJ 46—2005 第8.2.10条的要求，交流电焊机械应配装防二次侧触电保护器。

(4) 电焊机械的二次线应采用防水橡胶护套铜芯软电缆，电缆长度不应大于30m，不得采用金属构件或结构钢筋代替二次线的地线。

(5) 使用电焊机械焊接时必须穿戴防护用品。严禁露天冒雨从事电焊作业。

1.5.6 手持式电动工具

(1) 空气湿度小于75%的一般场所可选用Ⅰ类或Ⅱ类手持式电动工具，其金属外壳与 PE 线的连接点不得少于两处。额定漏电动作时间不应大于0.1s，其负荷线插头应具备专用的保护触头。所用插座和插头在结构上应保持一致，避免导电触头和保护触头混用。

（2）在潮湿场所或金属构架上操作时，必须选用Ⅱ类或由安全隔离变压器供电的Ⅲ类手持式电动工具。金属外壳Ⅱ类手持式电动工具使用时，必须符合《施工现场临时用电安全技术规范》JGJ 46—2005 第 9. 6. 1 条要求；其开关箱和控制箱应设置在作业场所外面。在潮湿场所或金属构架上严禁使用Ⅰ类手持式电动工具。

（3）狭窄场所必须选用由安全隔离变压器供电的Ⅲ类手持式电动工具，其开关箱和安全隔离变压器均应设置在狭窄场所外面，并连接 PE 线。漏电保护器的选择应符合《施工现场临时用电安全技术规范》JGJ 46—2005 第 8. 2. 10 条使用于潮湿或有腐蚀介质场所漏电保护器的要求。操作过程中，应有人在外面监护。

（4）手持式电动工具的负荷线应采用耐气候型的橡胶护套铜芯软电缆，并不得有接头。

（5）手持式电动工具的外壳、手柄、插头、开关、负荷线等必须完好无损，使用前必须做绝缘检查和空载检查，在绝缘合格、空载运转正常后方可使用。绝缘电阻不应小于表 1 - 13 规定的数值。

表 1 - 13　手持式电动工具绝缘电阻限值

测量部位	绝缘电阻（MΩ）		
	Ⅰ类	Ⅱ类	Ⅲ类
带电零件与外壳之间	2	7	1

注：绝缘电阻用 500V 兆欧表测量。

（6）使用手持式电动工具时，必须按规定穿、戴绝缘防护用品。

1. 5. 7　其他电动建筑机械

（1）混凝土搅拌机、插入式振动器、平板振动器、地面抹光机、水磨石机、钢筋加工机械、木工机械、盾构机械、水泵等设备的漏电保护应符合《施工现场临时用电安全技术规范》JGJ 46—2005 第 8. 2. 10 条要求。

（2）混凝土搅拌机、插入式振动器、平板振动器、地面抹光机、水磨石机、钢筋加工机械、木工机械、盾构机械的负荷线必须采用耐气候型橡皮护套铜芯软电缆，并不得有任何破损和接头。

水泵的负荷线必须采用防水橡胶护套铜芯软电缆，严禁有任何破损和接头，并不得承受任何外力。

盾构机械的负荷线必须固定牢固，距地高度不得小于 2. 5m。

（3）对混凝土搅拌机、钢筋加工机械、木工机械、盾构机械等设备进行清理、检查、维修时，必须首先将其开关箱分闸断电，呈现可见电源分断点，并关门上锁。

2 施工现场消防安全

2.1 建筑防火

2.1.1 临时用房防火

（1）宿舍、办公用房的防火设计应符合下列规定：

1）建筑构件的燃烧性能等级应为 A 级。当采用金属夹芯板材时，其芯材的燃烧性能等级应为 A 级。

2）建筑层数不应超过 3 层，每层建筑面积不应大于 300m^2。

3）层数为 3 层或每层建筑面积大于 200m^{2}时，应设置至少 2 部疏散楼梯，房间疏散门至疏散楼梯的最大距离不应大于 25m。

4）单面布置用房时，疏散走道的净宽度不应小于 1.0m；双面布置用房时，疏散走道的净宽度不应小于 1.5m。

5）疏散楼梯的净宽度不应小于疏散走道的净宽度。

6）宿舍房间的建筑面积不应大于 30m^2，其他房间的建筑面积不宜大于 100m^2。

7）房间内任一点至最近疏散门的距离不应大于 15m，房门的净宽度不应小于 0.8m；房间建筑面积超过 50m^{2}时，房门的净宽度不应小于 1.2m。

8）隔墙应从楼地面基层隔断至顶板基层底面。

（2）发电机房、变配电房、厨房操作间、锅炉房、可燃材料库房及易燃易爆危险品库房的防火设计应符合下列规定：

1）建筑构件的燃烧性能等级应为 A 级。

2）层数应为 1 层，建筑面积不应大于 200m^2。

3）可燃材料库房单个房间的建筑面积不应超过 30m^2，易燃易爆危险品库房单个房间的建筑面积不应超过 20m^2。

4）房间内任一点至最近疏散门的距离不应大于 10m，房门的净宽度不应小于 0.8m。

（3）其他防火设计应符合下列规定：

1）宿舍、办公用房不应与厨房操作间、锅炉房、变配电房等组合建造。

2）会议室、文化娱乐室等人员密集的房间应设置在临时用房的第一层，其疏散门朝疏散方向开启。

2.1.2 在建工程防火

（1）在建工程作业场所的临时疏散通道应采用不燃、难燃材料建造，并应与在建工程结构施工同步设置，也可利用在建工程施工完毕的水平结构、楼梯。

（2）在建工程作业场所临时疏散通道的设置应符合下列规定：

1）耐火极限不应低于0.5h。

2）设置在地面上的临时疏散通道，其净宽度不应小于1.5m；利用在建工程施工完毕的水平结构、楼梯作临时疏散通道时，其净宽度不宜小于1.0m；用于疏散的爬梯及设置在脚手架上的临时疏散通道，其净宽度不应小于0.6m。

3）临时疏散通道为坡道，且坡度大于25°时，应修建楼梯或台阶踏步或设置防滑条。

4）临时疏散通道不宜采用爬梯，确需采用时，应采取可靠固定措施。

5）临时疏散通道的侧面为临空面时，应沿临空面设置高度不小于1.2m的防护栏杆。

6）临时疏散通道设置在脚手架上时，脚手架应采用不燃材料搭设。

7）临时疏散通道心设置明显的疏散指示标识。

8）临时疏散通道心设置照明设施。

（3）既有建筑进行扩建、改建施工时，必须明确划分施工区和非施工区。施工区不得营业、使用和居住；非施工区继续营业、使用和居住时，应符合下列规定：

1）施工区和非施工区之间应采用不开设门、窗、洞口的耐火极限不低于3.0h的不燃烧体隔墙进行防火分隔。

2）非施工区内的消防设施应完好和有效，疏散通道应保持畅通，并应落实日常值班及消防安全管理制度。

3）施工区的消防安全应配有专人值守，发生火情应能立即处置。

4）施工单位应向居住和使用者进行消防宣传教育，告知建筑消防设施、疏散通道的位置及使用方法，同时应组织疏散演练。

5）外脚手架搭设不应影响安全疏散、消防车正常通行及灭火救援操作，外脚手架搭设长度不应超过该建筑物外立面周长的1/2。

（4）外脚手架、支模架的架体宜采用不燃或难燃材料搭设，下列工程的外脚手架、支模架的架体应采用不燃材料搭设：

1）高层建筑。

2）既有建筑改造工程。

（5）下列安全防护网应采用阻燃型安全防护网：

1）离层建筑外脚手架的安全防护网。

2）既有建筑外墙改造时，其外脚手架的安全防护网。

3）临时疏散通道的安全防护网。

（6）作业场所应设置明显的疏散指示标志，其指示方向应指向最近的临时疏散通道入口。

（7）作业层的醒目位置应设置安全疏散示意图。

2.2 临时消防设施

2.2.1 一般规定

（1）施工现场应设置灭火器、临时消防给水系统和应急照明等临时消防设施。

（2）临时消防设施应与在建工程的施工同步设置。房屋建筑工程中，临时消防设施的设置与在建工程主体结构施工进度的差距不应超过3层。

（3）在建工程可利用已具备使用条件的永久性消防设施作为临时消防设施。当永久性消防设施无法满足使用要求时，应增设临时消防设施，并应符合《建设工程施工现场消防安全技术规范》GB 50720—2011第5.2~5.4节的有关规定。

（4）施工现场的消火栓泵应采用专用消防配电线路。专用消防配电线路应自施工现场总配电箱的总断路器上端接入，且应保持不间断供电。

（5）地下工程的施工作业场所宜配备防毒面具。

（6）临时消防给水系统的贮水池、消火栓泵、室内消防竖管及水泵接合器等应设置醒目标识。

2.2.2 灭火器

（1）在建工程及临时用房的下列场所应配置灭火器：

1）易燃易爆危险品存放及使用场所。

2）动火作业场所。

3）可燃材料存放、加工及使用场所。

4）厨房操作间、锅炉房、发电机房、变配电房、设备用房、办公用房、宿舍等临时用房。

5）其他具有火灾危险的场所。

（2）施工现场灭火器配置应符合下列规定：

1）灭火器的类型应与配备场所可能发生的火灾类型相匹配。

2）灭火器的最低配置标准应符合表2-1的规定。

表2-1 灭火器的最低配置标准

项目	固体物质火灾		液体或可熔化固体物质火灾、气体火灾	
	单具灭火器最小灭火级别	单位灭火级别最大保护面积（m^2/A）	单具灭火器最小灭火级别	单位灭火级别最大保护面积（m^2/B）
易燃易爆危险品存放及使用场所	3A	50	89B	0.5
固定动火作业场	3A	50	89B	0.5
临时动火作业点	2A	50	55B	0.5
可燃材料存放、加工及使用场所	2A	75	55B	1.0
厨房操作间、锅炉房	2A	75	55B	1.0
自备发电机房	2A	75	55B	1.0
变配电房	2A	75	55B	1.0
办公用房、宿舍	1A	100	—	—

3）灭火器的配置数量应按现行国家标准《建筑灭火器配置设计规范》GB 50140—2005 的有关规定经计算确定，且每个场所的灭火器数量不应少于 2 具。

4）灭火器的最大保护距离应符合表 2－2 的规定。

表 2－2 灭火器的最大保护距离（m）

灭火器配置场所	固体物质火灾	液体或可熔化固体物质火灾、气体火灾
易燃易爆危险品存放及使用场所	15	9
固定动火作业场	15	9
临时动火作业点	10	6
可燃材料存放、加工及使用场所	20	12
厨房操作间、锅炉房	20	12
发电机房、变配电房	20	12
办公用房、宿舍等	25	—

2.2.3 临时消防给水系统

（1）施工现场或其附近应设置稳定、可靠的水源，并应能满足施工现场临时消防用水的需要。

消防水源可采用市政给水管网或天然水源。当采用天然水源时，应采取确保冰冻季节、枯水期最低水位时顺利取水的措施，并应满足临时消防用水量的要求。

（2）临时消防用水量应为临时室外消防用水量与临时室内消防用水量之和。

（3）临时室外消防用水量应按临时用房和在建工程的临时室外消防用水量的较大者确定，施工现场火灾次数可按同时发生 1 次确定。

（4）临时用房建筑面积之和大于 $1000m^2$ 或在建工程单体体积大于 $10000m^3$ 时，应设置临时室外消防给水系统。当施工现场处于市政消火栓 150m 保护范围内，且市政消火栓的数量满足室外消防用水量要求时，可不设置临时室外消防给水系统。

（5）临时用房的临时室外消防用水量不应小于表 2－3 的规定。

表 2－3 临时用房的临时室外消防用水量

临时用房的建筑面积之和	火灾延续时间（h）	消火栓用水量（L/s）	每支水枪最小流量（L/s）
$1000m^2 <$ 面积 $\leq 5000m^2$	1	10	5
面积 $> 5000m^2$		15	5

（6）在建工程的临时室外消防用水量不应小于表 2－4 的规定。

表 2－4 在建工程的临时室外消防用水量

在建工程（单体）体积	火灾延续时间（h）	消火栓用水量（L/s）	每支水枪最小流量（L/s）
$10000m^3 <$ 体积 $\leq 30000m^3$	1	15	5
体积 $> 30000m^3$	2	20	5

(7) 施工现场临时室外消防给水系统的设置应符合下列规定：

1) 给水管网宜布置成环状。

2) 临时室外消防给水干管的管径，应根据施工现场临时消防用水量和干管内水流计算速度计算确定，且不应小于 *DN*100。

3) 室外消火栓应沿在建工程、临时用房和可燃材料堆场及其加工场均匀布置，与在建工程、临时用房和可燃材料堆场及其加工场的外边线的距离不应小于5m。

4) 消火栓的间距不应大于120m。

5) 消火栓的最大保护半径不应大于150m。

(8) 建筑高度大于24m或单体体积超过30000m^3的在建工程，应设置临时室内消防给水系统。

(9) 在建工程的临时室内消防用水量不应小于表2－5的规定。

表2－5 在建工程的临时室内消防用水量

建筑高度、在建工程体积（单体）	火灾延续时间（h）	消火栓用水量（L/s）	每支水枪最小流量（L/s）
24m < 建筑高度 ≤ 50m 或 30000m^3 < 体积 ≤ 50000m^3	1	10	5
建筑高度 > 50m 或体积 > 50000m^3		15	5

(10) 在建工程临时室内消防竖管的设置应符合下列规定：

1) 消防竖管的设置位置应便于消防人员操作，其数量不应少于2根，当结构封顶时，应将消防竖管设置成环状。

2) 消防竖管的管径应根据在建工程临时消防用水量、竖管内水流计算速度计算确定，且不应小于 *DN*100。

(11) 设置室内消防给水系统的在建工程，应设置消防水泵接合器。消防水泵接合器应设置在室外便于消防车取水的部位，与室外消火栓或消防水池取水口的距离宜为15～40m。

(12) 设置临时室内消防给水系统的在建工程，各结构层均应设置室内消火栓接口及消防软管接口，并应符合下列规定：

1) 消火栓接口及软管接口应设置在位置明显且易于操作的部位。

2) 消火栓接口的前端应设置截止阀。

3) 消火栓接口或软管接口的间距，多层建筑不应大于50m，高层建筑不应大于30m。

(13) 在建工程结构施工完毕的每层楼梯处应设置消防水枪、水带及软管，且每个设置点不应少于2套。

(14) 高度超过100m的在建工程，应在适当楼层增设临时中转水池及加压水泵。中转水池的有效容积不应少于10m^3，上、下两个中转水池的高差不宜超过100m。

(15) 临时消防给水系统的给水压力应满足消防水枪充实水柱长度不小于10m的要求；给水压力不能满足要求时，应设置消火栓泵，消火栓泵不应少于2台，且应互为备用；消火栓泵宜设置自动启动装置。

（16）当外部消防水源不能满足施工现场的临时消防用水量要求时，应在施工现场设置临时贮水池。临时贮水池宜设置在便于消防车取水的部位，其有效容积不应小于施工现场火灾延续时间内一次灭火的全部消防用水量。

（17）施工现场临时消防给水系统应与施工现场生产、生活给水系统合并设置，但应设置将生产、生活用水转为消防用水的应急阀门。应急阀门不应超过2个，且应设置在易于操作的场所，并应设置明显标识。

（18）严寒和寒冷地区的现场临时消防给水系统应采取防冻措施。

2.2.4 应急照明

（1）施工现场的下列场所应配备临时应急照明：

1）自备发电机房及变配电房。

2）水泵房。

3）无天然采光的作业场所及疏散通道。

4）高度超过100m的在建工程的室内疏散通道。

5）发生火灾时仍需坚持工作的其他场所。

（2）作业场所应急照明的照度不应低于正常工作所需照度的90%，疏散通道的照度值不应小于0.5lx。

（3）临时消防应急照明灯具宜选用自备电源的应急照明灯具，自备电源的连续供电时间不应小于60min。

2.3 防火管理

2.3.1 一般规定

（1）施工现场的消防安全管理应由施工单位负责。

实行施工总承包时，应由总承包单位负责。分包单位应向总承包单位负责，并应服从总承包单位的管理，同时应承担国家法律、法规规定的消防责任和义务。

（2）监理单位应对施工现场的消防安全管理实施监理。

（3）施工单位应根据建设项目规模、现场消防安全管理的重点，在施工现场建立消防安全管理组织机构及义务消防组织，并应确定消防安全负责人和消防安全管理人员，同时应落实相关人员的消防安全管理责任。

（4）施工单位应针对施工现场可能导致火灾发生的施工作业及其他活动，制订消防安全管理制度。消防安全管理制度应包括下列主要内容：

1）消防安全教育与培训制度。

2）可燃及易燃易爆危险品管理制度。

3）用火、用电、用气管理制度。

4）消防安全检查制度。

5）应急预案演练制度。

（5）施工单位应编制施工现场防火技术方案，并应根据现场情况变化及时对其修改、完善。防火技术方案应包括下列主要内容：

1）施工现场重大火灾危险源辨识。

2）施工现场防火技术措施。

3）临时消防设施、临时疏散设施配备。

4）临时消防设施和消防警示标识布置图。

（6）施工单位应编制施工现场灭火及应急疏散预案。灭火及应急疏散预案应包括下列主要内容：

1）应急灭火处置机构及各级人员应急处置职责。

2）报警、接警处置的程序和通信联络的方式。

3）扑救初起火灾的程序和措施。

4）应急疏散及救援的程序和措施。

（7）施工人员进场时，施工现场的消防安全管理人员应向施工人员进行消防安全教育和培训。消防安全教育和培训应包括下列内容：

1）施工现场消防安全管理制度、防火技术方案、灭火及应急疏散预案的主要内容。

2）施工现场临时消防设施的性能及使用、维护方法。

3）扑灭初起火灾及自救逃生的知识和技能。

4）报警、接警的程序和方法。

（8）施工作业前，施工现场的施工管理人员应向作业人员进行消防安全技术交底。消防安全技术交底应包括下列主要内容：

1）施工过程中可能发生火灾的部位或环节。

2）施工过程应采取的防火措施及应配备的临时消防设施。

3）初起火灾的扑救方法及注意事项。

4）逃生方法及路线。

（9）施工过程中，施工现场的消防安全负责人应定期组织消防安全管理人员对施工现场的消防安全进行检查。消防安全检查应包括下列主要内容：

1）可燃物及易燃易爆危险品的管理是否落实。

2）动火作业的防火措施是否落实。

3）用火、用电、用气是否存在违章操作，电、气焊及保温防水施工是否执行操作规程。

4）临时消防设施是否完好有效。

5）临时消防车道及临时疏散设施是否畅通。

（10）施工单位应依据灭火及应急疏散预案，定期开展灭火及应急疏散的演练。

（11）施工单位应做好并保存施工现场消防安全管理的相关文件和记录，并应建立现场消防安全管理档案。

2.3.2 可燃物及易燃易爆危险品管理

（1）用于在建工程的保温、防水、装饰及防腐等材料的燃烧性能等级应符合设计要求。

（2）可燃材料及易燃易爆危险品应按计划限量进场。进场后，可燃材料宜存放于库房内，露天存放时，应分类成垛堆放，垛高不应超过2m，单垛体积不应超过50m³，垛与垛之间的最小间距不应小于2m，且应采用不燃或难燃材料覆盖；易燃易爆危险品应分类专库储存，库房内应通风良好，并应设置严禁明火标志。

（3）室内使用油漆及其有机溶剂、乙二胺、冷底子油等易挥发产生易燃气体的物资作业时，应保持良好通风，作业场所严禁明火，并应避免产生静电。

（4）施工产生的可燃、易燃建筑垃圾或余料，应及时清理。

2.3.3 用火、用电、用气管理

1. 施工现场用火

（1）动火作业应办理动火许可证；动火许可证的签发人收到动火申请后，应前往现场查验并确认动火作业的防火措施落实后，再签发动火许可证。

（2）动火操作人员应具有相应资格。

（3）焊接、切割、烘烤或加热等动火作业前，应对作业现场的可燃物进行清理；作业现场及其附近无法移走的可燃物应采用不燃材料对其覆盖或隔离。

（4）施工作业安排时，宜将动火作业安排在使用可燃建筑材料的施工作业前进行。确需在使用可燃建筑材料的施工作业之后进行动火作业时，应采取可靠的防火措施。

（5）裸露的可燃材料上严禁直接进行动火作业。

（6）焊接、切割、烘烤或加热等动火作业应配备灭火器材，并应设置动火监护人进行现场监护，每个动火作业点均应设置1个监护人。

（7）五级（含五级）以上风力时，应停止焊接、切割等室外动火作业；确需动火作业时，应采取可靠的挡风措施。

（8）动火作业后，应对现场进行检查，并应在确认无火灾危险后，动火操作人员再离开。

（9）具有火灾、爆炸危险的场所严禁明火。

（10）施工现场不应采用明火取暖。

（11）厨房操作间炉灶使用完毕后，应将炉火熄灭，排油烟机及油烟管道应定期清理油垢。

2. 施工现场用电

（1）施工现场供用电设施的设计、施工、运行和维护应符合现行国家标准《建设工程施工现场供用电安全规范》GB 50194—2014 的有关规定。

（2）电气线路应具有相应的绝缘强度和机械强度，严禁使用绝缘老化或失去绝缘性能的电气线路，严禁在电气线路上悬挂物品。破损、烧焦的插座、插头应及时更换。

（3）电气设备与可燃、易燃易爆危险品和腐蚀性物品应保持一定的安全距离。

（4）有爆炸和火灾危险的场所，应按危险场所等级选用相应的电气设备。

（5）配电屏上每个电气回路应设置漏电保护器、过载保护器，距配电屏2m范围内不应堆放可燃物，5m范围内不应设置可能产生较多易燃、易爆气体、粉尘的作业区。

(6) 可燃材料库房不应使用高热灯具，易燃易爆危险品库房内应使用防爆灯具。

(7) 普通灯具与易燃物的距离不宜小于300mm，聚光灯、碘钨灯等高热灯具与易燃物的距离不宜小于500mm。

(8) 电气设备不应超负荷运行或带故障使用。

(9) 严禁私自改装现场供用电设施。

(10) 应定期对电气设备和线路的运行及维护情况进行检查。

3. 施工现场用气

(1) 储装气体的罐瓶及其附件应合格、完好和有效；严禁使用减压器及其他附件缺损的氧气瓶，严禁使用乙炔专用减压器、回火防止器及其他附件缺损的乙炔瓶。

(2) 气瓶运输、存放、使用时，应符合下列规定：

1) 气瓶应保持直立状态，并采取防倾倒措施，乙炔瓶严禁横躺卧放。

2) 严禁碰撞、敲打、抛掷、滚动气瓶。

3) 气瓶应远离火源，与火源的距离不应小于10m，并应采取避免高温和防止曝晒的措施。

4) 燃气储装瓶罐应设置防静电装置。

(3) 气瓶应分类储存，库房内应通风良好；空瓶和实瓶同库存放时，应分开放置，空瓶和实瓶的间距不应小于1.5m。

(4) 气瓶使用时，应符合下列规定：

1) 使用前，应检查气瓶及气瓶附件的完好性，检查连接气路的气密性，并采取避免气体泄漏的措施，严禁使用已老化的橡皮气管。

2) 氧气瓶与乙炔瓶的工作间距不应小于5m，气瓶与明火作业点的距离不应小于10m。

3) 冬季使用气瓶，气瓶的瓶阀、减压器等发生冻结时，严禁用火烘烤或用铁器敲击瓶阀，严禁猛拧减压器的调节螺丝。

4) 氧气瓶内剩余气体的压力不应小于0.1MPa。

5) 气瓶用后应及时归库。

2.3.4 其他防火管理

(1) 施工现场的重点防火部位或区域应设置防火警示标识。

(2) 施工单位应做好施工现场临时消防设施的日常维护工作，对已失效、损坏或丢失的消防设施应及时更换、修复或补充。

(3) 临时消防车道、临时疏散通道、安全出口应保持畅通，不得遮挡、挪动疏散指示标识，不得挪用消防设施。

(4) 施工期间，不应拆除临时消防设施及临时疏散设施。

(5) 施工现场严禁吸烟。

3 高处作业安全防护

3.1 高处作业安全防护

3.1.1 基本规定

（1）高处作业的安全技术措施及其所需料具，必须列入工程的施工组织设计。

（2）单位工程施工负责人应对工程的高处作业安全技术负责，并建立相应的责任制。

施工前，应逐级进行安全技术教育及交底，落实所有安全技术措施和人身防护用品，未经落实不得进行施工。

（3）高处作业中的安全标志、工具、仪表、电气设施等各种设备，必须在施工前加以检查，确认其完好，方能投入使用。

（4）攀登和悬空高处作业人员以及搭设高处作业安全设施的人员，必须经过专业技术培训及专业考试合格，持证上岗，并须定期进行体格检查。

（5）施工中对高处作业的安全技术设施，发现有缺陷和隐患时，必须及时解决；危及人身安全时，必须停止作业。

（6）施工作业场所有坠落可能的物件，应一律先行撤除或加以固定。

高处作业中所用的物料，均应堆放平稳，不得妨碍通行和装卸。工具应随手放入工具袋；作业中的通道板和登高用具，应随时清理干净；拆卸下的物件及余料和废料均应及时清理运走，不得任意乱置或向下丢弃。传递物件禁止抛掷。

（7）雨天和雪天进行高处作业时，必须采取可靠的防滑、防寒和防冻措施。

对进行高处作业的高耸建筑物，应事先设置避雷设施。遇有 6 级以上强风、浓雾等恶劣气候，不得进行露天攀登与悬空高处作业。暴风雪及台风暴雨后，应对高处作业安全设施逐一加以检查，发现有松动、变形、损坏或脱落等现象，应立即修理完善。

（8）因作业需要，临时拆除或变动安全防护设施时，必须经施工负责人同意，并采取相应的可靠措施，作业后应立即恢复。

（9）防护棚搭设与拆除时，应设警戒区，并应派专人监护。严禁上下同时拆除。

（10）高处作业安全设施的主要受力杆件，力学计算按一般结构力学公式，强度及挠度计算按现行有关规范进行，但钢受弯构件的强度计算不考虑塑性影响，构造上应符合现行的相应规范的要求。

3.1.2 临边作业的安全防护

（1）对临边高处作业，必须设置防护措施，并符合下列规定：

1）基坑周边，尚未安装栏杆或栏板的阳台、料台与挑平台周边，雨篷与挑檐边，无外脚手的屋面与楼层周边及水箱与水塔周边等处，都必须设置防护栏杆。

2）头层墙高度超过3.2m的二层楼面周边，以及无外脚手的高度超过3.2m的楼层周边，必须在外围架设安全平网一道。

3）分层施工的楼梯口和梯段边，必须安装临时护栏。顶层楼梯口应随工程结构进度安装正式防护栏杆。

4）井架与施工用电梯和脚手架等与建筑物通道的两侧边，必须设防护栏杆。地面通道上部应装设安全防护棚。双笼井架通道中间，应予分隔封闭。

5）各种垂直运输接料平台，除两侧设防护栏杆外，平台口还应设置安全门或活动防护栏杆。

（2）临边防护栏杆杆件的规格及连接要求，应符合下列规定：

1）毛竹横杆小头有效直径不应小于70mm，栏杆柱小头直径不应小于80mm，并须用不小于16号的镀锌钢丝绑扎，不应少于3圈，并无泻滑。

2）原木横杆上杆梢径不应小于70mm，下杆梢径不应小于60mm，栏杆柱梢径不应小于75mm。并须用相应长度的圆钉钉紧，或用不小于12号的镀锌钢丝绑扎，要求表面平顺和稳固无动摇。

3）钢筋横杆上杆直径不应小于16mm，下杆直径不应小于14mm，栏杆柱直径不应小于18mm，采用电焊或镀锌钢丝绑扎固定。

4）钢管横杆及栏杆柱均采用$\phi48\times(2.75\sim3.5)$mm的管材，以扣件或电焊固定。

5）以其他钢材如角钢等作防护栏杆杆件时，应选用强度相当的规格，以电焊固定。

（3）搭设临边防护栏杆时，必须符合下列要求：

1）防护栏杆应由上、下两道横杆及栏杆柱组成，上杆离地高度为1.0～1.2m，下杆离地高度为0.5～0.6m。坡度大于1:22的屋面，防护栏杆高应为1.5m，并加挂安全立网。除经设计计算外，横杆长度大于2m时，必须加设栏杆柱。

2）栏杆柱的固定：

①当在基坑四周固定时，可采用钢管并打入地面50～70cm深。钢管离边口的距离不应小于50cm。当基坑周边采用板桩时，钢管可打在板桩外侧。

②当在混凝土楼面、屋面或墙面固定时，可用预埋件与钢管（钢筋）焊牢。如采用竹、木栏杆时，可在预埋件上焊接30cm长的$\angle50\times5$角钢，其上下各钻一孔，然后用10mm螺栓与竹、木杆件拴牢。

③当在砖或砌块等砌体上固定时，可预先砌入规格相适应的$\angle80\times6$弯转扁钢作预埋铁的混凝土块，然后用与楼面、屋面相同的方法固定。

3）栏杆柱的固定及其与横杆的连接，其整体构造应使防护栏杆在上杆任何处，能经受任何方向的1000N外力。当栏杆所处位置有发生人群拥挤、车辆冲击或物件碰撞等可能时，应加大横杆截面或加密柱距。

4）防护栏杆必须自上而下用安全立网封闭，或在栏杆下边设置严密固定的高度不低于180mm的挡脚板或400mm的挡脚笆。挡脚板与挡脚笆上如有孔眼，不应大于25mm。板与笆下边距离底面的空隙不应大于10mm。

接料平台两侧的栏杆，必须自上而下加挂安全立网或满扎竹笆。

5）当临边的外侧面临街道时，除防护栏杆外，敞口立面必须采取满挂安全网或其他可靠措施作全封闭处理。

3.1.3 洞口作业的安全防护

（1）进行洞口作业以及在因工程和工序需要而产生的，使人与物有坠落危险或危及人身安全的其他洞口进行高处作业时，必须按下列规定设置防护设施：

1）板与墙的洞口，必须设置牢固的盖板、防护栏杆、安全网或其他防坠落的防护设施。

2）电梯井口，视具体情况设防护栏杆和固定栅门或工具式栅门，电梯井内每隔两层或最多隔10m就应设一道安全平网。也可以按当地习惯，设固定的格栅或砌筑矮墙等。

3）钢管桩、钻孔桩等桩孔上口，杯形、条形基础上口，未填土的坑槽，以及人孔、天窗、地板门等处，都要按洞口防护设置稳固的盖件。

4）施工现场通道附近的各类洞口与坑槽等处，除设置防护设施与安全标志外，夜间还应设红灯示警。

（2）洞口根据具体情况采取设防护栏杆、加盖件、张挂安全网与装栅门等措施时，必须符合下列要求：

1）楼板、屋面和平台等面上短边尺寸小于25cm但大于2.5cm的孔口。

2）楼板面等处边长为25～50cm的洞口、安装预制构件时的洞口以及缺件临时形成的洞口，可用竹、木等作盖板盖住洞口。盖板须能保持四周搁置均衡，并有固定其位置的措施。

3）短边边长为50～150cm的洞口，必须设置以扣件扣接钢管而成的网格，并在其上满铺竹笆或脚手板。也可采用贯穿于混凝土板内的钢筋构成防护网，钢筋网格间距不得大于20cm。

4）边长在150cm以上的洞口，四周设防护栏杆，洞口下张设安全平网。

5）垃圾井道和烟道，应随楼层的砌筑或安装而消除洞口，或参照预留洞口作防护。管道井施工时，除按上办理外，还应加设明显的标志。如有临时性拆移，需经施工负责人核准，工作完毕后必须恢复防护设施。

6）墙面等处的竖向洞口，凡落地的洞口应加装开关式、工具式或固定式的防护门，门栅网格的间距不应大于15cm，也可采用防护栏杆，下设挡脚板（笆）。

7）位于车辆行驶道旁的洞口、深沟与管道坑、槽，所加盖板应能承受不小于当地额定卡车后轮有效承载力2倍的荷载。

8）下边沿至楼板或底面低于80cm的窗台等竖向洞口，如侧边落差大于2m时，应加设1.2m高的临时护栏。

9）对邻近的人与物有坠落危险性的其他竖向的孔、洞口，均应予以盖设或加以防护，并有固定其位置的措施。

3.1.4 攀登作业的安全防护

（1）在施工组织设计中应确定用于现场施工的登高或攀登设施。现场登高应借助建筑结构或脚手架上的登高设施，也可采用载人的垂直运输设备等，进行攀登作业时可使用梯子或采用其他攀登设施。

（2）柱、梁和行车梁等构件吊装所需的直爬梯及其他登高用拉攀件，先应在构件施工图或说明内作出规定。

（3）攀登的用具，结构构造上必须牢固可靠。供人上下的踏板其使用荷载不应大于1100N。当梯面上有特殊作业，重量超过上述荷载时，应按实际情况加以验算。

（4）移动式梯子，均应按现行的国家标准验收其质量。

（5）梯脚底部应坚实，不得垫高使用。梯子的上端应有固定措施。立梯工作角度以75° ±5°为宜，踏板上下间距以30cm为宜，不得有缺档。

（6）梯子如需接长使用，必须有可靠的连接措施，且接头不得超过1处。连接后梯梁的强度，不应低于单梯梯梁的强度。

（7）折梯使用时上部夹角以35° ~45°为宜，铰链必须牢固，并有可靠的拉撑措施。

（8）固定式直爬梯应用金属材料制成。梯宽不应大于50cm，支撑应采用不小于∠70 ×6的角钢，埋设与焊接均必须牢固。梯子顶端的踏棍应与攀登的顶面齐平，并加设1 ~1.5m高的扶手。

使用直爬梯进行攀登作业时，攀登高度以5m为宜。超过2m时，宜加设护笼；超过8m时，必须设置梯间平台。

（9）作业人员应从规定的通道上下，不得在阳台之间等非规定通道进行攀登，也不得任意利用吊车臂架等施工设备进行攀登。

上下梯子时，必须面向梯子，且不得手持器物。

（10）钢柱安装登高时，应使用钢挂梯或设置在钢柱上的爬梯。挂梯构造如图3 －1所示。

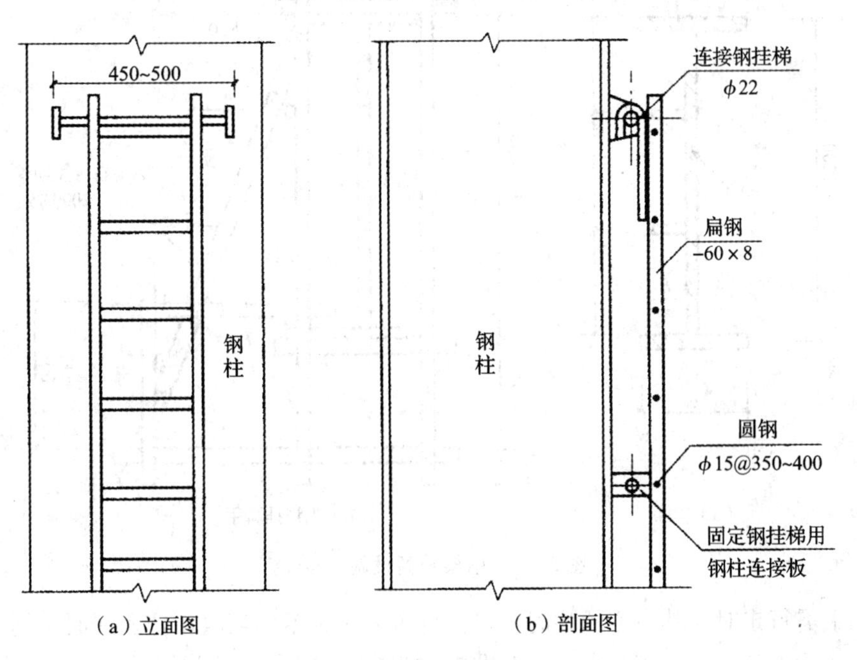

（a）立面图 （b）剖面图

图3 －1 钢柱登高挂梯（mm）

钢柱的接柱应使用梯子或操作台。操作台的横杆高度，当无电焊防风要求时，其高度不宜小于 1m，有电焊防风要求时，其高度不宜小于 1. 8m，如图 3 - 2 所示。

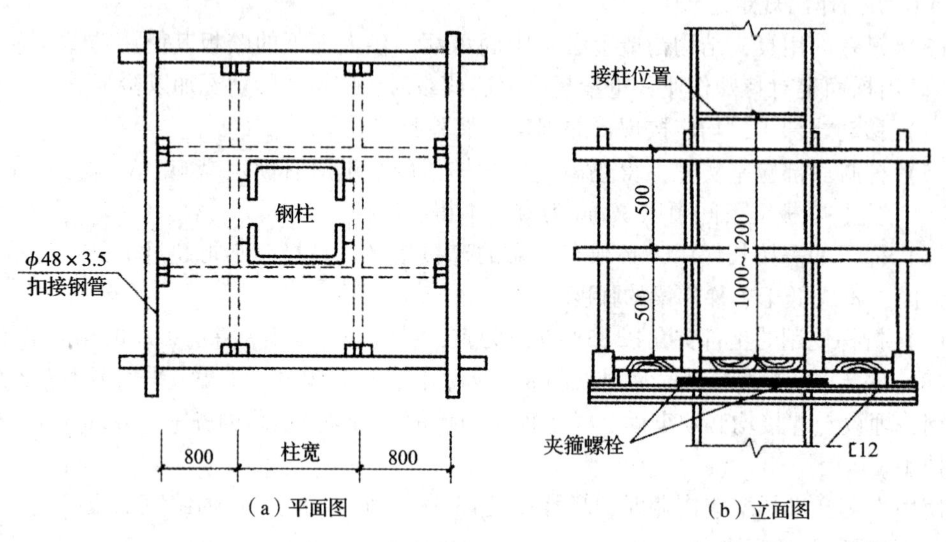

（a）平面图　（b）立面图

图 3 - 2　钢柱接柱用操作台（mm）

（11）登高安装钢梁时，应视钢梁高度，在两端设置挂梯或搭设钢管脚手架，构造形式如图 3 - 3 所示。

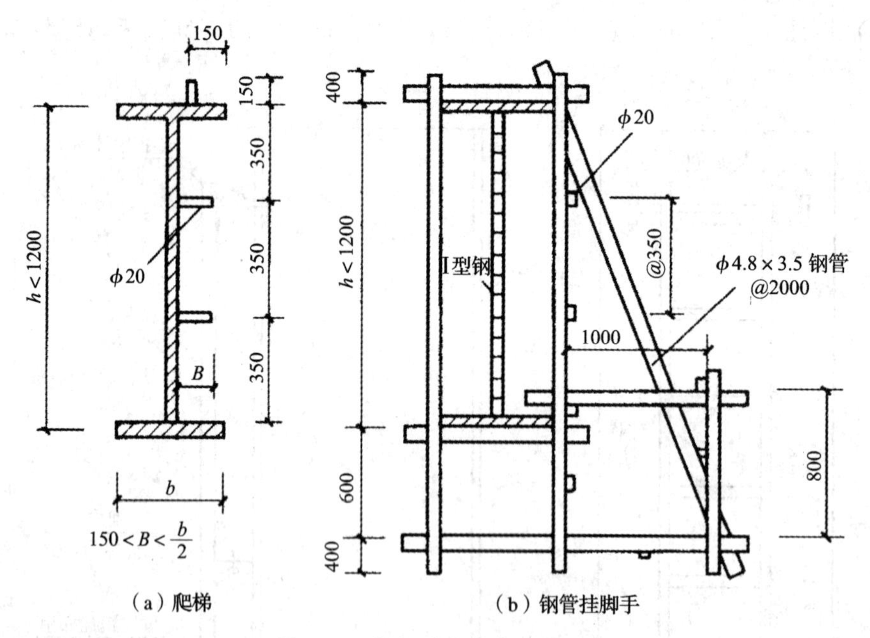

（a）爬梯　（b）钢管挂脚手

图 3 - 3　钢梁登高设施（mm）

梁面上需行走时，其一侧的临时护栏横杆可采用钢索，当改用扶手绳时，绳的自然下垂度不应大于 $l/20$，并应控制在 10cm 以内，如图 3 - 4 所示。l 为绳的长度。

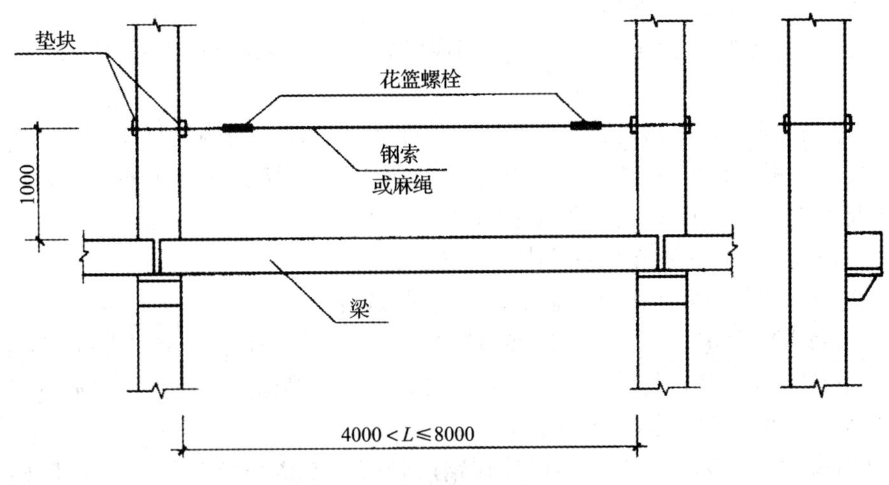

图3－4 梁面临时护栏（mm）

（12）钢屋架的安装，应遵守下列规定：

1）在屋架上下弦登高操作时，对于三角形屋架应在屋脊处，梯形屋架应在两端，设置攀登时上下的梯架。材料可选用毛竹或原木，踏步间距不应大于40cm，毛竹梢径不应小于70mm。

2）屋架吊装以前，应在上弦设置防护栏杆。

3）屋架吊装以前，应预先在下弦挂设安全网；吊装完毕后，即将安全网铺设固定。

3.1.5 悬空作业的安全防护

（1）悬空作业处应有牢靠的立足处，并必须视具体情况，配置防护栏网、栏杆或其他安全设施。

（2）悬空作业所用的索具、脚手板、吊篮、吊笼、平台等设备，均需经过技术鉴定或验证方可使用。

（3）构件吊装和管道安装时的悬空作业，必须遵守下列规定：

1）钢结构的吊装，构件应尽可能在地面组装，并应搭设进行临时固定、电焊、高强螺栓连接等工序的高空安全设施，随构件同时上吊就位。拆卸时的安全措施，也应一并考虑和落实。高空吊装预应力钢筋混凝土屋架、桁架等大型构件前，也应搭设悬空作业中所需的安全设施。

2）悬空安装大模板、吊装第一块预制构件、吊装单独的大中型预制构件时，必须站在操作平台上操作。吊装中的大模板和预制构件以及石棉水泥板等屋面板上，严禁站人和行走。

3）安装管道时必须有已完结构或操作平台为立足点，严禁在安装的管道上站立和行走。

（4）模板支撑和拆卸时的悬空作业，必须遵守下列规定：

1）支撑应按规定的作业程序进行，模板未固定前不得进行下一道工序。严禁在连接件和支撑件上攀登上下，并严禁在上下同一垂直面上装、拆模板。结构复杂的模板，装、拆应严格按照施工组织设计的措施进行。

2）支设高度在3m以上的柱模板，四周应设斜撑，并应设立操作平台。低于3m的可使用马凳操作。

3）支设悬挑形式的模板时，应有稳固的立足点。支设临空构筑物模板时，应搭设支架或脚手架。模板上有预留洞时，应在安装后将洞盖没。混凝土板上拆模后形成的临边或洞口，按前面临边和“四口”防护措施进行防护。

拆模高处作业，应配置登高用具或搭设支架。

（5）钢筋绑扎时的悬空作业，必须遵守下列规定：

1）绑扎圈梁、挑梁、挑檐、外墙和边柱等钢筋时，应搭设操作台和张挂安全网。

2）绑扎钢筋和安装钢筋骨架时，必须搭设脚手架和马道；悬空大梁钢筋的绑扎，必须在满铺脚手板的支架或操作平台上操作。

3）绑扎立柱和墙体钢筋时，不得站在钢筋骨架上或攀登骨架上下。3m以内的柱钢筋，可在地面或楼面上绑扎，整体竖立。绑扎3m以上的柱钢筋，必须搭设操作平台。

（6）混凝土浇筑时的悬空作业，必须遵守下列规定：

1）浇筑离地2m以上框架、过梁、雨篷和小平台混凝土时，应设操作平台，不得直接站在模板或支撑件上操作。

2）浇筑拱形结构，应自两边拱脚对称地相向进行。浇筑储仓，下口应先行封闭，并搭设脚手架以防人员坠落。

3）特殊情况下如无可靠的安全设施，必须系好安全带并扣好保险钩，或架设安全网。

（7）进行预应力张拉的悬空作业时，必须遵守下列规定：

1）进行预应力张拉时，应搭设站立操作人员和设置张拉设备用的牢固可靠的脚手架或操作平台。

雨天张拉时，还应架设防雨篷。

2）预应力张拉区域应标示明显的安全标志，禁止非操作人员进入。张拉钢筋的两端必须设置挡板，挡板应距所张拉钢筋的端部1.5～2m，且应高出最上一组张拉钢筋0.5m，其宽度应距张拉钢筋两外侧各不小于1m。

3）孔道灌浆应按预应力张拉安全设施的有关规定进行。

（8）悬空进行门窗作业时，必须遵守下列规定：

1）安装门、窗、油漆及安装玻璃时，严禁操作人员站在樘子、阳台栏板上操作。门、窗临时固定，封填材料未达到强度或电焊时，严禁手拉门、窗进行攀登。

2）在高处外墙安装门、窗，无脚手时，应张挂安全网。无安全网时，操作人员应系好安全带，其保险钩应挂在操作人员上方的牢靠物件上。

3）进行各项窗口作业时，操作人员的重心应位于室内，不得在窗台上站立，必要时应系好安全带进行操作。

3.1.6 操作平台的安全防护

（1）移动式操作平台（见图3－5），必须符合以下规定：

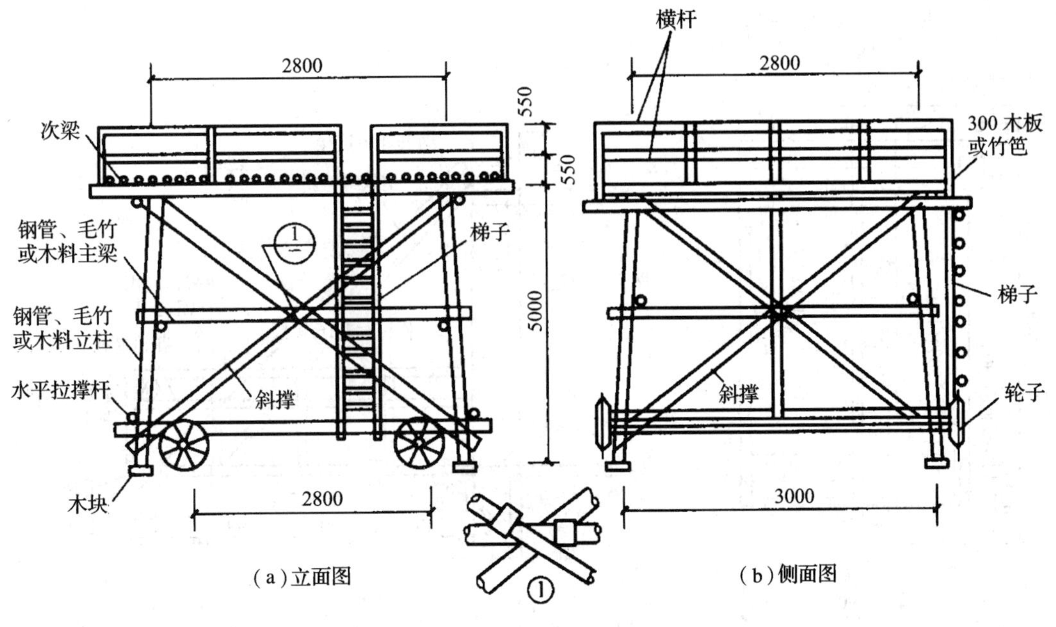

图3-5 移动式操作平台

1）操作平台应由专业技术人员按现行的相应规范进行设计，计算及图样应编入施工组织设计。

2）操作平台面积不应超过 $10m^2$，高度不应超过5m。同时必须进行稳定计算，并采取措施减少立柱的长细比。

3）装设轮子的移动式操作平台，连接应牢固可靠，立杆底端离地面不得大于80mm。

4）操作平台可采用 ϕ（48~51）×3.5mm 钢管以扣件连接，亦可采用门架式或承插式钢管脚手架部件，按产品要求进行组装。平台的次梁，间距不应大于40cm；台面应满铺3cm厚的木板或竹笆。

5）操作平台四周必须按临边作业要求设置防护栏杆，并应布置登高扶梯。

（2）悬挑式钢平台（见图3-6），必须符合以下规定：

1）悬挑式钢平台应按现行的相应规范进行设计，其结构构造应能防止左右晃动，计算书及图纸应编入施工组织设计。

2）悬挑式钢平台的搁支点与上部拉结点，必须位于建筑物上，不得设置在脚手架等施工设备上。

3）斜拉杆或钢丝绳，构造上宜两边各设置前后两道，两道中的每一道均应作单道受力计算。

4）应设置4个经过验算的吊环。吊运平台时应使用卡环，不得使吊钩直接钩挂吊环。吊环应用甲类3号沸腾钢制作。

5）钢平台安装时，钢丝绳应采用专用的挂钩挂牢，采取其他方式时卡头的卡子不得少于3个。建筑物锐角利用围系钢丝绳处应加衬软垫物，钢平台外口应略高于内口。

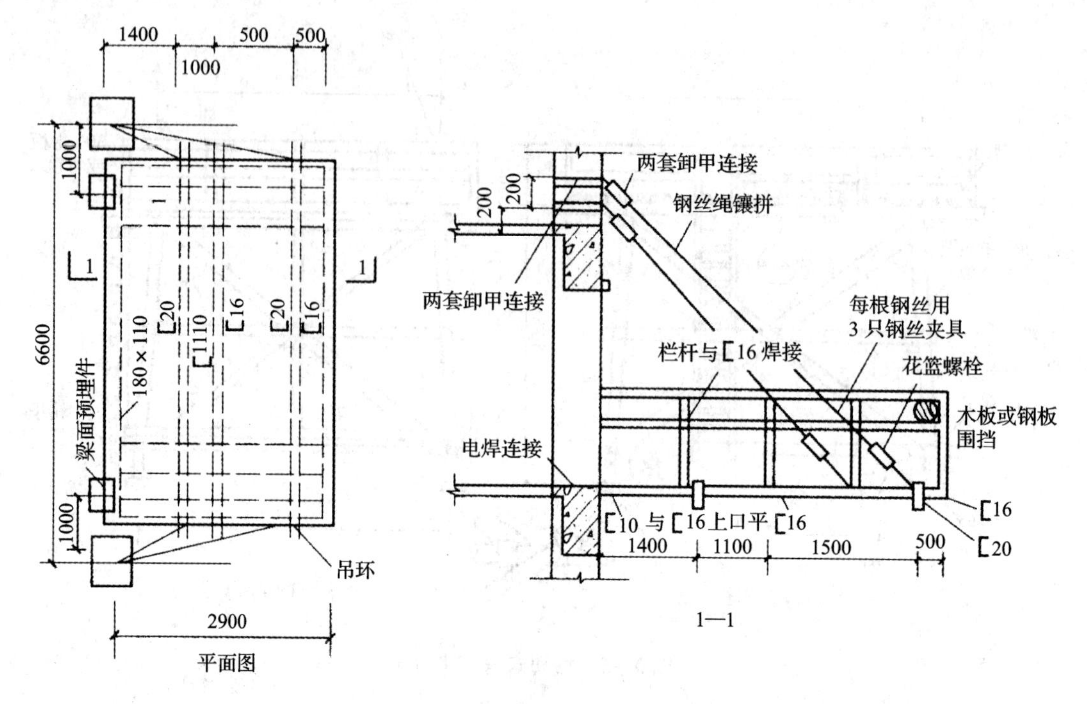

图 3－6 悬挑式钢平台（mm）

6）钢平台左右两侧必须装置固定的防护栏杆。

7）钢平台吊装，需待横梁支撑点电焊固定，接好钢丝绳，调整完毕，经过检查验收，方可松卸起重吊钩，上下操作。

8）钢平台使用时，应有专人进行检查，发现钢丝绳有锈蚀损坏应及时调换，焊缝脱焊应及时修复。

（3）操作平台上应显著地标明容许荷载值。操作平台上人员和物料的总重量，严禁超过设计的容许荷载。应配备专人加以监督。

3.1.7 交叉作业的安全防护

（1）支模、砌墙、粉刷等各工种进行上下立体交叉作业时，不得在同一垂直方向上下同时操作。下层作业的位置，必须处于依上层高度确定的可能坠落范围半径之外。不符合以上条件时，应设置安全防护层。

（2）钢模板、脚手架等拆除时，下方不得有其他操作人员。

（3）钢模板部件拆除后，临时堆放处离楼层边沿不应小于 1m，堆放高度不得超过 1m。楼层边口、通道口、脚手架边缘等处，严禁堆放任何拆下物件。

（4）结构施工自二层起，凡人员进出的通道口（包括井架、施工用电梯的进出通道口），均应搭设安全防护棚。高度超过 24m 的层次上的交叉作业，应设双层防护棚。

（5）由于上方施工可能坠落物件以及处于起重机拔杆回转范围之内的通道，在其受影响的范围内，必须搭设顶部能防止穿透的双层防护棚。

3.1.8 高处作业安全防护设施的验收

(1) 建筑施工进行高处作业之前，应进行安全防护设施的逐项检查和验收。验收合格后，方可进行高处作业。但验收也可分层进行或分阶段进行。

(2) 安全防护设施，应由单位工程负责人验收，并组织有关人员参加。

(3) 安全防护设施的验收，应具备下列资料：

1) 施工组织设计及有关验算数据。

2) 安全防护设施变更记录及签证。

3) 安全防护设施验收记录。

(4) 安全防护设施的验收，主要包括以下内容：

1) 所有临边、洞口等各类技术措施的设置状况。

2) 技术措施所用的配件、材料和工具的规格和材质。

3) 技术措施的节点构造及其与建筑物的固定情况。

4) 扣件和连接件的紧固程度。

5) 安全防护设施的用品及设备的性能与质量是否合格的验证。

(5) 安全防护设施的验收应按类别逐项查验，并作出验收记录。凡不符合规定者，必须整改合格后再行查验。施工工期内还应定期进行抽查。

3.2 建筑施工安全“三宝”、“四口”

3.2.1 “三宝”防护安全技术

1. 安全帽

(1) 在发生物体打击的事故分析中，由于不戴安全帽而造成伤害者占事故总数的90%。

(2) 安全帽标准包含以下内容：

1) 安全帽是防冲击的主要用品，它采用具有一定强度的帽壳和帽衬缓冲结构组成，可以承受和分散落物的冲击力，能避免或减轻由于杂物高处坠落对头部的撞击伤害。

2) 人体颈椎冲击承受能力是有一定限度的，国标规定：用5kg钢锤自1m高度落下进行冲击试验，头模受冲击力的最大值不应超过5kN。耐穿透性能用3kg钢锥自1m高度落下进行试验，钢锥不得与头模接触。

3) 帽壳采用半球形，表面光滑，易于滑走落物。前部的帽舌尺寸为10~55mm，其余部分的帽檐尺寸为10~35mm。

4) 帽衬顶端至帽壳顶内面的垂直间距为20~25mm，帽衬至帽壳内侧面的水平间距为5~20mm。

5) 安全帽在保证承受冲击力的前提下，要求越轻越好，重量不应超过400g。

6) 每顶安全帽上都应标有：制造厂名称、商标、型号、制造年月、许可证编号。每顶安全帽出厂，必须有检验部门批量验证和工厂检查合格证。

（3）戴安全帽时，必须系紧下颚系带，防止安全帽坠落失去防护作用。安全帽在冬季佩戴应在防寒帽外时，随头形大小调节紧牢帽箍，保留帽衬与帽壳之间有缓冲作用的空间。

2．安全网

（1）工程施工过程中，为防止落物和减少污染，必须采用密目式安全网对建筑物进行全封闭。

1）外脚手架施工时，在落地式单排或双排脚手架的外排杆内侧，应随脚手架的升高用密目网封闭。

2）里脚手架施工时，在建筑物外侧距离 10cm 搭设单排脚手架，随建筑物升高用密目网封闭。当防护架距离建筑物距离较大时，应同时做好脚手架与建筑物每层之间的水平防护。

3）当采用升降脚手架或悬挑脚手架施工时，除用密目网将升降脚手架或悬挑脚手架进行封闭以外，还应对下部暴露出的建筑物门窗等孔洞及框架柱之间的临边，根据临边防护的标准进行防护。

（2）密目式安全立网标准包含以下内容：

1）密目式安全网用于立网，网目密度不应低于 2000 目/$100cm^2$。

2）冲击试验。用长 6m、宽 1.8m 的密目网，紧绷在刚性试验水平架上。将长 100cm、底面积 $2800m^2$、重 100kg 的人形砂包一个，砂包方向为长边平行于密目网的长边，砂包位置为距网中心度高 1.5m 片面上落下，网绳不断裂。

3）耐贯穿性试验。用长 6m、宽 1.8m 的密目网，紧绑在与地面倾斜 30°的试验框架上，网面绷紧。将直径 48 ~50mm、重 5kg 的脚手管，距框架中心 3m 高度自由落下，钢管不贯穿为合格标准。

4）每批安全网出厂前，都必须要有国家指定的监督检验部门批量验证和工厂检验合格证。

（3）由于目前安全网厂家多，有些厂家不能保障产品质量，以导致给安全生产带来隐患。为此，强调各地建筑安全监督部门应加强管理。

3．安全带

（1）安全带是主要用于防止人体坠落的防护用品，无论工地内独立悬空。

（2）安全带应正确悬挂，要求如下：

1）架子工使用的安全带绳长应限定在 1.5 ~2m。

2）应做垂直悬挂，高挂低用较为安全。

3）当做水平位置悬挂使用时，要注意摆动碰撞。

4）不宜低挂高用。

5）不应将绳打结使用，以免绳结受力剪断。

6）不应将钩直接挂在不牢固物体或非金属墙上，防止绳被割断。

（3）安全带标准包含以下内容：

1）冲击力的大小主要由人体体重和坠落距离而定，坠落距离与安全挂绳长度有关。使用 3m 以上长绳应加缓冲器。

2）腰带和吊绳破断力不应低于1.51kN。

3）安全带的带体上应缝有永久字样的商标、合格证和检验证。合格证上应注明：产品名称、生产年月、拉力试验、冲击试验、制造厂名、检验员姓名。

4）安全带一般使用五年应报废。使用两年后，按批量抽验，以80kg重量，做自由坠落试验，不破断为合格。

（4）速差式自控器（可卷式安全带）使用要求：

1）速差式自控器是装有一定绳长的盒子，作业时可随意拉出绳索，坠落时凭速度的变化引起自控。

2）速差式自控器固定悬挂在作业点上方，操作者可将自控器内的绳索系在安全带上，自由拉出绳索使用，在一定位置上作业，工作完毕向上移动，绳索自行缩入自控器内。发生坠落时自控器受速度影响自控，对坠落者进行保护。

3）速差式自控器在1.5m距离以内自控为合格。

3.2.2 “四口”防护安全技术

1. 楼梯口、电梯井口防护

（1）《建筑施工高处作业安全技术规范》JGJ 80—1991规定：进行洞口作业以及因工程工序需要而产生的，使人与物有坠落危险或危及人身安全的其他洞口进行高处作业时，必须按规定设置防护设施。

（2）梯口应设置防护栏杆；电梯井口除设置固定栅门处（门栅高度不低于1.5m，网格的间距不应大于15cm），还应在电梯井内每隔两层（不大于10cm）设置一道安全平网。平网内不能有杂物，网与井壁间隙不大于10cm。当防护高度超过一个标准层时，不得采用脚手板等木质材料做水平防护。

（3）防护栏杆、防护栅门应符合规范规定，整齐牢固与现场规范化管理相适应。防护设施应安全可靠、整齐美观，能周转使用。

2. 预留洞口坑井防护

（1）按照《建筑施工高处作业安全技术规范》JGJ 80—1991规定，对孔洞口（水平孔洞短边尺寸大于25cm的，竖向孔洞高度大于75cm的）都要进行防护。

（2）各类洞口的防护具体做法，应针对洞口大小及作业条件在施工组织设计中分别进行设计规定，并在一个单位或在一个施工现场形成定型化。

（3）较小的洞口可临时砌死或用定型盖板盖严；较大的洞口可采用贯穿于混凝土板内的钢筋构成防护网，上面满铺竹笆或脚手板；边长在1.5m以上的洞口，张挂安全平网并在四周设防护栏或按作业条件设计合理的防护措施。

3. 通道口防护

（1）防护棚顶部材料可采用5cm厚小板或相当于1.5cm厚木板强度的其他材料，两侧应沿栏杆架用密目式安全立网封严。出入口处防护棚的长度应视建筑物的高度而定，符合坠落半径的尺寸要求。

建筑高度：$h=2\sim5$m时，坠落半径R为2m。

$h=5\sim15$m时，坠落半径R为3m。

$h=15\sim30$m 时，坠落半径 R 为 4m。

$h>30$m 时，坠落半径 R 为 5m 以上。

（2）防护棚上严禁堆放材料，若因场地狭小，防护棚兼做物料堆放架时，必须经计算确定，按设计图纸验收。

（3）当使用竹笆等强度较低材料时，应采用双层防护棚，以对落物起到缓冲作用。

4. 阳台、楼板、屋面等临边防护

（1）防护栏杆用上、下两道横杆及栏杆柱组成，上杆离地高度为 1.0～1.2m，下杆离地高度为 0.5～0.6m。横杆长度大于 2m 时，必须加设栏杆柱。

（2）栏杆柱的固定及其与横杆连接，其整体构造应使防护栏杆在上杆任何处都能经受任何方向的 1000N 外力。

（3）防护栏杆必须自上而下用密目网封闭，或在栏杆下边设置严密固定的高度不低于 18cm 的挡脚板。

（4）当临边外侧临街道时，除设置防护栏杆外，敞口立面必须采取满挂密目网做全封闭处理。

3.2.3 “三宝”、“四口”及临边防护检查评分标准

“三宝”、“四口”及临边防护检查评分表是对安全帽、安全网、安全带、临边防护、洞口防护、通道口防护、攀登作业、悬空作业、移动式操作平台、物料平台、悬挑式钢平台等的评价。

“三宝”、“四口”及临边防护检查评分见表 3－1。

表 3－1 “三宝”、“四口”及临边防护检查评分表

序号	检查项目	扣分标准	应得分数	扣减分数	实得分数
1	安全帽	1. 作业人员不戴安全帽每人扣 2 分； 2. 作业人员未按规定佩戴安全帽每人扣 1 分； 3. 安全帽不符合标准每顶扣 1 分	10		
2	安全网	1. 在建工程外侧未采用密目式安全网封闭或网间不严扣 10 分； 2. 安全网规格、材质不符合要求扣 10 分	10		
3	安全带	1. 作业人员未系挂安全带每人扣 5 分； 2. 作业人员未按规定系挂安全带每人扣 3 分； 3. 安全带不符合标准每条扣 2 分	10		
4	临边防护	1. 工作面临边无防护每处扣 5 分； 2. 临边防护不严或不符合规范要求每处扣 5 分； 3. 防护设施未形成定型化、工具化扣 5 分	10		

续表 3－1

序号	检查项目	扣 分 标 准	应得分数	扣减分数	实得分数
5	洞口防护	1. 在建工程的预留洞口、楼梯口、电梯井口，未采取防护措施每处扣3分； 2. 防护措施、设施不符合要求或不严密每处扣3分； 3. 防护设施未形成定型化、工具化扣5分； 4. 电梯井内每隔两层（不大于10m）未按设计安全平网每处扣5分	10		
6	通道口防护	1. 未搭设防护棚或防护不严、不牢固可靠每处扣5分； 2. 防护棚两侧未进行防护每处扣6分； 3. 防护棚宽度不大于通道口宽度每处扣4分； 4. 防护棚长度不符合要求每处扣6分； 5. 建筑物高度超过30m，防护棚顶未采用双层防护每处扣5分； 6. 防护棚的材质不符合要求每处扣5分	10		
7	攀登作业	1. 移动式梯子的梯脚底部垫高使用每处扣5分； 2. 折梯使用未有可靠拉撑装置每处扣5分； 3. 梯子的制作质量或材质不符合要求每处扣5分	5		
8	悬空作业	1. 悬空作业处未设置防护栏杆或其他可靠的安全设施每处扣5分； 2. 悬空作业所用的索具、吊具、料具等设备，未经过技术鉴定或验证、验收每处扣5分	5		
9	移动式操作平台	1. 操作平台的面积超过10m²或高度超过5m扣6分； 2. 移动式操作平台，轮子与平台的连接不牢固可靠或立柱底端距离地面超过80mm扣10分； 3. 操作平台的组装不符合要求扣10分； 4. 平台台面铺板不严扣10分； 5. 操作平台四周未按规定设置防护栏杆或未设置登高扶梯扣10分； 6. 操作平台的材质不符合要求扣10分	10		
10	物料平台	1. 物料平台未编制专项施工方案或未经设计计算扣10分； 2. 物料平台搭设不符合专项方案要求扣10分； 3. 物料平台支撑架未与工程结构连接或连接不符合要求扣8分； 4. 平台台面铺板不严或台面层下方未按要求设置安全平网扣10分； 5. 材质不符合要求扣10分； 6. 物料平台未在明显处设置限定荷载标牌扣3分	10		

续表 3－1

序号	检查项目	扣分标准	应得分数	扣减分数	实得分数
11	悬挑式钢平台	1. 悬挑式钢平台未编制专项施工方案或未经设计计算扣 10 分； 2. 悬挑式钢平台的搁支点与上部拉结点，未设置在建筑物结构上扣 10 分； 3. 斜拉杆或钢丝绳，未按要求在平台两边各设置两道扣 10 分； 4. 钢平台未按要求设置固定的防护栏杆和挡脚板或栏板扣 10 分； 5. 钢平台台面铺板不严，或钢平台与建筑结构之间铺板不严扣 10 分； 6. 平台上未在明显处设置限定荷载标牌扣 6 分	10		
检查项目合计			100		

4 脚手架工程安全技术

4.1 扣件式钢管脚手架

4.1.1 施工准备

（1）脚手架搭设前，应按专项施工方案向施工人员进行交底。

（2）应按《建筑施工扣件式钢管脚手架安全技术规范》JGJ 130—2011 的规定和脚手架专项施工方案要求对钢管、扣件、脚手板、可调托撑等进行检查验收，不合格产品不得使用。

（3）经检验合格的构配件应按品种、规格分类，堆放整齐、平稳，堆放场地不得有积水。

（4）应清除搭设场地杂物，平整搭设场地，并应使排水畅通。

4.1.2 地基与基础

（1）脚手架地基与基础的施工，应根据脚手架所受荷载、搭设高度、搭设场地土质情况与现行国家标准《建筑地基基础工程施工质量验收规范》GB 50202—2002 的有关规定进行。

（2）压实填土地基应符合现行国家标准《建筑地基基础设计规范》GB 50007—2011 的相关规定；灰土地基应符合现行国家标准《建筑地基基础工程施工质量验收规范》GB 50202—2002 的相关规定。

（3）立杆垫板或底座底面标高宜高于自然地坪 50 ~ 100mm。

（4）脚手架基础经验收合格后，应按施工组织设计或专项方案的要求放线定位。

4.1.3 搭设

（1）单、双排脚手架必须配合施工进度搭设，一次搭设高度不应超过相邻连墙件以上两步；如果超过相邻连墙件以上两步，无法设置连墙件时，应采取撑拉固定等措施与建筑结构拉结。

（2）每搭完一步脚手架后，应按《建筑施工扣件式钢管脚手架安全技术规范》JGJ 130—2011 的规定校正步距、纵距、横距及立杆的垂直度。

（3）底座安放应符合下列规定：

1）底座、垫板均应准确地放在定位线上。

2）垫板应采用长度不少于 2 跨、厚度不小于 50mm、宽度不小于 200mm 的木垫板。

（4）立杆搭设应符合下列规定：

1）相邻立杆的对接连接应符合《建筑施工扣件式钢管脚手架安全技术规范》

JGJ 130—2011 第 6.3.6 条的规定。

2）脚手架开始搭设立杆时，应每隔 6 跨设置一根抛撑，直至连墙件安装稳定后，方可根据情况拆除。

3）当架体搭设至有连墙件的主节点时，在搭设完该处的立杆、纵向水平杆、横向水平杆后，应立即设置连墙件。

（5）脚手架纵向水平杆的搭设应符合下列规定：

1）脚手架纵向水平杆应随立杆按步搭设，并应采用直角扣件与立杆固定。

2）纵向水平杆的搭设应符合《建筑施工扣件式钢管脚手架安全技术规范》JGJ 130—2011 第 6.2.1 条的规定。

3）在封闭型脚手架的同一步中，纵向水平杆应四周交圈设置，并应用直角扣件与内外角部立杆固定。

（6）脚手架横向水平杆搭设应符合下列规定：

1）搭设横向水平杆应符合《建筑施工扣件式钢管脚手架安全技术规范》JGJ 130—2011 第 6.2.2 条的规定。

2）双排脚手架横向水平杆的靠墙一端至墙装饰面的距离不应大于 100mm。

3）单排脚手架的横向水平杆不应设置在下列部位：

①设计上不允许留脚手眼的部位。

②过梁上与过梁两端呈 60°角的三角形范围内及过梁净跨度 1/2 的高度范围内。

③宽度小于 1m 的窗间墙。

④梁或梁垫下及其两侧各 500mm 的范围内。

⑤砖砌体的门窗洞口两侧 200mm 和转角处 450mm 的范围内，其他砌体的门窗洞口两侧 300mm 和转角处 600mm 的范围内。

⑥墙体厚度小于或等于 180mm。

⑦独立或附墙砖柱，空斗砖墙、加气块墙等轻质墙体。

⑧砌筑砂浆强度等级小于或等于 M2.5 的砖墙。

（7）脚手架纵向、横向扫地杆搭设应符合《建筑施工扣件式钢管脚手架安全技术规范》JGJ 130—2011 第 6.3.2 条、第 6.3.3 条的规定。

（8）脚手架连墙件安装应符合下列规定：

1）连墙件的安装应随脚手架搭设同步进行，不得滞后安装。

2）当单、双排脚手架施工操作层高出相邻连墙件以上两步时，应采取确保脚手架稳定的临时拉结措施，直到上一层连墙件安装完毕后再根据情况拆除。

（9）脚手架剪刀撑与双排脚手架横向斜撑应随立杆、纵向和横向水平杆等同步搭设，不得滞后安装。

（10）脚手架门洞搭设应符合《建筑施工扣件式钢管脚手架安全技术规范》JGJ 130—2011 第 6.5 节的规定。

（11）扣件安装应符合下列规定：

1）扣件规格应与钢管外径相同。

2）螺栓拧紧扭力矩不应小于 40N · m，且不应大于 65N · m。

3）在主节点处固定横向水平杆、纵向水平杆、剪刀撑、横向斜撑等用的直角扣件、旋转扣件的中心点的相互距离不应大于150mm。

4）对接扣件开口应朝上或朝内。

5）各杆件端头伸出扣件盖板边缘的长度不应小于100mm。

（12）作业层、斜道的栏杆和挡脚板的搭设应符合下列规定（图4－1）：

1）栏杆和挡脚板均应搭设在外立杆的内侧。

2）上栏杆上皮高度应为1.2m。

3）挡脚板高度不应小于180mm。

4）中栏杆应居中设置。

（13）脚手板的铺设应符合下列规定：

1）脚手板应铺满、铺稳，离墙面的距离不应大于150mm。

2）采用对接或搭接时均应符合《建筑施工扣件式钢管脚手架安全技术规范》JGJ 130—2011第6.2.4条的规定；脚手板探头应用直径3.2mm的镀锌钢丝固定在支承杆件上。

3）在拐角、斜道平台口处的脚手板，应用镀锌钢丝固定在横向水平杆上，防止滑动。

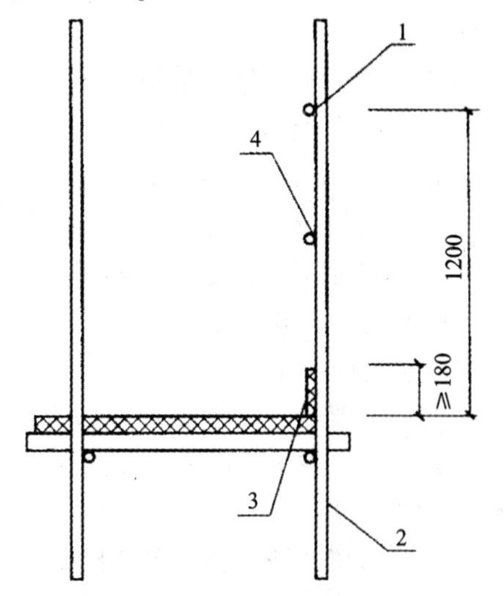

图4－1　栏杆与挡脚板构造

1—上栏杆；2—外立杆

3—挡脚板；4—中栏杆

4.1.4　拆除

（1）脚手架拆除应按专项方案施工，拆除前应做好下列准备工作：

1）应全面检查脚手架的扣件连接、连墙件、支撑体系等是否符合构造要求。

2）应根据检查结果补充完善脚手架专项方案中的拆除顺序和措施，经审批后方可实施。

3）拆除前应对施工人员进行交底。

4）应清除脚手架上杂物及地面障碍物。

（2）单、双排脚手架拆除作业必须由上而下逐层进行，严禁上下同时作业；连墙件必须随脚手架逐层拆除，严禁先将连墙件整层或数层拆除后再拆脚手架；分段拆除高差大于两步时，应增设连墙件加固。

（3）当脚手架拆至下部最后一根长立杆的高度（约6.5m）时，应先在适当位置搭设临时抛撑加固后，再拆除连墙件。当单、双排脚手架采取分段、分立面拆除时，对不拆除的脚手架两端，应先按《建筑施工扣件式钢管脚手架安全技术规范》JGJ 130—2011第6.4.4条、第6.6.4条、第6.6.5条的有关规定设置连墙件和横向斜撑加固。

（4）架体拆除作业应设专人指挥，当有多人同时操作时，应明确分工、统一行动，且应具有足够的操作面。

（5）卸料时各构配件严禁抛掷至地面。

（6）运至地面的构配件应按《建筑施工扣件式钢管脚手架安全技术规范》JGJ 130—

2011 的规定及时检查、整修与保养，并应按品种、规格分别存放。

4.1.5 安全管理

（1）扣件式钢管脚手架安装与拆除人员必须是经考核合格的专业架子工。架子工应持证上岗。

（2）搭拆脚手架人员必须戴安全帽、系安全带、穿防滑鞋。

（3）脚手架的构配件质量与搭设质量，应按《建筑施工扣件式钢管脚手架安全技术规范》GJ 130—2011 第 8 章的规定进行检查验收，并应确认合格后使用。

（4）钢管上严禁打孔。

（5）作业层上的施工荷载应符合设计要求，不得超载。不得将模板支架、缆风绳、泵送混凝土和砂浆的输送管等固定在架体上；严禁悬挂起重设备，严禁拆除或移动架体上安全防护设施。

（6）满堂支撑架在使用过程中，应设有专人监护施工，当出现异常情况时，应立即停止施工，并应迅速撤离作业面上人员。应在采取确保安全的措施后，查明原因、做出判断和处理。

（7）满堂支撑架顶部的实际荷载不得超过设计规定。

（8）当有六级强风及以上风、浓雾、雨或雪天气时，应停止脚手架搭设与拆除作业。雨、雪后上架作业应有防滑措施，并应扫除积雪。

（9）夜间不宜进行脚手架搭设与拆除作业。

（10）脚手架的安全检查与维护，应按《建筑施工扣件式钢管脚手架安全技术规范》JGJ 130—2011 第 8.2 节的规定进行。

（11）脚手板应铺设牢靠、严实，并应用安全网双层兜底。施工层以下每隔 10m 应用安全网封闭。

（12）单、双排脚手架、悬挑式脚手架沿架体外围应用密目式安全网全封闭，密目式安全网宜设置在脚手架外立杆的内侧，并应与架体绑扎牢固。

（13）在脚手架使用期间，严禁拆除下列杆件：

1）主节点处的纵、横向水平杆，纵、横向扫地杆。

2）连墙件。

（14）当在脚手架使用过程中开挖脚手架基础下的设备基础或管沟时，必须对脚手架采取加固措施。

（15）满堂脚手架与满堂支撑架在安装过程中，应采取防倾覆的临时固定措施。

（16）临街搭设脚手架时，外侧应有防止坠物伤人的防护措施。

（17）在脚手架上进行电、气焊作业时，应有防火措施和专人看守。

（18）工地临时用电线路的架设及脚手架接地、避雷措施等，应按现行行业标准《施工现场临时用电安全技术规范》JGJ 46—2005 的有关规定执行。

（19）搭拆脚手架时，地面应设围栏和警戒标志，并应派专人看守，严禁非操作人员入内。

4.2 门式钢管脚手架

4.2.1 施工准备

（1）门式脚手架与模板支架搭设与拆除前，应向搭拆和使用人员进行安全技术交底。

（2）门式脚手架与模板支架搭拆施工的专项施工方案，应包括下列内容：

1）工程概况、设计依据、搭设条件、搭设方案设计。

2）搭设施工图。

①架体的平、立、剖面图。

②脚手架连墙件的布置及构造图。

③脚手架转角、通道口的构造图。

④脚手架斜梯布置及构造图。

⑤重要节点构造图。

3）基础做法及要求。

4）架体搭设及拆除的程序和方法。

5）季节性施工措施。

6）质量保证措施。

7）架体搭设、使用、拆除的安全技术措施。

8）设计计算书。

9）悬挑脚手架搭设方案设计。

10）应急预案。

（3）门架与配件、加固杆等在使用前应进行检查和验收。

（4）经检验合格的构配件及材料应按品种、规格分类堆放整齐、平稳。

（5）对搭设场地应进行清理、平整，并应做好排水。

4.2.2 地基与基础

（1）门式脚手架与模板支架的地基与基础施工，应符合《建筑施工门式钢管脚手架安全技术规范》JGJ 128—2010 第6.8节的规定和专项施工方案的要求。

（2）在搭设前，应先在基础上弹出门架立杆位置线，垫板、底座安放位置应准确，标高应一致。

4.2.3 搭设

（1）门式脚手架与模板支架的搭设程序应符合下列规定：

1）门式脚手架的搭设应与施工进度同步，一次搭设高度不宜超过最上层连墙件两步，且自由高度不应大于4m。

2）满堂脚手架和模板支架应采用逐列、逐排和逐层的方法搭设。

3）门架的组装应自一端向另一端延伸，应自下而上按步架设，并应逐层改变搭设方向；不应自两端相向搭设或自中间向两端搭设。

4）每搭设完两步门架后，应校验门架的水平度及立杆的垂直度。

（2）搭设门架及配件除应符合《建筑施工门式钢管脚手架安全技术规范》JGJ 128—2010第6章的规定外，尚应符合下列要求：

1）交叉支撑、脚手板应与门架同时安装。

2）连接门架的锁臂、挂钩必须处于锁住状态。

3）钢梯的设置应符合专项施工方案组装布置图的要求，底层钢梯底部应加设钢管并应采用扣件扣紧在门架立杆上。

4）在施工作业层外侧周边应设置180mm高的挡脚板和两道栏杆，上道栏杆高度应为1.2m，下道栏杆应居中设置。挡脚板和栏杆均应设置在门架立杆的内侧。

（3）加固杆的搭设除应符合《建筑施工门式钢管脚手架安全技术规范》JGJ 128—2010第6.3节和第6.9节~6.11节的规定外，尚应符合下列要求：

1）水平加固杆、剪刀撑等加固杆件必须与门架同步搭设。

2）水平加固杆应设于门架立杆内侧，剪刀撑应设于门架立杆外侧。

（4）门式脚手架连墙件的安装必须符合下列规定：

1）连墙件的安装必须随脚手架搭设同步进行，严禁滞后安装。

2）当脚手架操作层高出相邻连墙件以上两步时，在连墙件安装完毕前必须采用确保脚手架稳定的临时拉结措施。

（5）加固杆、连墙件等杆件与门架采用扣件连接时，应符合下列规定：

1）扣件规格应与所连接钢管的外径相匹配。

2）扣件螺栓拧紧扭力矩值应为40~65N·m。

3）杆件端头伸出扣件盖板边缘长度不应小于100mm。

（6）悬挑脚手架的搭设应符合《建筑施工门式钢管脚手架安全技术规范》JGJ 128—2010第6.1节~6.5节和第6.9节的要求，搭设前应检查预埋件和支承型钢悬挑梁的混凝土强度。

（7）门式脚手架通道口的搭设应符合《建筑施工门式钢管脚手架安全技术规范》JGJ 128—2010第6.6节的要求，斜撑杆、托架梁及通道口两侧的门架立杆加强杆件应与门架同步搭设，严禁滞后安装。

（8）满堂脚手架与模板支架的可调底座、可调托座宜采取防止砂浆、水泥浆等污物填塞螺纹的措施。

4.2.4 拆除

（1）架体的拆除应按拆除方案施工，并应在拆除前做好下列准备工作：

1）应对将拆除的架体进行拆除前的检查。

2）根据拆除前的检查结果补充完善拆除方案。

3）清除架体上的材料、杂物及作业面的障碍物。

（2）拆除作业必须符合下列规定：

1）架体的拆除应从上而下逐层进行，严禁上下同时作业。

2）同一层的构配件和加固杆件必须按先上后下、先外后内的顺序进行拆除。

3）连墙件必须随脚手架逐层拆除，严禁先将连墙件整层或数层拆除后再拆架体。拆除作业过程中，当架体的自由高度大于两步时，必须加设临时拉结。

4）连接门架的剪刀撑等加固杆件必须在拆卸该门架时拆除。

（3）拆卸连接部件时，应先将止退装置旋转至开启位置，然后拆除，不得硬拉，严禁敲击。拆除作业中，严禁使用手锤等硬物击打、撬别。

（4）当门式脚手架需分段拆除时，架体不拆除部分的两端应按《建筑施工门式钢管脚手架安全技术规范》JGJ 128—2010 第 6.5.3 条的规定采取加固措施后再拆除。

（5）门架与配件应采用机械或人工运至地面，严禁抛投。

（6）拆卸的门架与配件、加固杆等不得集中堆放在未拆架体上，并应及时检查、整修与保养，并宜按品种、规格分别存放。

4.2.5　安全管理

（1）搭拆门式脚手架或模板支架应由专业架子工担任，并应按住房和城乡建设部特种作业人员考核管理规定考核合格，持证上岗。上岗人员应定期进行体检，凡不适合登高作业者，不得上架操作。

（2）搭拆架体时，施工作业层应铺设脚手板，操作人员应站在临时设置的脚手板上进行作业，并应按规定使用安全防护用品，穿防滑鞋。

（3）门式脚手架与模板支架作业层上严禁超载。

（4）严禁将模板支架、缆风绳、混凝土泵管、卸料平台等固定在门式脚手架上。

（5）六级及以上大风天气应停止架上作业；雨、雪、雾天应停止脚手架的搭拆作业；雨、雪、霜后上架作业应采取有效的防滑措施，并应扫除积雪。

（6）门式脚手架与模板支架在使用期间，当预见可能有强风天气所产生的风压值超出设计的基本风压值时，对架体应采取临时加固措施。

（7）在门式脚手架使用期间，脚手架基础附近严禁进行挖掘作业。

（8）满堂脚手架与模板支架的交叉支撑和加固杆，在施工期间禁止拆除。

（9）门式脚手架在使用期间，不应拆除加固杆、连墙件、转角处连接杆、通道口斜撑杆等加固杆件。

（10）当施工需要，脚手架的交叉支撑可在门架一侧局部临时拆除，但在该门架单元上下应设置水平加固杆或挂扣式脚手板，在施工完成后应立即恢复安装交叉支撑。

（11）应避免装卸物料对门式脚手架或模板支架产生偏心、振动和冲击荷载。

（12）门式脚手架外侧应设置密目式安全网，网间应严密，防止坠物伤人。

（13）门式脚手架与架空输电线路的安全距离、工地临时用电线路架设及脚手架接地、防雷措施，应按现行行业标准《施工现场临时用电安全技术规范》JGJ 46—2005 的有关规定执行。

（14）在门式脚手架或模板支架上进行电、气焊作业时，必须有防火措施和专人看护。

（15）不得攀爬门式脚手架。

（16）搭拆门式脚手架或模板支架作业时，必须设置警戒线、警戒标志，并应派专人看守，严禁非作业人员入内。

（17）对门式脚手架与模板支架应进行日常性的检查和维护，架体上的建筑垃圾或杂物应及时清理。

4.3 木脚手架

4.3.1 构造与搭设的基本要求

（1）当符合荷载规定标准值且符合本节构造要求时，木脚手架的搭设高度不得超过《建筑施工木脚手架安全技术规范》JGJ 164—2008 第 1.0.2 条的规定。

（2）单排脚手架的搭设不得用于墙厚在 180mm 及以下的砌体土坯和轻质空心砖墙以及砌筑砂浆的墙体。

（3）空斗墙上留置脚手眼时，横向水平杆下必须实砌两皮砖。

（4）砖砌体的下列部位不得留置脚手板：

1）砖过梁上与梁呈 60°角的三角形范围内。

2）砖柱或宽度小于 740mm 的窗间墙。

3）梁和梁垫下及其左右各 370mm 的范围内。

4）门窗洞口两侧 240mm 和转角处 420mm 的范围内。

5）设计图纸上规定不允许留洞眼的部位。

（5）在大雾、大雨、大雪和六级以上的大风天，不得进行脚手架在高处的搭设作业，雨后搭设时必须采取防滑措施。

（6）搭设脚手架时，操作人员应戴好安全帽；在 2m 以上高处作业，应系安全带。

4.3.2 外脚手架的构造与搭设

（1）结构和装修外脚下架，其构造参数应按表 4－1 的规定采用。

表 4－1 外脚手架构造参数

用途	构造形式	内立杆轴线至墙面距离（m）	立杆间距（m）		作业层横向水平杆间距（m）	纵向水平杆竖向步距（m）
			横距	纵距		
结构架	单排	—	≤1.2	≤1.5	L≤0.75	≤1.5
	双排	≤0.5	≤1.2	≤1.5	L≤0.75	≤1.5
装修架	单排	—	≤1.2	≤2.0	L≤1.0	≤1.8
	双排	≤0.5	≤1.2	≤2.0	L≤1.0	≤1.8

注：单排脚手架上不得有运料小车行走。

（2）剪刀撑的设置应符合下列规定：

1）单、双排脚手架的外侧均应在架体端部、转折角和中间每隔 15m 的净距内。设置纵向剪刀撑，并应由底至顶连续设置；剪刀撑的斜杆应至少覆盖5根立杆。斜杆与地面倾角应在45°~60°之间。当架长在30m以内时，应在外侧立面整个长度和高度上连续设置多跨剪刀撑。

2）剪刀撑的斜杆的端部应置于立杆与纵、横向水平杆相交节点处，与横向水平杆绑扎应牢固。中部与立杆及纵、横向水平杆各相交处均应绑扎牢固。

3）对不能交圈搭设的单片脚手架，应在两端端部从底到上连续设置横向斜撑。

4）斜撑或剪刀撑的斜杆底端埋入土内深度不得小于0.3m。

（3）对三步以上的脚手架，应每隔7根立杆设置1根抛撑，抛撑应进行可靠固定，底端埋深应为0.2~0.3m。

（4）当脚手架梁高超过7m时，必须在搭架的同时设置与建筑物牢固连接的连墙件。连墙件的设置应符合下列规定：

1）连墙件应既能抗拉又能承压，除应在第一步架高处设置外，双排架应两步三跨设置一个，单排架应两步两跨设置一个，连墙件应沿整个墙面采用梅花形布置。

2）开口形脚手架，应在两端部沿竖向每步架设置一个。

3）连墙件应采用预埋式和工具化、定型化的连接构造。

（5）横向水平杆设置应符合下列规定：

1）横向水平杆应按等距离均匀设置，但立杆与纵向水平杆交结处必须设置且应与纵向水平杆捆绑在一起，三杆交叉点称为主节点。

2）单排脚手架横向水平杆在砖墙上搁置的长度不应小240mm，其外端伸出纵向水平杆的长度不应小于200mm；双排脚手架横向水平杆每端伸出纵向水平杆的长度不应小于200mm，里端距墙面宜为100~150mm，两端应与纵向水平杆绑扎牢固。

（6）在土质地面挖掘立杆基坑时，坑深应为0.3~0.5m，并应于埋杆前将坑底夯实，或按计算要求加设垫木。

（7）当双排脚手架搭设立杆时，里外两排立杆距离应相等。杆身沿纵向垂直允许偏差应为架高的3/1000，且不得大于100mm，并不得向外倾斜。埋杆时，应采用石块卡紧，再分层回填夯实，并应有排水措施。

（8）当立杆底端无法埋地时，立杆在地表面处必须加设扫地杆。横向扫地杆距地表面应为100mm，其上绑扎纵向扫地杆。

（9）立杆搭接至建筑物顶部时，里排立杆应低于檐口0.1~0.5m；外排立杆应高出平屋顶1.0~1.2m，高出坡屋顶1.5m。

（10）立杆的接头应符合下列规定：

1）相邻两立杆的搭接接头应错开一步架。

2）接头的搭接长度应跨相邻两根纵向水平杆，且不得小于1.5m。

3）接头范围内必须绑扎三道钢丝，绑扎钢丝的间距应为0.60~0.75m。

4）立杆接长应大头朝下、小头朝上，同一根立杆上的相邻接头，大头应左右错开，并应保持垂直。

5）最顶部的立杆，必须将大头朝上，多余部分应往下放，立杆的顶部高度应一致。

（11）纵向水平杆应绑在立杆里侧。绑扎第一步纵向水平杆时，立杆必须垂直。

（12）纵向水平杆的接头应符合下列规定：

1）接头应置于立杆处，并使小头压在大头上，大头伸出立杆的长度应为0.2～0.3m。

2）同一步架的纵向水平杆大头朝向应一致，上下相邻两步架的纵向水平杆大头朝向应相反，但同一步架的纵向水平杆在架体端部时大头应朝外。

3）搭接的长度不得小于1.5m，且在搭接范围内绑扎钢丝不应少于三道，其间距应为0.60～0.75m。

4）同一步架的里外两排纵向水平杆不得有接头。相邻两纵向水平杆接头应错开一跨。

（13）横向水平杆的搭设应符合下列规定：

1）单排架横向水平杆的大头应朝里，双排架应朝外。

2）沿竖向靠立杆的上下两相邻横向水平杆应分别搁置在立杆的不同侧面。

（14）立杆与纵向水平杆相交处，应绑十字扣（平插或斜插）立杆与纵向水平杆各自的接头以及斜撑，剪刀撑、横向水平杆与其他杆件的交接点应绑顺扣；各绑扎扣在压紧后，应拧紧1.5～2圈。

（15）架体向内倾斜度不应超过1%，并不得大于150mm。严禁向外倾斜。

（16）脚手板铺设应符合下列规定：

1）作业层脚手板应满铺，并应牢固稳定，不得有空隙；严禁铺设探头板。

2）对头铺设的脚手板，其接头下面应设两根横向水平杆，板端悬空部分应为100～150mm，并应绑扎牢固。

3）搭接铺设的脚手板，其接头必须在横向水平杆上，搭接长度应为200～300mm，板端挑出横向水平杆的长度应为100～150mm。

4）脚手板两端必须与横向水平杆绑牢。

5）往上步架翻脚手板时，应从里往外翻。

6）常用脚手板的规格形式应按《建筑施工木脚手架安全技术规范》JGJ 164—2008附录A选用，其中竹片并列脚手板不宜用于有水平运输的脚手架；薄钢脚手板不宜用于冬季或多雨潮湿地区。

（17）脚手架搭设至两步及以上时，必须在作业层设置1.2m高的防护栏杆，防护栏杆应由两道纵向水平杆组成，下杆距离操作面应为0.7m，底部应设置高度不低于180mm的挡脚板，脚手架外侧应采用密目式安全立网全封闭。

（18）搭设临街或其下有人行通道的脚手架时，必须采取专门的封闭和可靠的防护措施。

（19）当单、双排脚手架底层设置门洞时，宜采用上升斜杆、平行弦杆桁架结构形式，斜杆与地面倾角应在45°～60°之间。单排脚手架门洞处应在平面桁梁的每个节间设置一根斜腹杆；双排脚手架门洞处的空间桁架除下弦平面处，应在其余5个平面内的图示节间设置一根斜腹杆，斜杆的小头直径不得小于90mm，上端应向上连接交搭2～3步纵向水平杆，并应绑扎牢固。斜杆下端埋入地下不得小于0.3m，门洞架下的两侧立杆应为双杆，副立杆高度应高于门洞口1～2步。

（20）遇窗洞时，单排脚手架靠墙面处应增设一根纵向水平杆，并吊绑于相邻两侧的横向水平杆上。当窗洞宽大于1.5m时，应于室内另加设立杆和纵向水平杆来搁置横向水平杆。

4.3.3 满堂脚手架的构造与搭设

（1）满堂脚手架的构造参数应按表4－2的规定选用。

表4－2 满堂脚手架的构造参数

用途	控制荷载	立杆纵横间距（m）	纵向水平杆竖向步距（m）	横向水平杆设置	作业层横向水平杆间距（m）	脚手板铺设
装修架	$2kN/m^2$	≤1.2	1.8	每步一道	0.60	满铺、铺稳、铺牢，脚手板下设置大网眼安全网
结构架	$3kN/m^2$	≤1.5	1.4	每步一道	0.75	

（2）满堂脚手架的搭设应符合下列规定：

1）四周外排立杆必须设剪刀撑，中间每隔三排立杆必须沿纵横方向设通长剪刀撑。

2）剪刀撑均必须从底到顶连续设置。

3）封顶立杆大头应朝上，并用双股绑扎。

4）脚手板铺好后立杆不应露杆头，且作业层四角的脚手板应采用8号镀锌或回火钢丝与纵、横向水平杆绑扎牢固。

5）上料口及周围应设置安全护栏和立网。

6）搭设时应从底到顶，不得分层。

（3）当架体高于5m时，在四角及中间每隔15m处，于剪刀撑斜杆的每一端部位置，均应加设与竖向剪刀撑同宽的水平剪刀撑。

（4）当立杆无法埋地时，搭设前，立杆底部的地基土应夯实，在立杆底应加设垫木，当架高5m及以下时，垫木的尺寸不得小于200mm×100mm×800mm（宽×厚×长）；当架高大于5m时，应垫通长垫木，其尺寸不得小于200mm×100mm（宽×厚）。

（5）当土的允许承载力低于80kPa或搭设高度超过15m时，其垫木应另行设计。

4.3.4 烟囱、水塔架的构造与搭设

（1）烟囱脚手架可采用正方形、六角形，水塔架应采用六角形或八角形图，严禁采用单排架。

（2）立杆的横向间距不得大于1.2m，纵向间距不得大于1.4m。

（3）纵向水平杆步距不得大于1.2m，并应布置成防扭转的形式，横向水平杆距烟囱或水塔壁应为50～100mm。

（4）作业层应设二道防护栏杆和挡脚板，作业层脚手板的下方应设一道大网眼安全平网，架体外侧应采用密目式安全立网封闭。

（5）架体外侧必须从底到顶连续设置剪刀撑，剪刀撑斜杆应落地，除混凝土等地面外，均应埋入地下0.3m。

（6）脚手架应每隔二步三跨设置一道连墙件，连墙件应能承受拉力和压力，可在烟囱或水塔施工时预埋连墙件的连接件，然后安装连墙件。

（7）烟囱架的搭设应符合下列规定：

1）横向水平杆应设置在立杆与纵向水平杆交叉处，两端均必须与纵向水平杆绑扎牢固。

2）当搭设到四步架高时，必须往周围设置剪刀撑，并随搭随连续设置。

3）脚手架各转角处应设置抛撑。

4）其他要求应按外脚手架的规定执行。

（8）水塔架的搭设应符合下列规定：

1）根据水箱直径大小，沿周围平面宜布置成多排立杆。

2）在水箱外围应将多排架改为双排架，里排立杆距水箱壁不得大于0.4m。

3）水塔架外侧，每边均应设置剪刀撑，并应从底到顶连续设置。各转角处应另增设抛撑。

4）其他要求应按外脚手架及烟囱架的搭设规定执行。

4.3.5 斜道的构造与措施

（1）当架体高度在三步及以下时，斜道应采用一字形；当架体高度在三步以上时，应采用之字形。

（2）之字形斜道应在拐弯处设置平台。当只作人行时，平台面积不应小于$3m^2$，宽度不应小于1.5m；当用作运料时，平台面积不应小于$6m^2$，宽度小应小于2m。

（3）人行斜道坡度宜为1:3；运料斜道坡度宜为1:6。

（4）立杆的间距应根据实际荷载情况计算确定，纵向水平杆的步距不得大于1.4m。

（5）斜道两侧、平台外围和端部均应设剪刀撑，并应沿斜道纵向每隔6~7根立杆设一道抛撑，并不得少于两道。

（6）架体高度大于7m时，对于附着在脚手架外排立杆上的斜道（利用脚手架外排立杆作为斜道里排立杆），应加密连墙件的设置。对独立搭设的斜道，应在每一步两跨设置一道连墙件。

（7）横向水平杆设置于斜杆上时，间距不得大于1m；在拐弯平台处，不应大于0.75m。杆的两端均应绑扎牢固。

（8）斜道两侧及拐弯平台外围，应设总高1.2m的两道防护栏杆及不低于180mm高的挡脚板，外侧应挂设密目式安全立网。

（9）斜道脚手板应随架高从下到上连续铺设，采用搭接铺设时，搭接长度不得小于400mm，并应在接头下面设两根横向水平杆，板端接头处的凸棱，应采用三角木填顺；脚手板应满铺，并平整牢固。

（10）人行斜道的脚手板上应设高20~30mm的防滑条，间距不得大于300mm。

4.3.6 脚手架拆除

（1）进行脚手架拆除作业时，应统一指挥，信号明确，上下呼应，动作协调；当解开与另一人有关的结扣时，应先通知对方，严防坠落。

（2）在高处进行拆除作业的人员必须佩戴安全带，其挂钩必须挂于牢固的构件上，并应站立于稳固的杆件上。

（3）拆除顺序应由上而下、先绑后拆、后绑先拆。应先拆除栏杆、脚手板、剪刀撑、斜撑，后拆除横向水平杆、纵向水平杆、立杆等，一步一清，依次进行。严禁上下同时进行拆除作业。

（4）拆除立杆时，应先抱住立杆再拆除最后两个扣；当拆除纵向水平杆、剪刀撑、斜撑时，应先拆除中间扣，然后托住中间，再拆除两头扣。

（5）大片架体拆除后所预留的斜道、上料平台和作业通道等，应在拆除前采取加固措施，确保拆除后的完整、安全和稳定。

（6）脚手架拆除时，严禁碰撞附近的各类电线。

（7）拆下的材料，应采用绳索拴住木杆大头利用滑轮缓慢下运，严禁抛掷。运至地面的材料应按指定地点，随拆随运，分类堆放。

（8）在拆除过程中，不得中途换人；当需换人作业时，应将拆除情况交代清楚后方可离开。中途停拆时，应将已拆部分的易塌、易掉杆件进行临时加固处理。

（9）连墙件的拆除应随拆除进度同步进行，严禁提前拆除，并在拆除最下一道连墙件前应先加设一道抛撑。

4.3.7　安全管理

（1）木脚手架的搭设、维修和拆除，必须编制专项施工方案；作业前，应向操作人员进行安全技术交底；并应按方案实施。

（2）在邻近脚手架的纵向和危及脚手架基础的地方，不得进行挖掘作业。

（3）脚手架上进行电气焊作业时，应有可靠的防火安全措施，并设专人监护。

（4）脚手架支承于永久性结构上时，传递给永久性结构的荷载不得超过其设计允许值。

（5）上料平台应独立搭设，严禁与脚手架共用杆件。

（6）用吊笼运转时，严禁直接放于外脚手架上。

（7）不得在单排架上使用运料小车。

（8）不得在各种杆件上进行钻孔、刀削和斧砍。每年均应对所使用的脚手板和各种杆件进行外观检查，严禁使用有腐朽、虫蛀、折裂、扭裂和纵向严重裂缝的杆件。

（9）作业层的连墙件不得承受脚手板及由其所传递来的一切荷载。

（10）脚手架离高压线的距离应符合国家现行标准《施工现场临时用电安全技术规范》JGJ 46—2005 中的规定。

（11）脚手架投入使用前，应先进行验收，合格后后方可使用；搭设过程中每隔四步至搭设完毕均应分别进行验收。

（12）停工后又重新使用的脚手架，必须按新搭脚手架的标准检查验收，合格后方可使用。

（13）施工过程中，严禁随意抽拆架上的各类杆件和脚手板，并应及时清除架上的垃坝和冰雪。

（14）当出现大风雨、冰解冻等情况时，应进行检查，对立杆下沉、悬空、接头松动、架子歪斜等现象，应立即进行维修和加固，确保安全后方可使用。

（15）搭设脚手架时，应有保证安全上下的爬梯或斜道，严禁攀登架体上下。

（16）脚手架在使用过程中，应经常检查维修，发现问题必须及时处理解决。

（17）脚手架拆除时应划分作业区，周围应设置围栏或竖立警戒标志，并应设专人看管，严禁非作业人员入内。

4.4 竹脚手架

4.4.1 构造与搭设的一般规定

（1）竹脚手架应具有足够的强度、刚度和稳定性，在使用时，变形及倾斜程度应符合《建筑施工竹脚手架安全技术规范》JGJ 254—2011 第 7.2.9 条的规定。

（2）竹脚手架搭设前，应按《建筑施工竹脚手架安全技术规范》JGJ 254—2011 第 7.1 节的规定进行检查验收。经检验合格的材料，应根据竹竿粗细、长短、材质、外形等情况合理挑选和分类，堆放整齐、平稳。宜将同一类型的材料用在相邻区域。

（3）双排竹脚手架的构造与搭设应符合下列规定：

1）横向水平杆应设置于纵向水平杆之下，脚手板应铺在纵向水平杆和搁栅上，作业层荷载可由横向水平杆传递给立杆（图 4－2）。

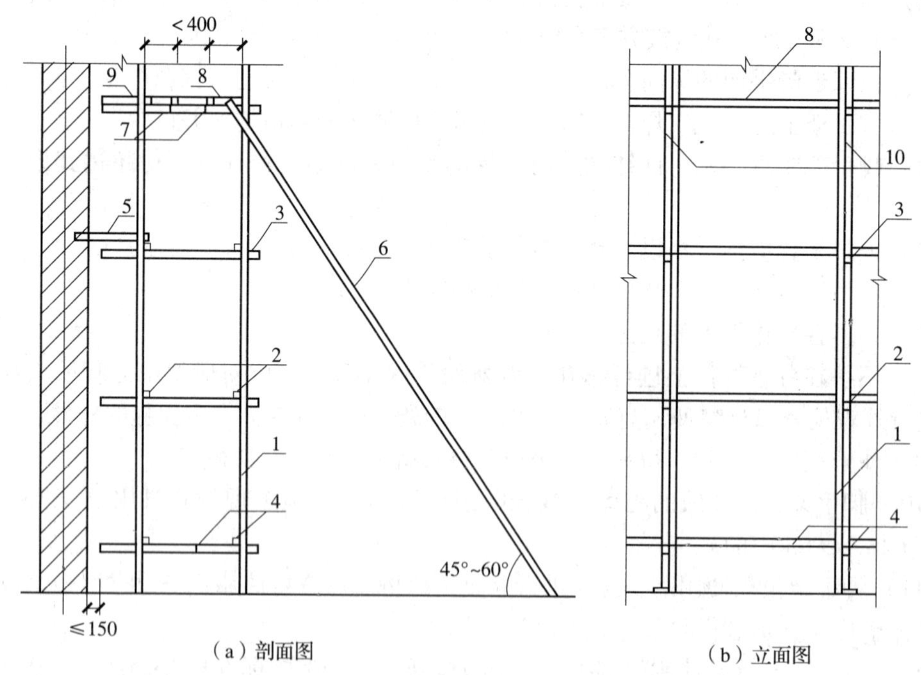

图 4－2 竹脚手架构造图（横向水平杆在下时）

1—立杆；2—纵向水平杆；3—横向水平杆；4—扫地杆；5—连墙件；6—抛撑；7—搁栅；8—竹笆脚手板；9—竹串片脚手板；10—顶撑

2）横向水平杆应设置于纵向水平杆之上，脚手板应铺在横向水平杆和搁栅上，作业层荷载可由纵向水平杆传递给立杆（图4－3）。

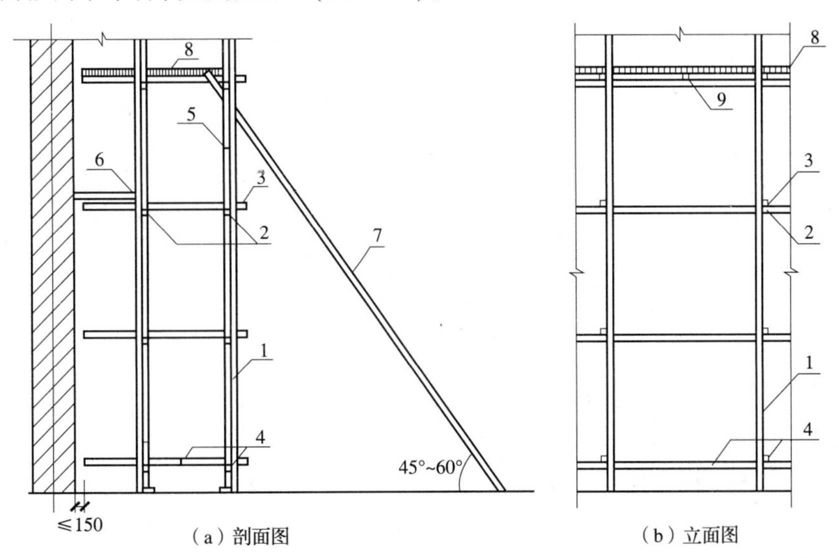

图4－3 竹脚手架的构造图（纵向水平杆在下时）

1—立杆；2—纵向水平杆；3—横向水平杆；4—扫地杆；5—顶撑；6—连墙件；7—抛撑；8—竹串片脚手板；9—搁栅

（4）竹脚手架的立杆、抛撑的地基处理应符合下列规定：

1）当地基土为一、二类土时，应进行翻填、分层夯实处理；在处理后的基础上应放置木垫板，垫板宽度不得小于200mm，厚度不得小于50mm，并应绑扎一道扫地杆；横向扫地杆距垫板上表面不应超过200mm，其上应绑扎纵向扫地杆。

2）当地基土为三类土～五类土时，应将杆件底端埋入土中，立杆埋深不得小于200mm，抛撑埋深不得小于300mm，坑口直径应大于杆件直径100mm，坑底应夯实并垫以木垫板，垫板不得小于200mm×200mm×50mm；埋件时应采用垫板卡紧，回填土应分层夯实，并应高出周围自然地面50mm。

3）当地基土为六类土～八类土或基础为混凝土时，应在杆件底端绑扎一道扫地杆。横向扫地杆距垫板上表面不得超过200mm，应在其上绑扎纵向扫地杆。地基土平整度不满足要求时，应在立杆底部设置木垫板，垫板不得小于200mm×200mm×50mm。

（5）满堂脚手架地基允许承载力不应低于80kPa。

（6）竹脚手架搭设前，应对搭设和使用人员进行安全技术交底。

（7）竹脚手架搭设前，应清理、平整搭设场地，并应测放出立杆位置线，垫板安放位置应准确，并应做好排水措施。

（8）底层顶撑底端的地面应夯实并设置垫板，垫板不宜小于200mm×200mm×50mm。垫板不得叠放。其他各层顶撑不得设置垫块。

（9）竹脚手架绑扎应符合下列规定：

1）主节点及剪刀撑、斜杆与其他杆件相交的节点应采用对角双斜扣绑扎，其余节点可采用单斜扣绑扎。双斜扣绑扎应符合表4－3的规定。

表 4-3 双斜扣绑扎法

步骤	文字描述	图示
第一步	将竹篾绕竹竿一侧前后斜交绑扎 2~3 圈	1 2
第二步	竹篾两头分别绕立杆半圈	
第三步	竹篾两头再沿第一步的另一侧相对绕行	
第四步	竹篾相对绕行 2~3 圈	
第五步	将竹篾两头相交缠绕后，从两竹竿空隙的一端穿入从另一端穿出，并用力拉紧，将竹篾头夹在竹篾与竹竿之中	

注：1—竹竿；2—绑扎材料。

2）杆件接长处可采用平扣绑扎法；竹篾绑扎时，每道绑扣应采用双竹篾缠绕4~6圈，每缠绕2圈应收紧一次，两端头应拧成辫结构掖在杆件相交处的缝隙内，并应拉紧，拉结时应避开篾节（图4-4）。

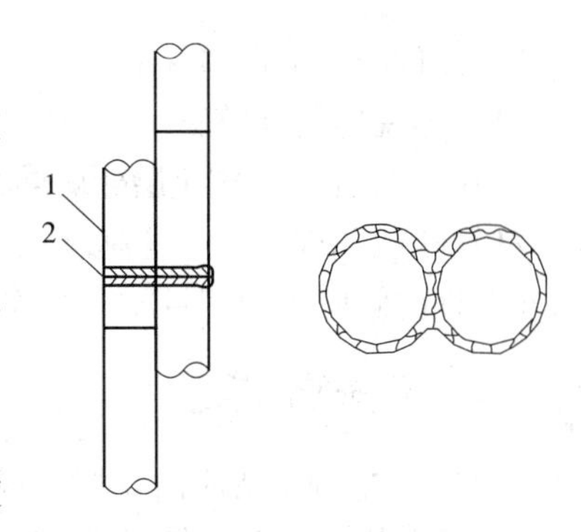

图4-4 平扣绑扎法
1—竹竿；2—绑扎材料

3）三根杆件相交的主节点处，相互接触的两杆件应分别绑扎，不得三根杆件共同绑扎一道绑扣。

4）不得使用多根单圈竹篾绑扎。

5）绑扎后的节点、接头不得出现松脱现象。施工过程中发现绑扎扣断裂、松脱现象时，应立即重新绑扎。

（10）受力杆件不得钢竹、木竹混用。

（11）竹脚手架的搭设程序应符合下列规定：

1）竹脚手架的搭设应与施工进度同步，一次搭设高度不应超过最上层连墙件两步，且自由高度不应大于4m。

2）应自下而上按步架设，每搭设完两步架后，应校验立杆的垂直度和水平杆的水平度。

3）剪刀撑、斜撑、顶撑等加固杆件应随架体同步搭设。

4）斜道应随架体同步搭设，并应与建筑物、构筑物的结构连接牢固。

（12）竹脚手架沿建筑物、构筑物四周宜形成自封闭结构或与建筑物、构筑物共同形成封闭结构，搭设时应同步升高。

（13）连墙件宜采用二步二跨（竖向间距不大于2步，横向间距不大于2跨）或二步三跨（竖向间距不大于2步，横向间距不大于3跨）或三步二跨（竖向间距不大于3步，横向间距不大于2跨）的布置方式。

（14）连墙件的布置应符合下列规定：

1）应靠近主节点设置连墙件，当距离主节点大于300mm时，应设置水平杆或斜杆对架体局部加强。

2）应从第二步架开始设置连墙件。

3）连墙件应采用菱形、方形或矩形布置。

4）一字形和开口型脚手架的两端应设置连墙件，并应沿竖向每步设置一个。

5）转角两侧立杆和顶层的操作层处应设置连墙件。

（15）连墙件的材料及构造应符合下列规定：

1）连墙件应采用可承受拉力和压力的构造，且应同时与内、外杆件连接。

2）连墙件应由拉件和顶件组成，并应配合使用。

3）拉件可采用8号镀锌钢丝或$\phi 6$钢筋，顶件可采用毛竹（图4-5）；拉件宜水平设置；当不能水平设置时，与脚手架连接的一端应低于与建筑物、构筑

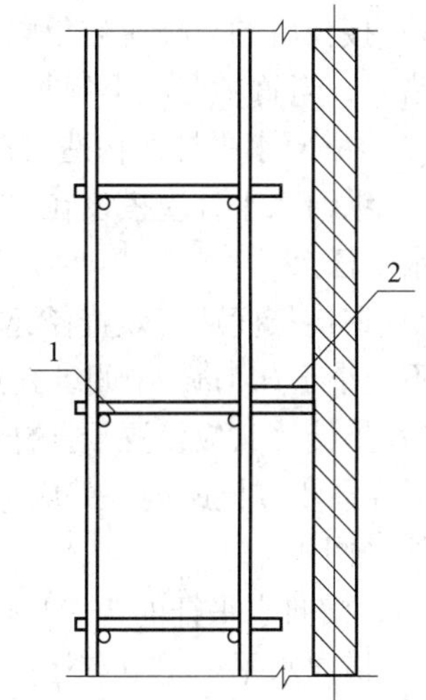

图4-5 连墙件的构造
1—连墙件；2—8号镀锌钢丝或$\phi 6$钢筋

物结构连接的一端。顶件应与结构牢固连接。

4）连墙件与建筑物、构筑物的连接应牢固，连墙件不得设置在填充墙等部位。

（16）竹脚手架作业层外侧周边应设置两道防护栏杆，上道栏杆高度不应小于1.2m，下道栏杆应居中设置，挡脚板高度不应小于0.18m。栏杆和挡脚板应设在立杆内侧；脚手架外立杆内侧应采用密目式安全立网封闭。

4.4.2 双排脚手架

（1）双排脚手架应由立杆、纵向水平杆、横向水平杆、连墙件、剪刀撑、斜撑、抛撑、顶撑、扫地杆等杆件组成。架体构造参数应符合表4-4的规定。

表4-4 双排脚手架的构造参数

用途	内立杆至墙面距离（m）	立杆间距（m）		步距（m）	搁栅间距（m）	
		横距	纵距		横向水平杆在下	纵向水平杆在下
结构	≤0.5	≤1.2	1.5~1.8	1.5~1.8	≤0.40	不大于立杆纵距的1/2
装饰	≤0.5	≤1.0	1.5~1.8	1.5~1.8	≤0.40	不大于立杆纵距的1/2

（2）立杆的构造与搭设应符合下列规定：

1）立杆应小头朝上，上下垂直，搭设到建筑物或构筑物顶端时，内立杆应低于女儿墙上皮或檐口0.4~0.5m；外立杆应高出女儿墙上皮1m、檐口1.0~1.2m（平屋顶）或1.5m（坡屋顶），最上一根立杆应小头朝下，并应将多余部分往下错动，使立杆顶平齐。

2）立杆应采用搭接接长，不得采用对接、插接接长。

3）立杆的搭接长度从有效直径起算不得小于1.5m，绑扎不得少于5道，两端绑扎点离杆端不得小于0.1m，中间绑扎点应均匀设置；相邻立杆的搭接接头应上下错开一个步距。

4）接长后的立杆应位于同一平面内，立杆接头应紧靠横向水平杆，并应沿立杆纵向左右错开。当竹竿有微小弯曲，应使弯曲面朝向脚手架的纵向，且应间隔反向设置。

（3）纵向水平杆的构造与搭设应符合下列规定：

1）纵向水平杆应搭设在立杆里侧，主节点处应绑扎在立杆上，非主节点处应绑扎在横向水平杆上。

2）搭接长度从有效直径起算不得小于1.2m，绑扎不得少于4道，两端绑扎点与杆件端部不应小于0.1m，中间绑扎点应均匀设置。

3）搭接接头应设置于立杆处，并应伸出立杆0.2~0.3m。相邻纵向水平杆的接头不应设置在同步或同跨内，并应上下内外错开一倍的立杆纵距。架体端部的纵向水平杆大头应朝外（图4-6）。

（4）横向水平杆的构造与搭设应符合下列规定：

1）横向水平杆主节点处应绑扎在立杆上，非主节点处应绑扎在纵向水平杆上。

2）非主节点处的横向水平杆，应根据支撑脚手板的需要等间距设置，其最大间距不应大于立杆纵距的1/2。

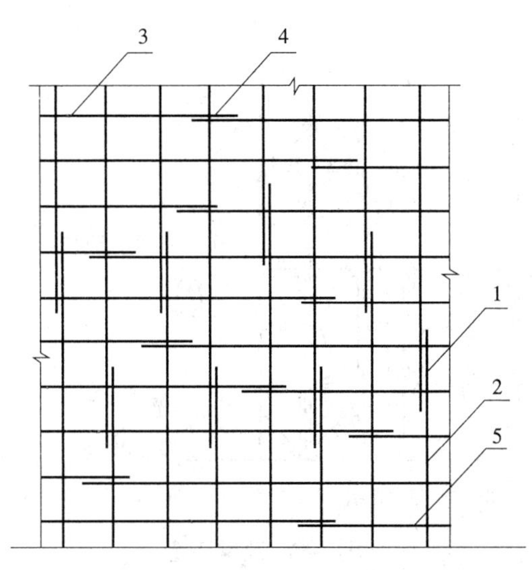

图4-6 立杆和纵向水平杆接头布置

1—立杆接头；2—立杆；3—纵向水平杆；4—纵向水平杆接头；5—扫地杆

3）横向水平杆每端伸出纵向水平杆的长度不应小于0.2m；里端距墙面应为0.12~0.15m，两端应与纵向水平杆绑扎牢固。

4）主节点处相邻横向水平杆应错开搁置在立杆的不同侧面，且与同一立杆相交的横向水平杆应保持在立杆的同一侧面。

（5）顶撑的构造与搭设应符合下列规定：

1）顶撑应紧贴立杆设置，并应顶紧水平杆；顶撑应与上、下方的水平杆直径匹配，两者直径相差不得大于顶撑直径的1/3。

2）顶撑应与立杆绑扎且不得少于3道，两端绑扎点与杆件端部的距离不应小于100mm，中间绑扎点应均匀设置。

3）顶撑应使用整根竹竿，不得接长，上下顶撑应保持在同一垂直线上。

4）当使用竹笆脚手板时，顶撑应顶在横向水平杆的下方（图4-7）；当使用竹串片脚手板时，顶撑应顶在纵向水平杆的下方。

（6）连墙件的设置应符合4.4.1中（13）~（15）的要求。当脚手架操作层高出相邻连墙件以上两步时，在连墙件安装完毕前，应采用确保脚手架稳定的临时拉结措施。

（7）剪刀撑的设置应符合下列规定：

1）架长30m以内的脚手架应采用连续式剪刀撑，超过30m的应采用间隔式剪刀撑。

2）剪刀撑应在脚手架外侧由底至顶连续设置，与地面倾角应为45°~60°（图4-8）。

3）间隔式剪刀撑除应在脚手架外侧立面的两端设置外，架体的转角处或开口处也应加设一道剪刀撑，剪刀撑宽度不应小于$4L_a$；每道剪刀撑之间的净距不应大于10m。

4）剪刀撑应与其他杆件同步搭设，并宜通过主节点；剪刀撑应紧靠脚手架外侧立杆，和与之相交的立杆、横向水平杆等应全部两两绑扎。

5）剪刀撑的搭接长度从有效直径起算不得小于1.5m，绑扎不得少于3道，两端绑扎点与杆件端部不应小于100mm，中间绑扎点应均匀设置。剪刀撑应大头朝下、小头朝上。

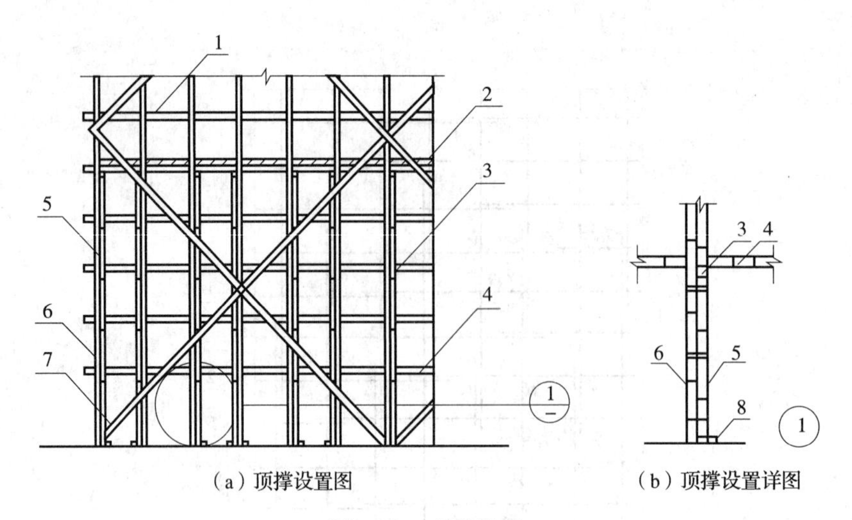

（a）顶撑设置图　　（b）顶撑设置详图

图4-7　顶撑设置

1—栏杆；2—脚手板；3—横向水平杆；4—纵向水平杆；5—顶撑；6—立杆；7—剪刀撑；8—垫板

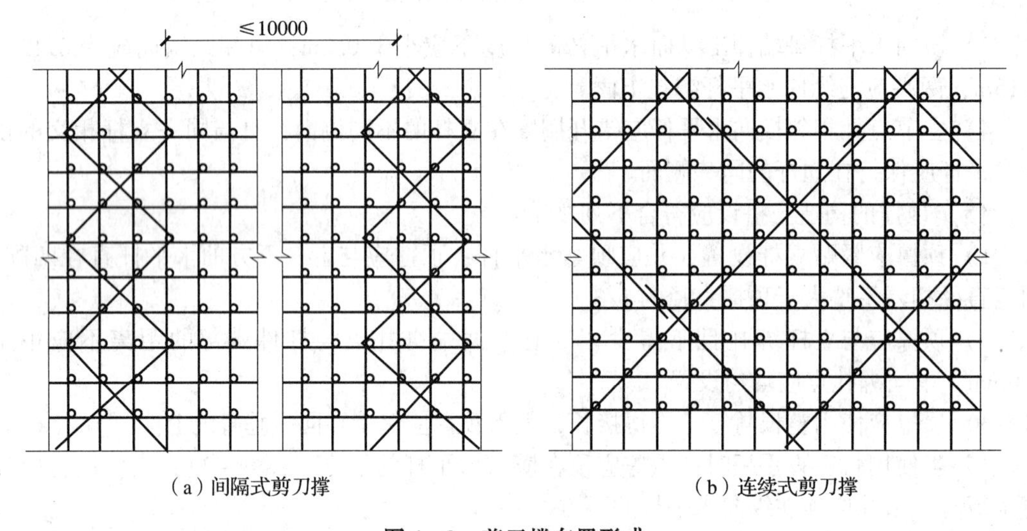

（a）间隔式剪刀撑　　（b）连续式剪刀撑

图4-8　剪刀撑布置形式

（8）斜撑、抛撑的设置应符合下列规定：

1）水平斜撑应设置在脚手架有连墙件的步架平面内，水平斜撑的两端与立杆应绑扎呈“之”字形，并应将其中与连墙件相连的立杆作为绑扎点（图4-9）。

2）一字形、开口型双排脚手架的两端应设置横向斜撑。

3）横向斜撑应在同一节间由底至顶呈“之”字形连续设置，杆件两端应固定在与之相交的立杆上。

4）当竹脚手架搭设高度低于三步时，应设置抛撑。抛撑应采用通长杆件与脚手架可靠连接，与地面的夹角应为45°～60°角，连接点中心至主节点的距离不应大于300mm。抛撑拆除应在连墙件搭设后进行。

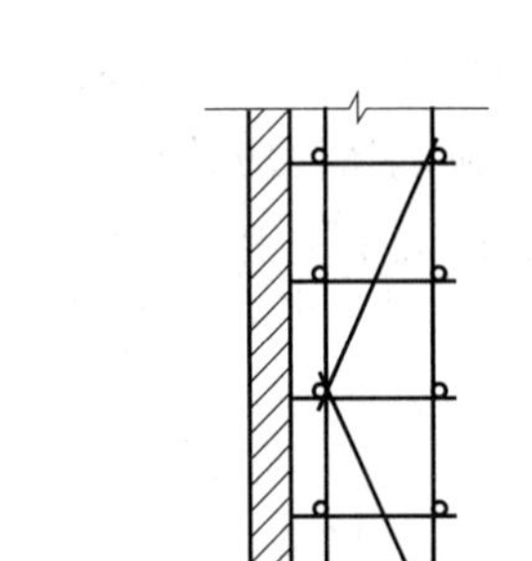
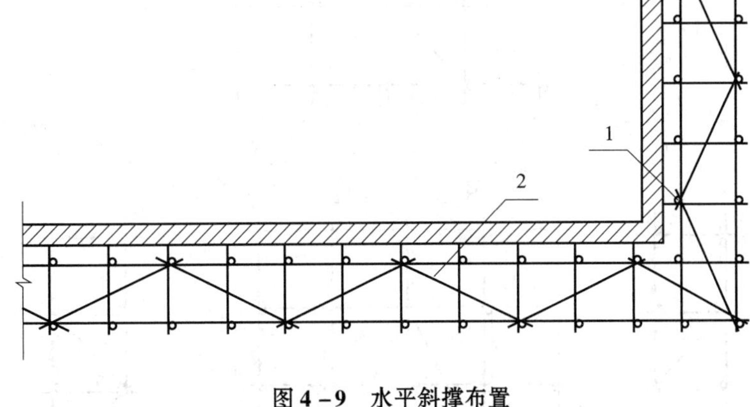

图 4-9　水平斜撑布置

1—连墙件；2—水平斜撑

(9) 当作业层铺设竹笆脚手板时，应在内外侧纵向水平杆之间设置搁栅，并应符合下列规定：

1) 搁栅应设置在横向水平杆上面，并应与横向水平杆绑扎牢固。

2) 搁栅应在纵向水平杆之间等距离布置，且间距不得大于 400mm。

3) 搁栅的接长应采用搭接，搭接处应头搭头，梢搭梢；搭接长度从有效直径起算，不得小于 1.2m；搭接端应在横向水平杆上，并应伸出 200～300mm。

4) 竹笆脚手板应按其主竹筋垂直于纵向水平杆方向铺设，且应采用对接平铺，四个角应采用 14 号镀锌钢丝固定在纵向水平杆上。

(10) 竹串片脚手板应设置在两根以上横向水平杆上。接头可采用对接或搭接铺设（图 4-10）。当采用对接平铺时，接头处应设两根横向水平杆，脚手板外伸长度不应大于 150mm，两块脚手板的外伸长度之和不应大于 300mm；当采用搭接铺设时，接头应支承在横向水平杆上，搭接长度应大于 200mm，其伸出横向水平杆的长度不应小于 100mm。

(11) 作业层脚手板应铺满、铺稳，离开墙面距离不应大于 150mm。

(12) 作业层端部脚手板探头长度不应超过 150mm，其板长两端均应与支承杆可靠地固定。

(13) 脚手架内侧横向水平杆的悬臂端应铺设竹串片脚手板，脚手板距墙面不应大于 150mm。

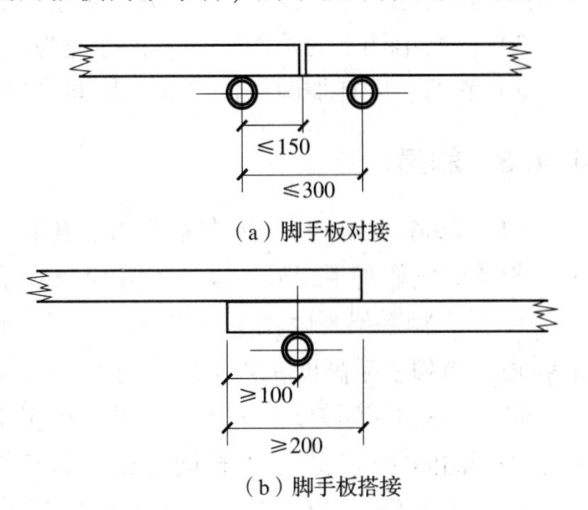

（a）脚手板对接

（b）脚手板搭接

图 4-10　脚手板对接、搭接的构造

(14) 防护栏杆和安全立网的设置应符合4.4.1中(16)的要求。

(15) 门洞的搭设应符合下列要求:

1) 门洞口应采用上升斜杆、平行弦杆桁架结构形式(图4-11),斜杆与地面倾角应为45°~60°。

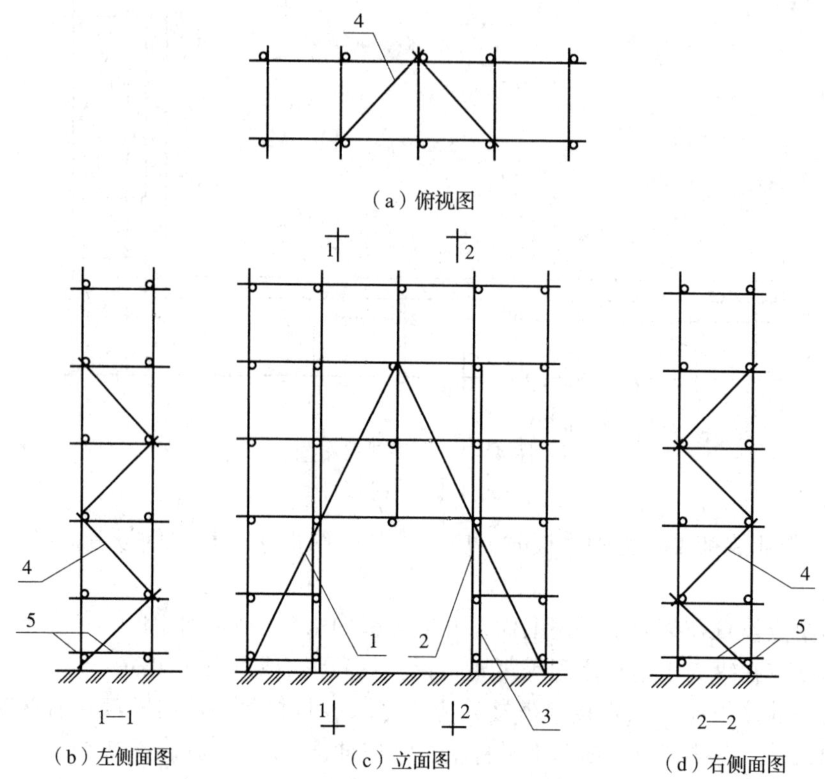

图4-11 门洞和通道脚手架构造(适用于两跨宽的门洞)

1—斜腹杆;2—主立杆;3—副立杆;4—斜杆;5—扫地杆

2) 门洞处的空间桁架除下弦平面外,应在其余5个平面内的节间设置一根斜腹杆,上端应向上连接交搭(2~3)步纵向水平杆,并应绑扎牢固。

3) 门洞桁架下的两侧立杆、顶撑应为双杆,副立杆高度应高于门洞口1~2步。

4) 斜撑、立杆加固杆件应随架体同步搭设,不得滞后搭设。

4.4.3 斜道

(1) 斜道可由立杆、纵向水平杆、横向水平杆、顶撑、斜杆、剪刀撑、连墙件等组成。斜道应紧靠脚手架外侧设置,并应与脚手架同步搭设(图4-12)。

(2) 当脚手架高度在4步以下时,可搭设"一"字形斜道或中间设休息平台的上折形斜道;当脚手架高度在4步以上时,应搭设"之"字形斜道,转弯处应设置休息平台。

(3) 人行斜道坡度宜为1:3,宽度不应小于1m,平台面积不应小于$2m^2$,斜道立杆和水平杆的间距应与脚手架相同;运料斜道坡度宜为1:6,宽度不应小于1.5m,平台面积不应小于$4.5m^2$,运料斜道及其对应的脚手架立杆应采用双立杆。

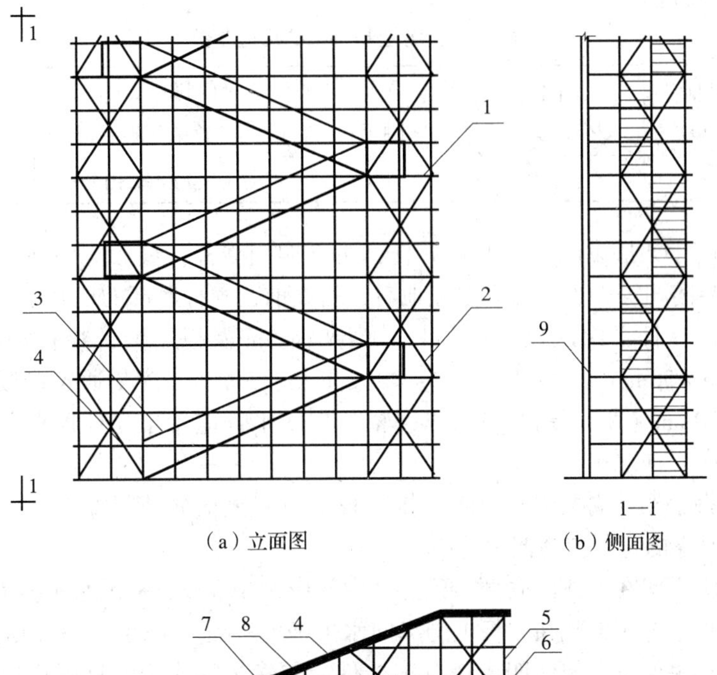

(a) 立面图　　(b) 侧面图

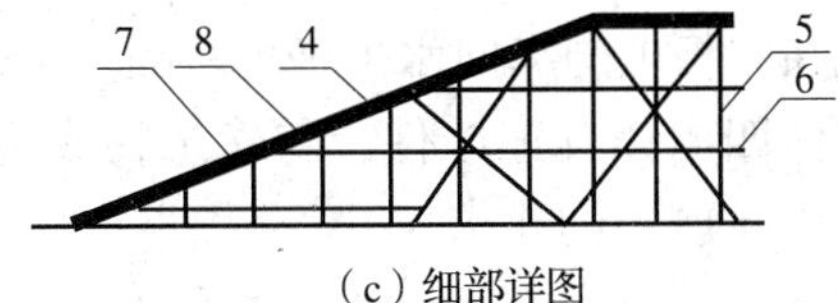

(c) 细部详图

图4-12　斜道的构造与布置

1—平台；2—剪刀撑；3—栏杆；4—斜杆；5—立杆；
6—纵向水平杆；7—斜道板；8—横向水平杆；9—连墙件

(4) 斜道外侧及休息平台两侧应设剪刀撑。休息平台应设连墙件与建筑物、构筑物的结构连接。连墙件的设置应符合4.4.1中(13)~(15)的要求。

(5) 当斜道脚手板横铺时，应在横向水平杆上每隔0.3m加设斜平杆，脚手板应平铺在斜平杆上；当斜道脚手板顺铺时，脚手板应平铺在横向水平杆上。当横向水平杆设置在斜平杆上时，间距不应大于1m；在休息平台处，不应大于0.75m。脚手板接头处应设双根横向水平杆，脚手板搭接长度不应小于0.4m。脚手板上每隔0.3m应设一道高20~30mm的防滑条。

(6) 斜道两侧及休息平台外侧应分别设置防护栏杆，斜道及休息平台外立杆内侧应挂设密目式安全立网。防护栏杆的设置应符合4.4.1中(16)的规定。

(7) 斜道的进出口处应按现行行业标准《建筑施工高处作业安全技术规范》JGJ 80—1991的规定设置安全防护棚。

4.4.4 满堂脚手架

(1) 满堂脚手架搭设高度不得超过15m。架体高宽比不得小于2；当设置连墙件时，可不受限制。

(2) 满堂脚手架可由立杆、水平杆、斜杆、剪刀撑、连墙件、扫地杆等组成。满堂脚手架的构造参数应符合表4-5的规定。其他地基处理应符合4.4.1中(4)的规定。

表 4-5 满堂脚手架的构造参数

用途	立杆纵横间距（m）	水平杆步距（m）	作业层水平杆间距		靠墙立杆离开墙面距离（m）
			竹笆脚手板（m）	竹串片脚手板	
装饰	≤1.2	≤1.8	≤0.4	小于立杆纵距的一半	≤0.5

（3）满堂脚手架搭设应先立四角立杆，再立四周立杆，最后立中间立杆，应保证纵向和横向立杆距离相等。当立杆无法埋地时，搭设前，立杆底部的地基土应夯实，在立杆底应加设垫板，立杆根部应设置扫地杆。当架高5m及以下时，垫板的尺寸不得小于200mm×200mm×50mm（长×宽×厚）；当架高大于5m时，应垫通长垫板，其尺寸不得小于200mm×50mm（宽×厚）。顶层纵（横）向水平杆应置于立杆顶端；立杆顶端应设帮条固定纵（横）向水平杆。

（4）满堂脚手架四周及中间每隔四排立杆应设置纵横向剪刀撑，并应由底至顶连续设置，每道剪刀撑的宽度应为四个跨距。

（5）满堂脚手架在架体的底部、顶部及中间应每3步设置一道水平剪刀撑。

（6）横向水平杆应绑扎在立杆上，纵向水平杆可每隔一步架与立杆绑扎一道。

（7）满堂脚手架应在架体四周设置连墙件，与建筑物或构筑物可靠连接。连墙件的设置应符合4.4.1中（13）~（15）的要求。

（8）作业层脚手板应满铺，并应与支承的水平杆绑扎牢固。作业层临空面应设置栏杆和挡脚板。防护栏杆和挡脚板的设置应符合4.4.1中（16）的要求。

（9）供人员上下的爬梯应绑扎牢固，上料口四边应设安全护栏。

4.4.5 烟囱、水塔脚手架

（1）烟囱、水塔等圆形和方形构筑物脚手架宜采用正方形、六角形、八角形等多边形外脚手架，可由立杆、纵向水平杆、横向水平杆、剪刀撑、连墙件等组成（图4-13、图4-14）。烟囱、水塔脚手架的构造参数应符合表4-6的规定。

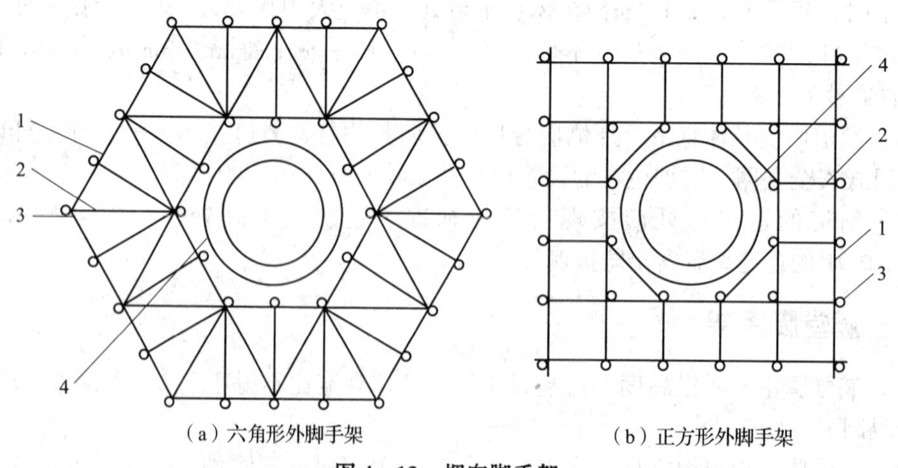

图 4-13 烟囱脚手架

1—纵向水平杆；2—横向水平杆；3—立杆；4—烟囱

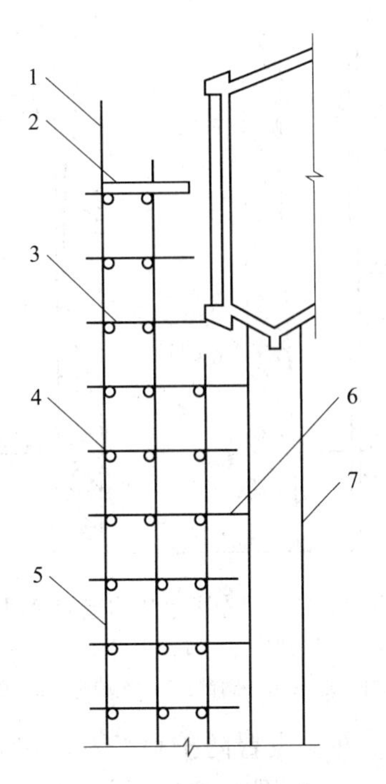

图 4－14 水塔脚手架

1—栏杆；2—脚手板；3—横向水平杆；4—纵向水平杆；
5—立杆；6—连墙件；7—水塔塔身

表 4－6 烟囱、水塔脚手架构造参数

里排立杆至构筑物边缘的距离（m）	立杆横距（m）	立杆纵距（m）	纵向水平杆步距（m）
≤0.5	1.2	1.2～1.5	1.2

（2）立杆搭设应先内排后外排，先转角处后中间，同一排立杆应齐直，相邻两排立杆接头应错开一步架。

（3）烟囱脚手架搭设高度不得超过 24m。烟囱脚手架立杆自下而上应保持垂直。搭设时可根据需要增设内立杆，并应利用烟囱结构作业增设内立杆的支撑点（图 4－15）。

（4）水塔脚手架应根据水箱直径大小搭设成三排架，在水箱处应搭设成双排架。

（5）在纵向水平杆转角处应补加一根横向水平杆，并应使交叉搭接处形成稳定的三角形。作业层横向水平杆间距不应大于 1m，距烟囱壁或水塔壁不应大于 0.1m。

（6）脚手架外侧应从下至上连续设置剪刀撑。当架高 10～15m 时，应设一组（4 根以上双数）缆风绳对拉，每增高 10m 应加设一组。缆风绳应采用直径不小于 11mm 钢丝绳，不得用钢筋代替，与地面夹角应为 45°～60°，下端应单独固定在地锚上，不得固定在树木或电杆上。

（7）脚手架应每二步三跨设置一道连墙件，转角处必须设置连墙件。可在结构施工时预埋连墙件的连接件，然后安装连墙件。连墙件的设置应符合 4.4.1 中（14）、（15）的要求。

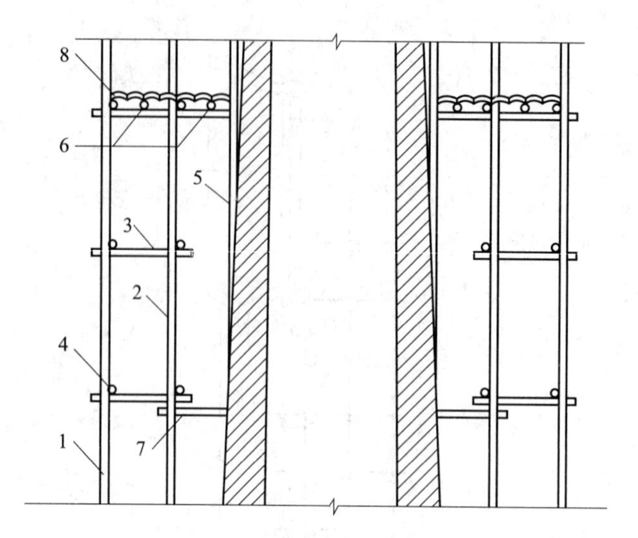

图 4-15 烟囱脚手架构造剖面图

1—外立杆；2—内立杆；3—横向水平杆；4—纵向水平杆；
5—新增内立杆；6—搁栅；7—连墙件；8—脚手板

（8）作业层应满铺脚手板，并应设置防护栏杆和挡脚板，防护栏杆外侧应挂密目式安全网，脚手板下方应设一道安全平网。防护栏杆和安全立网的设置应符合 4.4.1 中（16）的要求。

（9）爬梯的设置应符合 4.4.4 中（9）的规定。

4.4.6 拆除

（1）竹脚手架拆除应按拆除方案组织施工，拆除前应对作业人员作书面的安全技术交底。

（2）拆除竹脚手架前，应作好下列准备工作：

1）应对即将拆除的竹脚手架全面检查。

2）应根据检查结果补充完善竹脚手架拆除方案，并应经方案原审批人批准后实施。

3）应清除竹脚手架上杂物及地面障碍物。

（3）拆除竹脚手架时，应符合下列规定：

1）拆除作业必须由上而下逐层进行，严禁上下同时作业，严禁斩断或剪断连层绑扎材料后整层滑塌、整层推倒或拉倒。

2）连墙件必须随竹脚手架逐层拆除，严禁先将整层或数层连墙件拆除后再拆除架体；分段拆除时高差不应大于 2 步。

（4）拆除竹脚手架的纵向水平杆、剪刀撑时，应先拆中间的绑扎点，后拆两头的绑扎点，并应由中间的拆除人员往下传递杆件。

（5）当竹脚手架拆至下部三步架高时，应先在适当位置设置临时抛撑对架体加固后，再拆除连墙件。

（6）当竹脚手架需分段拆除时，架体不拆除部分的两端应按 4.4.1 中（13）~（15）的规定采取加固措施。

(7) 拆下的竹脚手架各自杆件、脚手板等材料，应向下传递或用索具吊运至地面，严禁抛掷至地面。

(8) 运至地面的竹脚手架各种杆件，应及时清理，并应分品种、规格运至指定地点码放。

4.4.7 安全管理

(1) 施工企业的项目负责人应对竹脚手架搭设和拆除的安全管理负责，并应组织制定和落实项目安全生产责任制、安全生产规章制度和操作规程。项目负责人应组织技术人员对所有进场的施工人员进行安全教育和技术培训。

(2) 工地应配备专、兼职消防安全管理人员，负责施工现场的日常消防安全管理工作。

(3) 竹脚手架的搭设、拆除应由专业架子工施工。架子工应经考核，合格后方可持证上岗。

(4) 竹竿及脚手板应相对集中放置，放置地点离建筑物不应少于10m，并应远离火源。堆放地点应有明显标识。

(5) 竹竿应按长短、粗细分别堆放。露天堆放时，应将竹竿竖立放置，不得就地平堆。竹篾在贮运过程中不得受雨水浸淋，不得沾染石灰、水泥，不得随地堆放，应悬挂在通风、干燥处。

(6) 当搭设、拆除竹脚手架时，必须设置警戒线、警戒标志，并应派专人看护，非作业人员严禁入内。

(7) 竹脚手架搭设过程中，应及时设置扫地杆、连墙件、斜撑、抛撑、剪刀撑以及必要的缆绳和吊索。搭设完毕应进行检查验收，并应确认合格后使用。

(8) 当双排脚手架搭设高度达到三步架高时，应随搭随设连墙件、剪刀撑等杆件，且不得随意拆除。当脚手架下部暂不能设连墙件时应设置抛撑。

(9) 搭设、拆除竹脚手架时，作业层应铺设脚手板，操作人员应按规定使用安全防护用品，穿防滑鞋。

(10) 竹脚手架外侧应挂密目式安全立网，网间应严密，防止坠物伤人。

(11) 临街搭设、拆除竹脚手架时，外侧应有防止坠物伤人的安全防护措施。

(12) 在竹脚手架使用期间，严禁拆除下列杆件：

1) 主节点处的纵、横向水平杆，纵、横向扫地杆。

2) 顶撑。

3) 剪刀撑。

4) 连墙件。

(13) 在竹脚手架使用期间，不得在脚手架基础及其邻近处进行挖掘作业。

(14) 竹脚手架作业层上严禁超载。

(15) 不得将模板支架、其他设备的缆风绳、混凝土泵管、卸料平台等固定在脚手架上。不得在竹脚手架上悬挂起重设备。

(16) 不得攀登架体上下。

(17) 在使用过程中，应对竹脚手架经常性地检查和维护，并应及时清理架体上的垃圾或杂物。

(18) 施工中发现竹脚手架有安全隐患时，应及时解决；危及人身安全时，应立即停止作业，并应组织作业人员撤离到安全区域。

(19) 6 级及以上大风、大雾、大雨、大雪及冻雨等恶劣天气下应暂停在脚手架上作业。雨、雪、霜后上架操作应采取防滑措施，并应扫除积雪。

(20) 在竹脚手架使用过程中，当预见可能遇到 8 级及以上的强风天气或超过《建筑施工竹脚手架安全技术规范》JGJ 254—2011 第 3. 0. 3 条规定的风压值时，应对架体采取临时加固措施。

(21) 工地应设置足够的消防水源和临时消防系统，竹材堆放处应设置消防设备。

(22) 当在竹脚手架上进行电焊、机械切割作业时，必须经过批准且有可靠的安全防火措施，并应设专人监管。

(23) 施工现场应有动火审批制度，不应在竹脚手架上进行明火作业。

(24) 卤钨灯灯管距离脚手架杆件不应小于 0. 5m，且应防范灯管照明引起杆件过热燃烧。通过架体的导线应设置用耐热绝缘材料制成的护套，不得使用具有延燃性的绝缘导线。

4.5 碗扣式钢管脚手架

4.5.1 施工组织

(1) 双排脚手架及模板支撑架施工前必须编制专项施工方案，并经批准后，方可实施。

(2) 双排脚手架搭设前，施工管理人员应按双排脚手架专项施工方案的要求对操作人员进行技术交底。

(3) 对进入现场的脚手架构配件，使用前应对其质量进行复检。

(4) 对经检验合格的构配件应按品种、规格分类放置在堆料区内或码放在专用架上，清点好数量备用；堆放场地排水应畅通，不得有积水。

(5) 当连墙件采用预埋方式时，应提前与相关部门协商，按设计要求预埋。

(6) 脚手架搭设场地必须平整、坚实，有排水措施。

4.5.2 地基与基础处理

(1) 脚手架基础必须按专项施工方案进行施工。按基础承载力要求进行验收。

(2) 当地基高低差较大时，可利用立杆 0. 6m 节点位差进行调整。

(3) 土层地基上的立杆应采用可调底座和垫板。

(4) 双排脚手架立杆基础验收合格后，应按专项施工方案的设计进行放线定位。

4.5.3 双排脚手架搭设

(1) 底座和垫板应准确地放置在定位线上；垫板宜采用长度不少于立杆二跨、厚度不小于 50mm 的木板；底座的轴心线应与地面垂直。

（2）双排脚手架搭设应按立杆、横杆、斜杆、连墙件的顺序逐层搭设，底层水平框架的纵向直线度偏差应小于1/200架体长度；横杆间水平度偏差应小于1/400架体长度。

（3）双排脚手架的搭设应分阶段进行，每段搭设后必须经检查验收合格后，方可投入使用。

（4）双排脚手架的搭设应与建筑物的施工同步上升，并应高于作业面1.5m。

（5）当双排脚手架高度H小于或等于30m时，垂直度偏差应小于或等于$H/500$；当高度H大于30m时，垂直度偏差应小于或等于$H/1000$。

（6）当双排脚手架内外侧加挑梁时，在一跨挑梁范围内不得超过一名施工人员操作，严禁堆放物料。

（7）连墙件必须随双排脚手架升高及时在规定的位置处设置，严禁任意拆除。

（8）作业层设置应符合下列规定：

1）脚手板必须铺满、铺实，外侧应设180mm挡脚板及1200mm高两道防护栏杆。

2）防护栏杆应在立杆0.6m和1.2m的碗扣接头处搭设两道。

3）作业层下部的水平安全网设置应符合国家现行标准《建筑施工安全检查标准》JGJ 59—2011的规定。

（9）当采用钢管扣件作加固件、连墙件、斜撑时，应符合国家现行标准《建筑施工扣件式钢管脚手架安全技术规范》JGJ 130—2010的有关规定。

4.5.4　双排脚手架拆除

（1）双排脚手架拆除时，必须按专项施工方案，在专人统一指挥下进行。

（2）拆除作业前，施工管理人员应对操作人员进行安全技术交底。

（3）双排脚手架拆除时必须划出安全区，并设置警戒标志，派专人看守。

（4）拆除前应清理脚手架上的器具及多余的材料和杂物。

（5）拆除作业应从顶层开始，逐层向下进行，严禁上下层同时拆除。

（6）连墙件必须在双排脚手架拆到该层时方可拆除，严禁提前拆除。

（7）拆除的构配件应采用起重设备吊运或人工传递到地面，严禁抛掷。

（8）当双排脚手架采取分段、分立面拆除时，必须事先确定分界处的技术处理方案。

（9）拆除的构配件应分类堆放，以便于运输、维护和保管。

4.5.5　模板支撑架的搭设与拆除

（1）模板支撑架的搭设应按专项施工方案，在专人指挥下，统一进行。

（2）应按施工方案弹线定位，放置底座后应分别按先立杆后横杆再斜杆的顺序搭设。

（3）在多层楼板上连续设置模板支撑架时，应保证上下层支撑立杆在同一轴线上。

（4）模板支撑架拆除应符合现行国家标准《混凝土结构工程施工规范》GB 50666—2011中混凝土强度的有关规定。

（5）架体拆除应按施工方案设计的顺序进行。

4.5.6　安全使用与管理

（1）作业层上的施工荷载应符合设计要求，不得超载，不得在脚手架上集中堆放模板、钢筋等物料。

（2）混凝土输送管、布料杆、缆风绳等不得固定在脚手架上。

（3）遇6级及7级大风、雨雪、大雾天气时，应停止脚手架的搭设与拆除作业。

（4）脚手架使用期间，严禁擅自拆除架体结构杆件；如需拆除必须经修改施工方案并报请原方案审批人批准，确定补救措施后方可实施。

（5）严禁在脚手架基础及邻近处进行挖掘作业。

（6）脚手架应与输电线路保持安全距离，施工现场临时用电线路架设及脚手架接地防雷措施等应按国家现行标准《施工现场临时用电安全技术规范》JGJ 46—2005的有关规定执行。

（7）搭设脚手架人员必须持证上岗。上岗人员应定期体检，合格者方可持证上岗。

（8）搭设脚手架人员必须戴安全帽、系安全带、穿防滑鞋。

4.6 工具式脚手架

4.6.1 附着式升降脚手架

1. 安全装置

（1）附着式升降脚手架必须具有防倾覆、防坠落和同步升降控制的安全装置。

（2）防倾覆装置应符合下列规定：

1）防倾覆装置中应包括导轨和两个以上与导轨连接的可滑动的导向件。

2）在防倾导向件的范围内应设置防倾覆导轨，且应与竖向主框架可靠连接。

3）在升降和使用两种工况下，最上和最下两个导向件之间的最小间距不得小于2.8mm或架体高度的1/4。

4）应具有防止竖向主框架倾斜的功能。

5）应采用螺栓与附墙支座连接，其装置与导轨之间的间隙应小于5mm。

（3）防坠落装置必须符合下列规定：

1）防坠落装置应设置在竖向主框架处并附着在建筑结构上，每一升降点不得少于一个防坠落装置，防坠落装置在使用和升降工况下都必须起作用。

2）防坠落装置必须采用机械式的全自动装置，严禁使用每次升降都需重组的手动装置。

3）防坠落装置技术性能除应满足承载能力要求外，还应符合表4－7的规定。

表4－7 防坠落装置技术性能

脚手架类别	制动距离（mm）
整体式升降脚手架	≤80
单跨式升降脚手架	≤150

4）防坠落装置应具有防尘、防污染的措施，并应灵敏可靠和运转自如。

5）防坠落装置与升降设备必须分别独立固定在建筑结构上。

6）钢吊杆式防坠落装置，钢吊杆规格应由计算确定，且不应小于ϕ25mm。

（4）同步控制装置应符合下列规定：

1）附着式升降脚手架升降时，必须配备有限制荷载或水平高差的同步控制系统连续式水平支承桁架，应采用限制荷载自控系统；简支静定水平支承桁架，应采用水平高差同步自控系统；当设备受限时，可选择限制荷载自控系统。

2）限制荷载自控系统应具有下列功能：

①当某一机位的荷载超过设计值的15%时，应采用声光形式自动报警和显示报警机位；当超过30%时，应能使该升降设备自动停机。

②应具有超载、失载、报警和停机的功能；宜增设显示记忆和储存功能。

③应具有自身故障报警功能，并应能适应施工现场环境。

④性能应可靠、稳定，控制精度应在5%以内。

3）水平高差同步控制系统应具有下列功能：

①当水平支承桁架两端高差达到30mm时，应能自动停机。

②应具有显示各提升点的实际升高和超高的数据，并应有记忆和储存的功能。

③不得采用附加重量的措施控制同步。

2．安装

（1）附着式升降脚手架应按专项施工方案进行安装，可采用单片式主框架的架体（图4－16），也可采用空间桁架式主框架的架体（图4－17）。

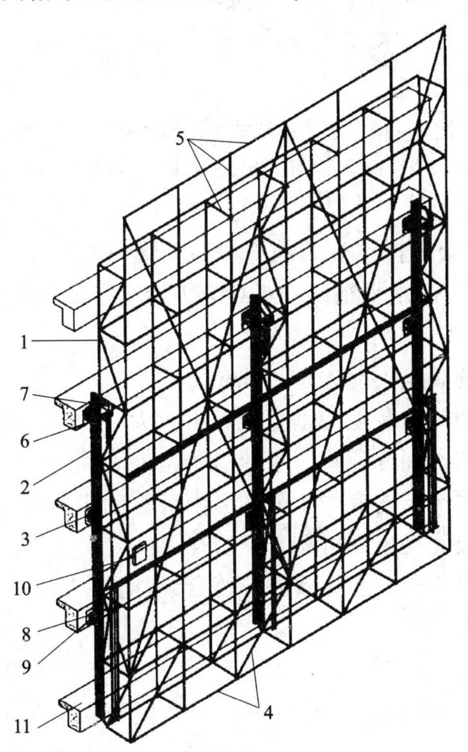

图4－16 单片式主框架的架体示意图

1—竖向主框架（单片式）；2—导轨；3—附墙支座（含防倾覆、防坠落装置）；4—水平支承桁架；5—架体构架；6—升降设备；7—升降上吊挂件；8—升降下吊点（含荷载传感器）；9—定位装置；10—同步控制装置；11—工程结构

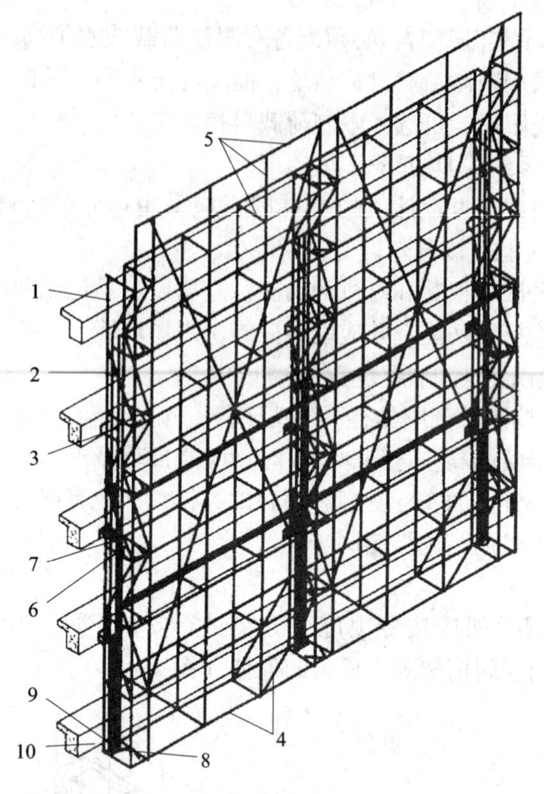

图 4－17 空间桁架式主框架的架体示意图

1—竖向主框架（空间桁架式）；2—导轨；3—悬臂梁（含防倾覆装置）；4—水平支承桁架；5—架体构架；6—升降设备；7—悬吊梁；8—下提升点；9—防坠落装置；10—工程结构

（2）附着式升降脚手架在首层安装前应设置安装平台，安装平台应有保障施工人员安全的防护设施，安装平台的水平精度和承载能力应满足架体安装的要求。

（3）安装时应符合下列规定：

1）相邻竖向主框架的高差不应大于 20mm。

2）竖向主框架和防倾导向装置的垂直偏差不应大于 5‰，且不得大于 60mm。

3）预留穿墙螺栓孔和预埋件应垂直于建筑结构外表面，其中心误差应小于 15mm。

4）连接处所需要的建筑结构混凝土强度应由计算确定，但不应小于 C10。

5）升降机构连接应正确且牢固可靠。

6）安全控制系统的设置和试运行效果应符合设计要求。

7）升降动力设备工作正常。

（4）附着支承结构的安装应符合设计规定，不得少装和使用不合格螺栓及连接件。

（5）安全保险装置应全部合格，安全防护设施应齐备，且应符合设计要求，并应设置必要的消防设施。

（6）电源、电缆及控制柜等的设置应符合现行行业标准《施工现场临时用电安全技术规范》JGJ 46—2005 的有关规定。

（7）采用扣件式脚手架搭设的架体构架，其构造应符合现行行业标准《建筑施工扣件式钢管脚手架安全技术规范》JGJ 130—2011 的要求。

（8）升降设备、同步控制系统及防坠落装置等专项设备，均应采用同一厂家的产品。

（9）升降设备、控制系统、防坠落装置等应采取防雨、防砸、防尘等措施。

3．升降

（1）附着式升降脚手架可采用手动、电动和液压三种升降形式，并应符合下列规定：

1）单跨架体升降时，可采用手动、电动和液压三种升降形式。

2）当两跨以上的架体同时整体升降时，应采用电动或液压设备。

（2）附着式升降脚手架每次升降前，应按表 4－8 的规定进行检查，经检查合格后，方可进行升降。

表 4－8　附着式升降脚手架提升、下降作业前检查验收表

<table>
<tr><td colspan="2">工程名称</td><td colspan="2"></td><td>结构形式</td><td colspan="2"></td></tr>
<tr><td colspan="2">建筑面积</td><td colspan="2"></td><td>机位布置情况</td><td colspan="2"></td></tr>
<tr><td colspan="2">总包单位</td><td colspan="2"></td><td>项目经理</td><td colspan="2"></td></tr>
<tr><td colspan="2">租赁单位</td><td colspan="2"></td><td>项目经理</td><td colspan="2"></td></tr>
<tr><td colspan="2">安拆单位</td><td colspan="2"></td><td>项目经理</td><td colspan="2"></td></tr>
<tr><td>序号</td><td colspan="2">检 查 项 目</td><td colspan="3">标　　准</td><td>检查结果</td></tr>
<tr><td>1</td><td rowspan="8">保证项目</td><td>支承结构与工程结构连接处混凝土强度</td><td colspan="3">达到专项方案计算值，且≥C10</td><td></td></tr>
<tr><td>2</td><td rowspan="2">附墙支座设置情况</td><td colspan="3">每个竖向主框架所覆盖的每一楼层处应设置一道附墙支座</td><td></td></tr>
<tr><td>3</td><td colspan="3">附墙支座上应设有完整的防坠、防倾、导向装置</td><td></td></tr>
<tr><td>4</td><td>升降装置设置情况</td><td colspan="3">单跨升降式可采用手动葫芦；整体升降式应采用电动葫芦或液压设备；应启动灵敏，运转可靠，旋转方向正确；控制柜工作正常，功能齐备</td><td></td></tr>
<tr><td>5</td><td rowspan="4">防坠落装置设置情况</td><td colspan="3">防坠落装置应设置在竖向主框架处，并附着在建筑结构上</td><td></td></tr>
<tr><td>6</td><td colspan="3">每一升降点不得少于一个，在使用和升降工况下都能起作用</td><td></td></tr>
<tr><td>7</td><td colspan="3">防坠落装置与升降设备应分别独立固定在建筑结构上</td><td></td></tr>
<tr><td>8</td><td colspan="3">应具有防尘防污染的措施，并应灵敏可靠和运转自如</td><td></td></tr>
</table>

续表 4－8

序号	检查项目		标准	检查结果
9	保证项目	防坠落装置设置情况	设置部位正确，灵敏可靠，不应人为失效和减少	
10			钢吊杆式防坠落装置，钢吊杆规格应由计算确定，且不应小于 ϕ25mm	
11		防倾覆装置设置情况	防倾覆装置中应包括导轨和两个以上与导轨连接的可滑动的导向件	
12			在防倾导向件的范围内应设置防倾覆导轨，且应与竖向主框架可靠连接	
13			在升降和使用两种工况下，最上和最下两个导向件之间的最小间距不得小于 2.8m 或架体高度的 1/4	
14		建筑物的障碍物清理情况	无障碍物阻碍外架的正常滑升	
15		架体构架上的连墙杆	应全部拆除	
16		塔吊或施工电梯附墙装置	符合专项施工方案的规定	
17		专项施工方案	符合专项施工方案的规定	
18	一般项目	操作人员	经过安全技术交底并持证上岗	
19		运行指挥人员、通信设备	人员已到位，设备工作正常	
20		监督检查人员	总包单位和监理单位人员已到场	
21		电缆线路、开关箱	符合现行行业标准《施工现场临时用电安全技术规范》JGJ 46—2005 中的对线路负荷计算的要求；设置专用的开关箱	

检查结论：

检查人签字	总包单位	分包单位	租赁单位	安拆单位

符合要求，同意使用（　　）

不符合要求，不同意使用（　　）

总监理工程师（签字）：

年　　月　　日

注：本表由施工单位填报，监理单位、施工单位、租赁单位、安拆单位各存一份。

(3) 附着式升降脚手架的升降操作应符合下列规定：

1) 应按升降作业程序和操作规程进行作业。

2) 操作人员不得停留在架体上。

3) 升降过程中不得有施工荷载。

4) 所有妨碍升降的障碍物应已拆除。

5) 所有影响升降作业的约束应已解除。

6) 各相邻提升点间的高差不得大于30mm，整体架最大升降差不得大于80mm。

(4) 升降过程中应实行统一指挥、统一指令。升降指令应由总指挥一人下达；当有异常情况出现时，任何人均可立即发出停止指令。

(5) 当采用环链葫芦作升降动力时，应严密监视其运行情况，及时排除翻链、铰链和其他影响正常运行的故障。

(6) 当采用液压设备作升降动力时，应排除液压系统的泄漏、失压、颤动、油缸爬行和不同步等问题和故障，确保正常工作。

(7) 架体升降到位后，应及时按使用状况要求进行附着固定；在没有完成架体固定工作前，施工人员不得擅自离岗或下班。

(8) 附着式升降脚手架架体升降到位固定后，应按表4-9进行检查，合格后方可使用；遇5级及以上大风和大雨、大雪、浓雾和雷雨等恶劣天气时，不得进行升降作业。

表4-9　附着式升降脚手架首次安装完毕及使用前检查验收表

<table>
<tr><td colspan="2">工程名称</td><td colspan="2"></td><td>结构形式</td><td></td></tr>
<tr><td colspan="2">建筑面积</td><td colspan="2"></td><td>机位布置情况</td><td></td></tr>
<tr><td colspan="2">总包单位</td><td colspan="2"></td><td>项目经理</td><td></td></tr>
<tr><td colspan="2">租赁单位</td><td colspan="2"></td><td>项目经理</td><td></td></tr>
<tr><td colspan="2">安拆单位</td><td colspan="2"></td><td>项目经理</td><td></td></tr>
<tr><td>序号</td><td colspan="2">检查项目</td><td colspan="2">标准</td><td>检查结果</td></tr>
<tr><td>1</td><td rowspan="6">保证项目</td><td rowspan="3">竖向主框架</td><td colspan="2">各杆件的轴线应交会于节点处，并应采用螺栓或焊接连接，如不交会于一点，应进行附加弯矩验算</td><td></td></tr>
<tr><td>2</td><td colspan="2">各节点应焊接或螺栓连接</td><td></td></tr>
<tr><td>3</td><td colspan="2">相邻竖向主框架的高差≤30mm</td><td></td></tr>
<tr><td>4</td><td rowspan="2">水平支承桁架</td><td colspan="2">桁架上、下弦应采用整根通长杆件，或设置刚性接头；腹杆上、下弦连接应采用焊接或螺栓连接</td><td></td></tr>
<tr><td>5</td><td colspan="2">桁架各杆件的轴线应相交于节点上，并宜用节点板构造连接，节点板的厚度不得小于6mm</td><td></td></tr>
<tr><td>6</td><td>架体构造</td><td colspan="2">空间几何不可变体系的稳定结构</td><td></td></tr>
</table>

续表 4－9

序号	检查项目		标准	检查结果
7	保证项目	立杆支承位置	架体构架的立杆底端应放置在上弦节点各轴线的交会处	
8		立杆间距	应符合现行行业标准《建筑施工扣件式钢管脚手架安全技术规范》JGJ 130—2011 中小于或等于 1.5m 的要求	
9		纵向水平杆的步距	应符合现行行业标准《建筑施工扣件式钢管脚手架安全技术规范》JGJ 130—2011 中小于或等于 1.8m 的要求	
10		剪刀撑设置	水平夹角应满足 45°～60°	
11		脚手板设置	架体底部铺设严密，与墙体无间隙，操作层脚手板应铺满、铺牢，孔洞直径小于 25mm	
12		扣件拧紧力矩	40～65N·m	
13		附墙支座	每个竖向主框架所覆盖的每一楼层处应设置一道附墙支座	
14			使用工况，应将竖向主框架固定于附墙支座上	
15			升降工况，附墙支座上应设有防倾、导向的结构装置	
16			附墙支座应采用锚固螺栓与建筑物连接，受拉螺栓的螺母不得少于两个或采用单螺母加弹簧垫圈	
17			附墙支座支承在建筑物上连接处混凝土的强度应按设计要求确定，但不得小于 C10	
18		架体构造尺寸	架高≤5 倍层高	
19			架宽≤1.2m	
20			架体全高×支承跨度≤110m²	
21			支承跨度直线型≤7m	
22			支承跨度折线或曲线型架体，相邻两主框架支撑点处的架体外侧距离≤5.4m	
23			水平悬挑长度不大于 2m，且不大于跨度的 1/2	

续表 4－9

序号	检 查 项 目		标　　准	检查结果
24	保证项目	架体构造尺寸	升降工况上端悬臂高度不大于2/5架体高度且不大于6m	
25			水平悬挑端以竖向主框架为中心对称斜拉杆水平夹角≥45°	
26	保证项目	防坠落装置	防坠落装置应设置在竖向主框架处并附着在建筑结构上	
27			每一升降点不得少于一个，在使用和升降工况下都能起作用	
28			防坠落装置与升降设备应分别独立固定在建筑结构上	
29			应具有防尘防污染的措施，并应灵敏可靠和运转自如	
30			钢吊杆式防坠落装置，钢吊杆规格应由计算确定，且不应小于 ϕ25mm	
31		防倾覆设置情况	防倾覆装置中应包括导轨和两个以上与导轨连接的可滑动的导向件	
32			在防倾导向件的范围内应设置防倾覆导轨，且应与竖向主框架可靠连接	
33			在升降和使用两个工况下，最上和最下两个导向件之间的最小间距不得小于2.8m或架体高度的1/4	
34			应具有防止竖向主框架倾斜的功能	
35			应用螺栓与附墙支座连接，其装置与导轨之间的间隙应小于5mm	
36		同步装置设置情况	连续式水平支承桁架，应采用限制荷载自控系统	
37			简支静定水平支承桁架，应采用水平高差同步自控系统，若设备受限时可选择限制荷载自控系统	

续表 4－9

<table>
<tr><td>序号</td><td colspan="2">检 查 项 目</td><td colspan="3">标　　准</td><td>检查结果</td></tr>
<tr><td>38</td><td rowspan="4">一般项目</td><td rowspan="4">防护设施</td><td colspan="3">密目式安全立网规格型号≥2000 目/100cm²，≥3kg/张</td><td></td></tr>
<tr><td>39</td><td colspan="3">防护栏杆高度为 1.2m</td><td></td></tr>
<tr><td>40</td><td colspan="3">挡脚板高度为 180mm</td><td></td></tr>
<tr><td>41</td><td colspan="3">架体底层脚手板铺设严密，与墙体无间隙</td><td></td></tr>
<tr><td colspan="2">检查结论</td><td colspan="5"></td></tr>
<tr><td colspan="2" rowspan="2">检查人签字</td><td>总包单位</td><td>分包单位</td><td>租赁单位</td><td colspan="2">安拆单位</td></tr>
<tr><td></td><td></td><td></td><td colspan="2"></td></tr>
<tr><td colspan="7">符合要求，同意使用（　　）
不符合要求，不同意使用（　　）

总监理工程师（签字）：
年　　月　　日</td></tr>
</table>

注：本表由施工单位填报，监理单位、施工单位、租赁单位、安拆单位各存一份。

4. 使用

（1）附着式升降脚手架应按设计性能指标进行使用，不得随意扩大使用范围；架体上的施工荷载应符合设计规定，不得超载，不得放置影响局部杆件安全的集中荷载。

（2）架体内的建筑垃圾和杂物应及时清理干净。

（3）附着式升降脚手架在使用过程中不得进行下列作业：

1）利用架体吊运物料。

2）在架体上拉结吊装缆绳（或缆索）。

3）在架体上推车。

4）任意拆除结构件或松动连接件。

5）拆除或移动架体上的安全防护设施。

6）利用架体支撑模板或卸料平台。

7）其他影响架体安全的作业。

（4）当附着式升降脚手架停用超过 3 个月时，应提前采取加固措施。

（5）当附着式升降脚手架停用超过 1 个月或遇 6 级及以上大风后复工时，应进行检查，确认合格后方可使用。

（6）螺栓连接件、升降设备、防倾装置、防坠落装置、电控设备、同步控制装置等应每月进行维护保养。

5. 拆除

（1）附着式升降脚手架的拆除工作应按专项施工方案及安全操作规程的有关要求进行。

（2）应对拆除作业人员进行安全技术交底。

（3）拆除时应有可靠的防止人员或物料坠落的措施，拆除的材料及设备不得抛扔。

（4）拆除作业应在白天进行。遇5级及以上大风和大雨、大雪、浓雾和雷雨等恶劣天气时，不得进行拆除作业。

4.6.2 高处作业吊篮

1．安装

（1）高处作业吊篮安装时应按专项施工方案，在专业人员的指导下实施。

（2）安装作业前，应划定安全区域，并应排除作业障碍。

（3）高处作业吊篮组装前应确认结构件、紧固件已配套且完好，其规格型号和质量应符合设计要求。

（4）高处作业吊篮所用的构配件应是同一厂家的产品。

（5）在建筑物屋面上进行悬挂机构的组装时，作业人员应与屋面边缘保持2m以上的距离。组装场地狭小时应采取防坠落措施。

（6）悬挂机构宜采用刚性联结方式进行拉结固定。

（7）悬挂机构前支架严禁支撑在女儿墙上、女儿墙外或建筑物挑檐边缘。

（8）前梁外伸长度应符合高处作业吊篮使用说明书的规定。

（9）悬挑横梁应前高后低，前后水平高差不应大于横梁长度的2%。

（10）配重件应稳定可靠地安放在配重架上，并应有防止随意移动的措施。严禁使用破损的配重件或其他替代物。配重件的重量应符合设计规定。

（11）安装时，钢丝绳应沿建筑物立面缓慢下放至地面，不得抛掷。

（12）当使用两个以上的悬挂机构时，悬挂机构吊点水平间距与吊篮平台的吊点间距应相等，其误差不应大于50mm。

（13）悬挂机构前支架应与支撑面保持垂直，脚轮不得受力。

（14）安装任何形式的悬挑结构，其施加于建筑物或构筑物支承处的作用力，均应符合建筑结构的承载能力，不得对建筑物和其他设施造成破坏和不良影响。

（15）高处作业吊篮安装和使用时，在10m范围内如有高压输电线路，应按照现行行业标准《施工现场临时用电安全技术规范》JGJ 46—2005的规定，采取隔离措施。

2．使用

（1）高处作业吊篮应设置作业人员专用的挂设安全带的安全绳及安全锁扣。安全绳应固定在建筑物可靠位置上，不得与吊篮上任何部位有连接，并应符合下列规定：

1）安全绳应符合现行国家标准《安全带》GB 6095—2009的要求，其直径应与安全锁扣的规格相一致。

2）安全绳不得有松散、断股、打结现象。

3）安全锁扣的配件应完好、齐全，规格和方向标识应清晰可辨。

（2）吊篮宜安装防护棚，防止高处坠物造成作业人员伤害。

（3）吊篮应安装上限位装置，宜安装下限位装置。

（4）使用吊篮作业时，应排除影响吊篮正常运行的障碍。在吊篮下方可能造成坠落物伤害的范围，应设置安全隔离区和警告标志，人员或车辆不得停留、通行。

（5）在吊篮内从事安装、维修等作业时，操作人员应佩戴工具袋。

（6）使用境外吊篮设备时应有中文使用说明书；产品的安全性能应符合我国的行业标准。

（7）不得将吊篮作为垂直运输设备，不得采用吊篮运送物料。

（8）吊篮内的作业人员不应超过2个。

（9）吊篮正常工作时，人员应从地面进入吊篮内，不得从建筑物顶部、窗口等处或其他孔洞处出入吊篮。

（10）在吊篮内的作业人员应佩戴安全帽，系安全带，并应将安全锁扣正确挂置在独立设置的安全绳上。

（11）吊篮平台内应保持荷载均衡，不得超载运行。

（12）吊篮做升降运行时，工作平台两端高差不得超过150mm。

（13）使用离心触发式安全锁的吊篮在空中停留作业时，应将安全锁锁定在安全绳上；空中启动吊篮时，应先将吊篮提升使安全绳松弛后再开启安全锁。不得在安全绳受力时强行扳动安全锁开启手柄；不得将安全锁开启手柄固定于开启位置。

（14）吊篮悬挂高度在60m及其以下的，宜选用长边不大于7.5m的吊篮平台；悬挂高度在100m及其以下的，宜选用长边不大于5.5m的吊篮平台；悬挂高度在100m以上的，宜选用不大于2.5m的吊篮平台。

（15）进行喷涂作业或使用腐蚀性液体进行清洗作业时，应对吊篮的提升机、安全锁、电气控制柜采取防污染保护措施。

（16）悬挑结构平行移动时，应将吊篮平台降落至地面，并应使其钢丝绳处于松弛状态。

（17）在吊篮内进行电焊作业时，应对吊篮设备、钢丝绳、电缆采取保护措施。不得将电焊机放置在吊篮内；电焊缆线不得与吊篮任何部位接触；电焊钳不得搭挂在吊篮上。

（18）在高温、高湿等不良气候和环境条件下使用吊篮时，应采取相应的安全技术措施。

（19）当吊篮施工遇有雨雪、大雾、风沙及5级以上大风等恶劣天气时，应停止作业，并应将吊篮平台停放至地面，应对钢丝绳、电缆进行绑扎固定。

（20）当施工中发现吊篮设备故障和安全隐患时，应及时排除，对可能危及人身安全时，应停止作业，并应由专业人员进行维修。维修后的吊篮应重新进行检查验收，合格后方可使用。

（21）下班后不得将吊篮停留在半空中，应将吊篮放至地面。人员离开吊篮、进行吊篮维修或每日收工后应将主电源切断，并应将电气柜中各开关置于断开位置并加锁。

3. 拆除

（1）高处作业吊篮拆除时应按照专项施工方案，并应在专业人员的指挥下实施。

（2）拆除前应将吊篮平台下落至地面，并应将钢丝绳从提升机、安全锁中退出，切断总电源。

（3）拆除支承悬挂机构时，应对作业人员和设备采取相应的安全措施。

（4）拆卸分解后的构配件不得放置在建筑物边缘，应采取防止坠落的措施。零散物品应放置在容器中。不得将吊篮任何部件从屋顶处抛下。

4.6.3 外挂防护架

1. 安装

（1）应根据专项施工方案的要求，在建筑结构上设置预埋件。预埋件应经验收合格后方可浇筑混凝土，并应做好隐蔽工程记录。

（2）安装防护架时，应先搭设操作平台。

（3）防护架应配合施工进度搭设，一次搭设的高度不应超过相邻连墙件以上二个步距。

（4）每搭完一步架后，应校正步距、纵距、横距及立杆的垂直度，确认合格后方可进行下道工序。

（5）竖向桁架安装宜在起重机械辅助下进行。

（6）同一片防护架的相邻立杆的对接扣件应交错布置，在高度方向错开的距离不宜小于500mm；各接头中心至主节点的距离不宜大于步距的1/3。

（7）纵向水平杆应通长设置，不得搭接。

（8）当安装防护架的作业层高出辅助架二步时，应搭设临时连墙杆，待防护架提升时方可拆除。临时连墙杆可采用2.5～3.5m长钢管，一端与防护架第三步相连，一端与建筑结构相连。每片架体与建筑结构连接的临时连墙杆不得少于2处。

（9）防护架应将设置在桁架底部的三角臂和上部的刚性连墙件及柔性连墙件分别与建筑物上的预埋件相连接。根据不同的建筑结构形式，防护架的固定位置可分为在建筑结构边梁处、檐板处和剪力墙处（图4－18）。

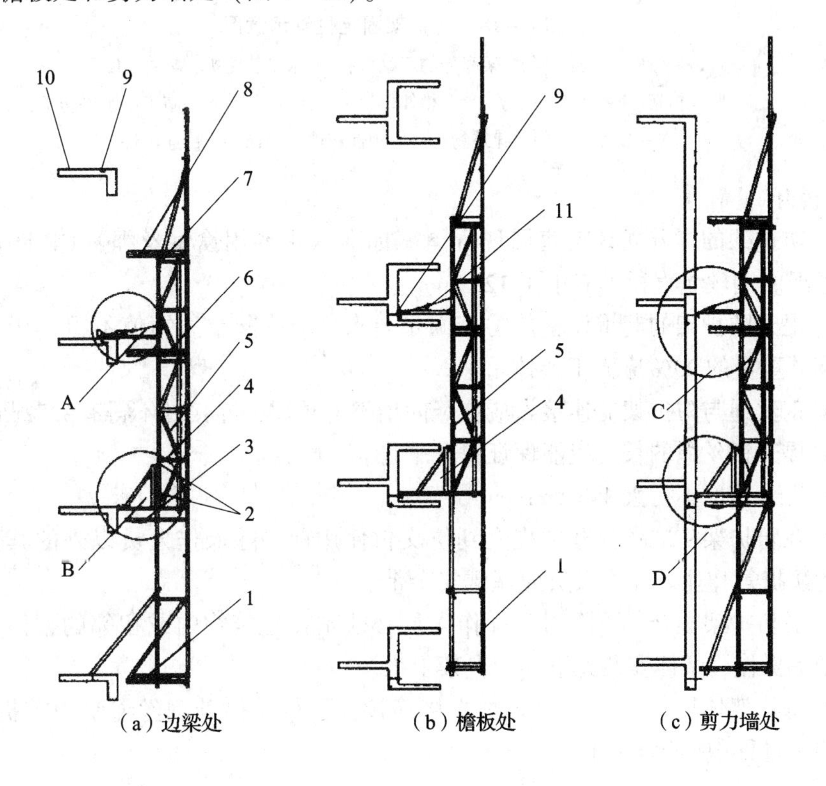

（a）边梁处　（b）檐板处　（c）剪力墙处

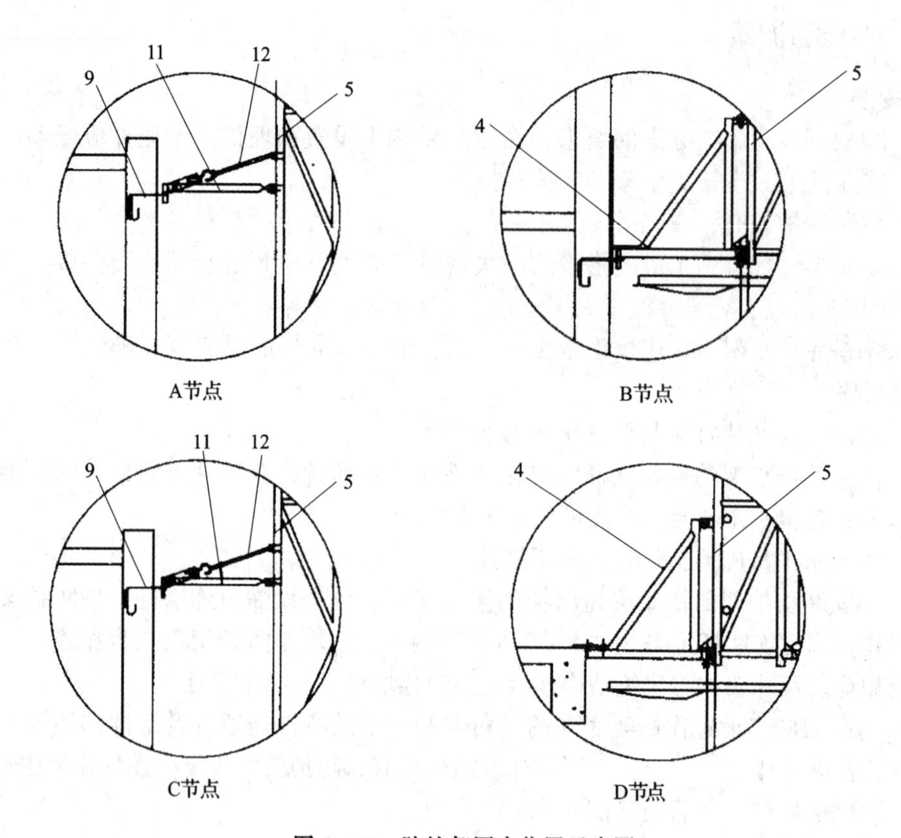

图4－18 防护架固定位置示意图

1—架体；2—连接在桁架底部的双钢管；3—水平软防护；4—三角臂；
5—竖向桁架；6—水平硬防护；7—相邻桁架之间连接钢管；8—施工层水平防护；
9—预埋件；10—建筑物；11—刚性连墙件；12—柔件连墙件

2. 提升

(1) 防护架的提升索具应使用现行国家标准《重要用途钢丝绳》GB 8918—2006 规定的钢丝绳。钢丝绳直径不应小于12.5mm。

(2) 提升防护架的起重设备能力应满足要求，公称起重力矩值不得小于400kN·m，其额定起升重量的90%应大于架体重量。

(3) 钢丝绳与防护架的连接点应在竖向桁架的顶部，连接处不得有尖锐凸角等。

(4) 提升钢丝绳的长度应能保证提升平稳。

(5) 提升速度不得大于3.5m/min。

(6) 在防护架从准备提升到提升到位交付使用前，除操作人员以外的其他人员不得从事临边防护等作业。操作人员应佩戴安全带。

(7) 当防护架提升、下降时，操作人员必须站在建筑物内或相邻的架体上，严禁站在防护架上操作；架体安装完毕前，严禁上人。

(8) 每片架体均应分别与建筑物直接连接；不得在提升钢丝绳受力前拆除连墙件；不得在施工过程中拆除连墙件。

(9) 当采用辅助架时，第一次提升前应在钢丝绳收紧受力后，才能拆除连墙杆件及与辅助架相连接的扣件。指挥人员应持证上岗，信号工、操作工应服从指挥、协调一致，不得缺岗。

(10) 防护架在提升时，必须按照“提升一片、固定一片、封闭一片”的原则进行，严禁提前拆除两片以上的架体、分片处的连接杆、立面及底部封闭设施。

(11) 在每次防护架提升后，必须逐一检查扣件紧固程度；所有连接扣件拧紧力矩必须达到40~65N·m。

3. 拆除

(1) 拆除防护架的准备工作应符合下列规定：

1) 对防护架的连接扣件、连墙件、竖向桁架、三角臂应进行全面检查，并应符合构造要求。

2) 应根据检查结果补充完善专项施工方案中的拆除顺序和措施，并应经总包和监理单位批准后方可实施。

3) 应对操作人员进行拆除安全技术交底。

4) 应清除防护架上杂物及地面障碍物。

(2) 拆除防护架时，应符合下列规定：

1) 应采用起重机械把防护架吊运到地面进行拆除。

2) 拆除的构配件应按品种、规格随时码堆存放，不得抛掷。

4.6.4 安全管理

(1) 工具式脚手架安装前，应根据工程结构、施工环境等特点编制专项施工方案，并应经总承包单位技术负责人审批、项目总监理工程师审核后实施。

(2) 专项施工方案应包括下列内容：

1) 工程特点。

2) 平面布置情况。

3) 安全措施。

4) 特殊部位的加强措施。

5) 工程结构受力核算。

6) 安装、升降、拆除程序及措施。

7) 使用规定。

(3) 总承包单位必须将工具式脚手架专业工程发包给具有相应资质等级的专业队伍，并应签订专业承包合同。明确总包、分包或租赁等各方的安全生产责任。

(4) 工具式脚手架专业施工单位应当建立健全安全生产管理制度，制订相应的安全操作规程和检验规程，应制定设计、制作、安装、升降、使用、拆除和日常维护保养等的管理规定。

(5) 工具式脚手架专业施工单位应设置专业技术人员、安全管理人员及相应的特种作业人员。特种作业人员应经专门培训，并应经建设行政主管部门考核合格，取得特种作业操作资格证书后，方可上岗作业。

(6) 施工现场使用工具式脚手架应由总承包单位统一监督，并应符合下列规定：

1) 安装、升降、使用、拆除等作业前，应向有关作业人员进行安全教育；并应监督对作业人员的安全技术交底。

2) 应对专业承包人员的配备和特种作业人员的资格进行审查。

3) 安装、升降、拆卸等作业时，应派专人进行监督。

4) 应组织工具式脚手架的检查验收。

5) 应定期对工具式脚手架使用情况进行安全巡检。

(7) 监理单位应对施工现场的工具式脚手架使用状况进行安全监理并应记录，出现隐患应要求及时整改，并应符合下列规定：

1) 应对专业承包单位的资质及有关人员的资格进行审查。

2) 在工具式脚手架的安装、升降、拆除等作业时应进行监理。

3) 应参加工具式脚手架的检查验收。

4) 应定期对工具式脚手架使用情况进行安全巡检。

5) 发现存在隐患时，应要求限期整改，对拒不整改的，应及时向建设单位和建设行政主管部门报告。

(8) 工具式脚手架所使用的电气设施、线路及接地、避雷措施等应符合现行行业标准《施工现场临时用电安全技术规范》JGJ 46—2005 的规定。

(9) 进入施工现场的附着式升降脚手架产品应具有国务院建设行政主管部门组织鉴定或验收的合格证书，并应符合《建筑施工工具式脚手架安全技术规范》JGJ 202—2010 的有关规定。

(10) 工具式脚手架的防坠落装置应经法定检测机构标定后方可使用；使用过程中，使用单位应定期对其有效性和可靠性进行检测。安全装置受冲击载荷后应进行解体检验。

(11) 临街搭设时，外侧应有防止坠物伤人的防护措施。

(12) 安装、拆除时，在地面应设围栏和警戒标志，并应派专人看守，非操作人员不得入内。

(13) 在工具式脚手架使用期间，不得拆除下列杆件：

1) 架体上的杆件。

2) 与建筑物连接的各类杆件（如连墙件、附墙支座）等。

(14) 作业层上的施工荷载应符合设计要求，不得超载。不得将模板支架、缆风绳、泵送混凝土和砂浆的输送管等固定在架体上；不得用其悬挂起重设备。

(15) 遇 5 级以上大风和雨天，不得提升或下降工具式脚手架。

(16) 当施工中发现工具式脚手架故障和存在安全隐患时，应及时排除，对可能危及人身安全时，应停止作业，应由专业人员进行整改。整改后的工具式脚手架应重新进行验收检查，合格后方可使用。

(17) 剪刀撑应随立杆同步搭设。

(18) 扣件的螺栓拧紧力矩不应小于 40N · m，且不应大于 65N · m。

(19) 各地建筑安全主管部门及产权单位和使用单位应对工具式脚手架建立设备技术

档案，其主要内容应包含：机型、编号、出厂日期、验收、检修、试验、检修记录及故障事故情况。

（20）工具式脚手架在施工现场安装完成后应进行整机检测。

（21）工具式脚手架作业人员在施工过程中应戴安全帽、系安全带、穿防滑鞋，酒后不得上岗作业。

5 建筑分部分项工程安全技术

5.1 地基基础工程

5.1.1 土石方工程

（1）基坑开挖时，两人操作间距应大于3.0m，不得对头挖土。挖土面积较大时，每人工作面不应小于$6m^2$。挖土应由上而下，分层分段按顺序进行，严禁先挖坡脚或逆坡挖土，或采用底部掏空塌土方法挖土。

（2）挖土方不得在危岩、孤石的下边或贴近未加固的危险建筑物的下面进行。

（3）基坑开挖应严格按要求放坡，若设计无要求时，可按表5-1规定放坡。

表5-1 临时性挖方边坡值

土的类别		边坡值（高:宽）
砂土（不包括细砂、粉砂）		1:1.25~1:1.50
一般性黏土	硬	1:0.75~1:1.00
	硬、塑	1:1.00~1:1.25
	软	1:1.50或更缓
碎石类土	充填坚硬、硬塑黏性土	1:0.50~1:1.00
	充填砂土	1:1.00~1:1.50

注：1. 如用降水或其他加固措施，可不受本表限制，但应计算复核。

2. 开挖深度，对软土不应超过4m，对硬土不应超过8m。

（4）机械多台阶同时开挖，应验算边坡的稳定，挖土机离边坡应有一定的安全距离，以防坍方，造成翻机事故。

（5）操作时应随时注意土壁的变动情况，如发现有裂纹或部分坍塌现象，应及时进行支撑或放坡，并注意支撑的稳固和土壁的变化。当采取不放坡开挖，应设置临时支护，各种支护应根据土质及基坑深度经计算确定。

（6）在有支撑的基坑槽中使用机械挖土时，应防止碰坏支撑。在坑槽边使用机械挖土时，应计算支撑强度，必要时应加强支撑。

（7）基坑槽和管沟回填土时，下方不得有人，所使用的打夯机等要检查电气线路，防止漏电、触电，停机时要关闭电闸。

（8）拆除护壁支撑时，应按照回填顺序，从下而上逐步拆除；更换支撑时，必须先安装新的，再拆除旧的。

（9）爆破施工前，应做好安全爆破的准备工作，划好安全距离，设置警戒哨。闪电鸣雷时，禁止装药、接线，施工操作时严格按安全操作规程办事。

（10）炮眼深度超过4m时，必须用两个雷管起爆，如深度超过10m，则不得用火花起爆，若爆破时发现拒爆，必须先查清原因后再进行处理。

5.1.2 沉井工程

1. 施工前安全操作检查

（1）施工前，做好地质勘查和调查研究，掌握地质和地下埋设物情况，清除3m深以内的地下障碍物、电缆、管线等，以保证职业健康安全操作。

（2）操作人员应熟悉成槽机械设备性能和工艺要求，严格执行各专用设备使用规定和操作规程。

（3）沉井施工前，应查清沉井部位水文、地质及地下障碍物情况，摸清邻近建筑物、地下管道等设施情况，采取有效措施，防止施工中出现异常情况，影响正常、安全施工。

2. 沉井安全施工

（1）严格遵循沉井垫架拆除和土方开挖程序，防止发生突然性下沉、严重倾斜现象，导致发生人身事故。

（2）沉井上部应设安全平台，周围设栏杆；井内上下层立体交叉作业，应设安全网、安全挡板，避开在出土的垂直下方作业；井下作业应戴安全帽，穿胶皮鞋。

（3）沉井内爆破基底孤石时，操作人员应撤离沉井，机械设备要进行保护性护盖；当烟气排出后，清点炮数无误后始准下井清查。

3. 成槽安全施工

（1）成槽施工中要严格控制泥浆密度、防止漏浆、泥浆液面下降、地面水流入槽内、地下水位上升过快，使泥浆变质等情况发生，促使槽壁面坍塌，而造成多头钻机埋在槽内，或造成地面下陷导致机架倾覆。

（2）钻机成孔时，如被塌方或孤石卡住，应边缓慢旋转一边提钻，不能强行拔出，以免损坏钻机和机架，造成安全事故。

（3）所有成槽机械设备必须有专人操作，实行专人专机，严格执行交接班制度和机具保养制度，发现故障和异常现象时，应及时排除，并由有关专业人员进行维修和处理。

5.1.3 地基处理工程

（1）灰土垫层、灰土桩等施工，粉化石灰和石灰过筛，应戴口罩、风镜、手套、套袖等防护用品，并站在上风头。向坑（槽、孔）内夯填灰土前，应先检查电线绝缘是否良好，开关、接地线应符合要求，夯打时严禁夯击电线。

（2）夯实地基起重机应支垫平稳，遇软弱地基，须用路基板或长枕木支垫。提升夯锤前应卡牢回转刹车，以防夯锤起吊后吊机转动失稳，发生倾翻事故。

（3）夯实地基时，现场操作人员要戴安全帽。夯锤起吊后，吊臂和夯锤下15m范围内不得站人，非工作人员应远离夯击点30m以外，以防夯击时飞石伤人。

（4）深层搅拌机的入土切削和提升搅拌，一旦发生卡钻或停钻现象，应切断电源，将搅拌机强制提起之后，才能启动电动机。

（5）已成的孔尚未夯填填料之前，应加盖板，以免人员或物件掉入孔内。

(6) 当使用交流电源时，应特别注意各用电设施的接地防护装置。施工现场附近有高压线通过时，必须根据线路的电压、机具的高度，详细测定其安全距离，防止高压放电而发生触电事故。夜班作业应有足够的照明以及备用安全电源。

5.1.4 桩基工程

1. 打（沉）桩

(1) 打桩前，应对邻近施工范围内的原有建筑物、地下管线等进行检查，对有影响的工程，应采取有效的加固防护措施或隔振措施，施工时加强观测，以确保施工安全。

(2) 打桩机行走道路必须平整、坚实，必要时铺设道砟，经压路机碾压密实。

(3) 打（沉）桩前应先全面检查机械各个部件及润滑情况，钢丝绳是否完好，发现问题及时解决。检查后要进行试运转，严禁带病工作。

(4) 打（沉）桩机架安设应铺垫平稳、牢固。吊桩就位时，桩必须达到100%强度，起吊点必须符合设计要求。

(5) 打桩时桩头垫料严禁用手拨正，不得在桩锤未打到桩顶就起锤或过早刹车，以免损坏桩机设备。

(6) 在夜间施工时，必须有足够的照明设施。

2. 灌注桩

(1) 施工前，应认真查清邻近建筑物情况，采取有效的防震措施。

(2) 灌注桩成孔机械操作时应保持垂直平稳，防止成孔时突然倾倒或冲（桩）锤突然下落，造成设备损坏或人员伤亡。

(3) 冲击锤（落锤）操作时，距锤6m范围内不得进行其他作业或有人员行走，非工作人员不得进入施工区域内。

(4) 灌注桩在已成孔尚未灌注混凝土前，应用盖板封严或设置护栏，以防掉土或人员坠入孔内，造成重大人身安全事故。

(5) 进行高空作业时，应系好安全带；混凝土灌注时，装、拆导管人员必须戴安全帽。

3. 人工挖孔桩

(1) 井口应有专人操作垂直运输设备，井内照明、通信、通风设施应齐全。

(2) 应随时与井底人员联系，不得任意离开岗位。

(3) 挖孔施工人员下入桩孔内必须戴安全帽，连续工作不宜超过4h。

(4) 挖出的弃土应及时运至堆土场堆放。

5.1.5 地下防水工程

(1) 现场施工负责人和施工员牢固树立安全促进生产、生产必须安全的思想，切实做好预防工作。所有施工人员必须经安全培训，考核合格方可上岗。

(2) 施工员在下达施工计划的同时，还应下达具体的安全措施，每天出工前，施工员要针对当天的施工情况，布置施工安全工作，并讲明安全注意事项。

(3) 落实安全施工责任制度、安全施工交底制度、安全施工教育制度、施工机具设备安全管理制度等。并落实到岗位，责任到人。

(4) 防水混凝土施工期间应以漏电保护、防机械事故和保护为安全工作重点，切实做好防护措施。

(5) 遵章守纪，杜绝违章指挥和作业，现场设立安全措施及有针对性的安全宣传牌、标语和安全警示标志。

(6) 进入施工现场必须佩戴安全帽，作业人员衣着工作服，禁止穿硬底鞋、高跟鞋作业；高空作业人员应系好安全带，禁止酒后操作、吸烟和打架斗殴。

(7) 特殊工种需持证上岗。

(8) 由于卷材中某些组成材料和胶粘剂具有一定的毒性和易燃性。因此，在材料保管、运输、施工过程中，要注意防火和预防职业中毒及烫伤事故发生。

(9) 涂料配料和施工现场应有安全及防火措施，所有施工人员都必须严格遵守操作要求。

(10) 施工过程中做好基坑和地下结构的临边防护，防止抛物、滑坡出现坠落事故。

(11) 涂料在贮存、使用全过程应注意防火。

(12) 高温天气施工，要有防暑降温措施。

(13) 施工中废弃物质要及时清理，外运至指定地点，避免污染环境。

5.2 主体结构工程

5.2.1 混凝土工程

1. 模板工程

(1) 模板安装。

1) 支模过程中应遵守安全操作规程，如遇途中停歇，应将就位的支顶模板连接稳固，不得空架浮搁。

2) 模板及其支撑系统在安装过程中，必须设置临时固定设施，严防倾覆。

3) 拼装完毕的大块模板或整体模板，吊装前应确定吊点位置，先进行试吊，确认无误后，方可正式吊运安装。

4) 安装整块柱模板时，不得将其支在柱子钢筋上代替临时支撑。

5) 支设高度在3m以上的柱模板，四周应设斜撑，并应设操作平台，低于3m的可用马凳操作。

6) 支设悬挑形式的模板时，应有稳定的立足点。支设临空构筑物模板时，应搭设支架。模板上有预留洞时，应在安装后将洞盖没。

7) 在支模时，操作人员不得站在支撑上，而应设置立人板，以便操作人员站立。立人板应用50mm×200mm的木板为宜，并适当绑扎固定。不得用钢模板及50mm×100mm的木板。

8) 承重焊接钢筋骨架和模板一起安装时，模板必须固定在承重焊接钢筋骨架的节点上。

9）当层间高度大于5m时，若采用多层支架支模，则在两层支架立柱间应铺设垫板且平整，上下层支柱要垂直，并应在同一垂直线上。

10）当模板高度大于5m以上时，应搭脚手架，设防护栏，禁止上下在同一垂直面操作。

11）特殊情况下在临边、洞口作业时，如无可靠的安全设施，必须系好安全带并扣好保险钩，高挂低用，经医生确认不宜高处作业人员，不得进行高处作业。

12）在模板上施工时，堆物（钢筋、模板、木方等）不宜过多，不准集中在一处堆放。

13）模板安装就位后，要采取防止触电的保护措施，施工楼层上的电箱必须设漏电保护装置，防止漏电伤人。

（2）模板拆除。

1）高处、复杂结构模板的装拆，事先应有可靠的安全措施。

2）拆楼层外边模板时，应有防高空坠落及防止模板向外倾倒的措施。

3）在模板拆装区域周围，应设置围栏，并挂明显的标志牌，禁止非作业人员入内。

4）拆模起吊前，应检查对拉螺栓是否拆净，在确无遗漏并保证模板与墙体完全脱离后方准起吊。

5）模板拆除后，在清扫和涂刷隔离剂时，模板要临时固定好，板面相对停放，中间应留出50~60mm宽的人行通道。模板上方要用拉杆固定。

6）拆模后模板或木方上的钉子，应及时拔除或敲平，防止钉子扎脚。

7）模板所用的脱模剂在施工现场不得乱扔，以防止影响环境质量。

8）拆模时，临时脚手架必须牢固，不得用拆下的模板作脚手架。

9）组合钢模板拆除时，上下应有人接应，模板随拆随运走，严禁从高处抛掷下。

10）拆基础及地下工程模板时，应先检查基坑土壁状况，如有不安全因素时，必须采取安全措施后，方可作业。拆除的模板和支撑件不得在基坑上口1m以内堆放，应随拆随运走。

11）拆模必须一次性拆清，不得留有无撑模板。混凝土板有预留孔洞时，拆模后，应随时在其周围做好安全护栏，或用板将孔洞盖住。防止作业人员因扶空、踏空而坠落。

12）拆模间歇时，应将已活动的模板、拉杆、支撑等固定牢固，防止其突然掉落伤人。

13）拆模时，应逐块拆卸，不得成片松动、撬落或拉倒，严禁作业人员在同一垂直面上同时操作。

14）拆4m以上模板时，应搭脚手架或工作台，并设防护栏杆，严禁站在悬臂结构上敲拆底模。

15）两人抬运模板时，应相互配合，协同工作。传递模板、工具，应用运输工具或绳索系牢后升降，不得乱抛。

（3）滑模与爬模。

1）滑模装置的电路、设备均应接零接地，手持电动工具设漏电保护器，平台下照明采用36V低压照明，动力电源的配电箱按规定配置。主干线采用钢管穿线，跨越线路采用流体管穿线，平台上不允许乱拉电线。

2）滑模平台上设置一定数量的灭火器，施工用水管可作消防水管使用。操作平台上严禁吸烟。

3）各类机械操作人员应按机械操作技术规程操作、检查和维修，确保机械安全，吊装索具应按规定经常进行检查，防止吊物伤人。任何机械均不允许非机械操作人员操作。

4）滑模装置拆除要严格按拆除方法和拆除顺序进行。在割除支承杆前，提升架必须加临时支护，防止倾倒伤人。支承杆割除后，及时在台上拔除，防止吊运过程中掉下伤人。

5）滑模平台上的物料不得集中堆放，一次吊运钢筋数量不得超过平台上的允许承载能力，并应分布均匀。

6）为防止扰民，振动器宜采用低噪声新型平板振动器。

7）爬模施工为高处作业，必须按照《建筑施工高处作业安全技术规范》JGJ 80—1991 要求进行。

8）每项爬模工程在编制施工组织设计时，要制订具体的安全、防火措施。

9）设专职安全员、防火员跟班负责安全防火工作，广泛宣传安全第一的思想，认真进行安全教育、安全交底，提高全员的安全防火措施。

10）经常检查爬模装置的各项安全设施，特别是安全网、栏杆、挑架、吊架、脚手板、关键部位的紧固螺栓等。检查施工的各种洞口防护，检查电器、设备、照明安全用电的各项措施。

2. 钢筋工程

（1）钢筋调直、切断、弯曲、除锈、冷拉等各道工序的加工机械必须遵守国家现行标准《建筑机械使用安全技术规程》JGJ 33—2012 的规定，保证职业健康安全装置齐全有效，动力线路用钢管从地坪下引入，机壳要有保护零线。

（2）施工现场用电必须符合国家现行标准《施工现场临时用电安全技术规范》JGJ 46—2005 的规定。

（3）制作成型钢筋时，场地要平整，工作台要稳固，照明灯具必须加网罩。

（4）钢筋加工场地必须设专人看管，非工作人员不得擅自进入钢筋加工场地。

（5）加工好的钢筋现场堆放应平稳、分散，防止倾倒、塌落伤人。

（6）各种加工机械在作业人员下班后一定要拉闸断电。

（7）搬运钢筋时，应防止钢筋碰撞障碍物，防止在搬运中碰撞电线，发生触电事故。

（8）多人运送钢筋时，起、落、转、停动作要一致，人工上下传递不得处在同一垂直线上。

（9）对从事钢筋挤压连接和钢筋直螺纹连接施工的有关人员应经培训、考核、持证上岗，并经常进行职业健康安全教育，防止发生人身和设备职业健康安全事故。

（10）在高处进行钢筋挤压操作，必须遵守国家现行标准《建筑施工高处作业安全技术规范》JGJ 80—1991 的规定。

（11）在建筑物内的钢筋要分散堆放，安装钢筋在高空绑扎时，不得将钢筋集中堆放在模板或脚手架上。

（12）在高空、深坑绑扎钢筋和安装骨架时，必须搭设脚手架和马道。

（13）绑扎圈梁、挑檐、外墙、边柱钢筋时，应搭设外脚手架或悬挑架，并按规定挂好安全网。脚手架的搭设必须由专业架子工搭设且符合职业健康安全技术操作规程。

（14）绑扎3m以上的柱钢筋必须搭设操作平台，不得站在钢箍上绑扎。已绑扎的柱骨架应用临时支撑拉牢，以防倾倒。

（15）绑扎筒式结构（如烟囱、水池等），不得站在钢筋骨架上操作或上下。

（16）雨、雪、风力六级以上（含六级）天气不得露天作业。雨雪后应清除积水，积雪后方可作业。

3．预应力工程

（1）配备符合规定的设备，并随时注意检查，及时更换不符合安全要求的设备。

（2）对电工、焊工、张拉工等特种作业工人必须经过培训考试合格取证，持证上岗。操作机械设备要严格遵守各类机械的操作规程，严格按使用说明书操作，并按规定配备防护用具。

（3）成盘预应力筋开盘时应采取措施，防止尾端弹出伤人。严格防止与电源搭接，电源不得裸露。

（4）在预应力筋张拉轴线的前方和高处作业时，结构边缘与设备之间不得站人。

（5）油泵使用前应进行常规检查，重点是安全阀在设定油压下不能自动开通。

（6）输油路做到“三不用”，即输油管破损不用，接口损伤不用，接口螺母不扭紧、不到位不用。不准带压检修油路。

（7）使用油泵不得超过额定油压，千斤顶不得超过规定张拉最大行程。油泵和千斤顶的连接必须到位。

（8）预应力筋下料盘切割时防止钢丝、钢绞线弹出伤人，砂轮锯片破碎伤人。

（9）对脚手架、安全网、张拉设备等，现场施工负责人应组织技术人员、安全人员及施工班组共同检查，合格后方可使用。

（10）采用锥锚式千斤顶张拉钢丝束时，先使千斤顶张拉缸进油，压力表针有启动时再打楔块。

（11）两端张拉的预应力筋：两端正对预应力筋部位应采取措施进行防护。

（12）预应力筋张拉时，操作人员应站在张拉设备的作用力方向的两侧，严禁站在建筑物边缘与张拉设备之间，以防在张拉过程中，有可能来不及躲避偶然发生的事故而造成伤亡。

4．混凝土工程

（1）采用手推车运输混凝土时，不得争先抢道。装车不应过满。卸车时应有挡车措施，不得用力过猛或撒把，以防车把伤人。

（2）使用井架提升混凝土时，应设制动装置，升降应有明确信号，操作人员未离开提升台时，不得发升降信号。提升台内停放手推车要平衡，车把不得伸出台外，车轮前后应挡牢。

（3）混凝土浇筑前，应对振动器进行试运转，振动器操作人员应穿绝缘靴、戴绝缘手套。振动器不能挂在钢筋上，湿手不能接触电源开关。

（4）混凝土运输、浇筑部位应有安全防护栏杆、操作平台。

（5）现场施工负责人应为机械作业提供道路、水电、机棚或停机场地等必备的条件，并消除对机械作业有妨碍或不安全的因素。夜间作业应设置充足的照明。

（6）机械进入作业地点后，施工技术人员应向操作人员进行施工任务和安全技术措施交底。操作人员应熟悉作业环境和施工条件，听从指挥，遵守现场安全规则。

（7）操作人员在作业过程中，应集中精力正确操作，注意机械工况，不得擅自离开工作岗位或将机械交给其他无证人员操作。严禁无关人员进入作业区或操作室内。

（8）使用机械与安全生产发生矛盾时，必须首先服从安全要求。

5.2.2 砌体工程

1. 砌筑砂浆工程

（1）砂浆搅拌机械必须符合《建筑机械使用安全技术规程》JGJ 33—2012 及《施工现场临时用电安全技术规范》JGJ 46—2005 的有关规定，施工中应定期对其进行检查、维修，保证机械使用安全。

（2）落地砂浆应及时回收，回收时不得夹有杂物，并应及时运至拌和地点。

2. 砌块砌体工程

（1）吊放砌块前应检查吊索及钢丝绳的可靠程度，不灵活或性能不符合要求的严禁使用。

（2）堆放在楼层上的砌块重量，不得超过楼板允许承载力。

（3）所使用的机械设备必须性能良好、安全可靠，同时设有限位保险装置。

（4）机械设备用电必须符合“三相五线制”及三级保护的规定。

（5）操作人员必须戴好安全帽，佩带劳动保护用品等。

（6）作业层的周围必须进行封闭围护，同时设置防护栏及张挂安全网。

（7）砌体中的落地灰及碎砌块应及时清理成堆，装车或装袋运输，严禁从楼上或架子上抛下。

（8）楼层内的预留孔洞、电梯口、楼梯口等，必须进行防护，采取搭设栏杆的方法进行围护，预留洞口采取加盖的方法进行围护。

（9）吊装砌块和构件时应注意吊物的重心位置，禁止用起重拔杆拖运砌块，不得起吊有破裂、脱落、危险的砌块。

（10）起重拔杆回转时，严禁将砌块停留在操作人员上空或在空中整修、加工砌块。

（11）安装砌块时，不准站在墙上操作和在墙上设置受力支撑、缆绳等，在施工过程中，对稳定性较差的窗间墙、独立柱应加稳定支撑。

（12）因刮风，使砌块和构件在空中摆动不能停稳时，应停止吊装工作。

3. 石砌体工程

（1）操作人员应戴安全帽和帆布手套。

（2）搬运石块应检查搬运工具及绳索是否牢固，抬石块应用双绳捆扎。

（3）砌筑时，脚手架上堆石不宜过多，应随砌随运。

（4）在架子上凿石应注意打凿方向，避免飞石伤人。

（5）用锤打石时，应先检查铁锤有无破裂，锤柄是否牢固。打锤要按照石纹走向落锤，锤口要平，落锤要准，同时要看清附近情况有无危险，然后落锤，以免伤人。

（6）墙身砌体高度超过地坪 1.2m 以上时，应搭设脚手架。

（7）石块不得往下掷。运石上下时，脚手板要钉装牢固，并钉装防滑条及扶手栏杆。

（8）堆放材料必须离开槽、坑、沟边沿 1m 以外，堆放高度不得高于 0.5m。往槽、坑、沟内运石料及其他物质时，应用溜槽或吊运，下方严禁有人停留。

（9）不准在墙顶或脚手架上修改石材，以免振动墙体影响质量或石片掉下伤人。

（10）砌石用的脚手架和防护栏板应经检查验收后方可使用，施工中不得随意拆除或改动。

4．填充墙砌体工程

（1）砌体施工脚手架要搭设牢固。

（2）严禁站在墙上做划线、吊线、清扫墙面、支设模板等施工作业。

（3）外墙施工时，必须有外墙防护及施工脚手架，墙与脚手架间的间隙应封闭，防高空坠物伤人。

（4）在脚手架上，堆放普通砖不得超过 2 层。

（5）操作时精神要集中，不得嬉笑打闹，以防意外事故发生。

（6）现场实行封闭化施工，有效控制噪声、扬尘、废物、废水等排放。

5.2.3 钢结构工程

1．钢零件及钢部件加工

（1）所有材料、构件的堆放必须平整稳固，应放在不妨碍通行和吊装的地方，边角余料应及时清除。

（2）机械和工作台等设备的布置应便于职业健康安全操作，通道宽度不得小于 1m。

（3）一切机械、砂轮、电动工具、气电焊等设备都必须设有职业健康安全防护装置。

（4）凡是受力构件用电焊点固后，在焊接时不准在点焊处起弧，以防熔化塌落。

（5）对电气设备和电动工具，必须保证绝缘良好。露天电气开关要设防雨箱并加锁。

（6）焊接合金钢、切割锰钢及有色金属部件时，应采取防毒措施。接触焊件，必要时应用橡胶绝缘板或干燥的木板隔离，并隔离容器内的照明灯具。

（7）焊接、切割、气刨前，应清除现场的易燃易爆物品。离开操作现场前，应切断电源，锁好闸箱。

（8）在现场进行射线探伤时，周围应设警戒区，并挂“危险”标志牌，现场操作人员应背离射线 10m 以外。在 30°投射角范围内，一切人员要远离 50m 以上。

（9）构件就位时应用撬棍拨正，不得用手扳或站在不稳固的构件上操作。严禁在构件下面操作。

（10）用撬杠拨正物件时，必须手压撬杠，禁止骑在撬杠上。不得将撬杠放在肋下，以免回弹伤人。在高空使用撬杠不能向下使劲过猛。

（11）带电体与地面、带电体之间，带电体与其他设备和设施之间，均需要保持一定的职业健康安全距离。起重吊装的索具、重物等与导线的距离不得小于1.5m（电压在4kV及其以下）。

（12）保证电气设备绝缘良好。在使用电气设备时，首先应该检查是否有保护接地，接好保护接地后再进行操作。另外，电线的外皮、电焊钳的手柄，以及一些电动工具都要保证有良好的绝缘。

（13）用尖头扳手拨正配合螺栓孔时，必须插入一定深度方能撬动构件，如发现螺栓孔不符合要求时，不得用手指塞入检查。

（14）工地或车间的用电设备，一定要按要求设置熔断器、断路器、漏电开关等器件。熔断器的熔丝熔断后，必须查明原因，由电工更换，不得随意加大熔丝断面或用铜丝代替。

（15）手持电动工具，应加装漏电开关，在金属容器内施工必须采用安全电压。

（16）推拉闸刀开关时，应带好干燥的胶皮手套，以防推拉开关时被电火花灼伤。

（17）使用电气设备时，操作人员必须穿胶底鞋和戴胶皮手套，以防触电。

（18）工作中，当有人触电时，不要赤手接触触电者，应该迅速切断电源，然后立即组织抢救。

2. 钢结构焊接工程

（1）电焊机要设单独的开关，开关应放在防雨的闸箱内，拉合闸时应戴橡皮手套侧向操作。

（2）焊钳与焊把线必须绝缘良好，连接牢固，在潮湿地点工人应站在绝缘胶板或木板上。

（3）焊接预热工件时，应有石棉布或挡板等隔热措施。

（4）焊把线、接地线禁止与钢丝绳接触，更不得用钢丝绳或机电设备代替零线。所有接地线的接头，必须连接牢固。

（5）更换场地移动把线时，应切断电源，并不得手持把线爬梯登高。

（6）多台焊机在一起集中施焊时，焊接平台或焊件必须接地，并应有隔光板。

（7）清除焊渣、采用电弧气刨清根时，应戴防护眼镜或面罩，以防止铁渣飞溅伤人。

（8）雷雨天气时，应停止露天焊接工作。

（9）施焊场地周围应清除易燃易爆物品，或进行覆盖、隔离。

（10）在易燃易爆气体或液体扩散区施焊时，应经有关部门检试许可后，方可施焊。

（11）工作结束，应切断焊机电源，并检查操作地点，确认无起火危险后，方可离开。

3. 钢结构安装工程

（1）防止坠物伤人。

1）高空往地面运输物件时，应用绳捆好吊下。吊装时，不得随意抛掷材料物件、工具，防止滑脱伤人或意外事故。不得在构件上堆放或悬挂零星物件。零星材料和物件必须用吊笼或钢丝绳保险绳捆扎牢固，才能吊运和传递。

2）构件绑扎必须绑牢固，起吊点应通过构件的重心位置，吊升时应平稳，避免振动或摆动。

3）起吊构件时，速度不应太快，不得在高空停留过久，严禁猛升猛降，以防构件脱落。

4）构件就位后临时固定前，不得松钩、解开吊装索具。构件固定后，应检查连接牢固和稳定情况，当连接确实安全可靠，方可拆除临时固定工具和进行下步吊装。

5）设置吊装禁区，禁止与吊装作业无关的人员入内。地面操作人员，应尽量避免在高空作业正下方停留、通过。

6）风雪天、霜雾天和雨期吊装，高空作业应采取必要的防滑措施，如在脚手板、走道、屋面上铺麻袋或草垫，夜间作业应有充分照明。

（2）防止高空坠落。

1）吊装人员需戴安全帽，高空作业人员应系好安全带，穿防滑鞋，带工具袋。

2）吊装工作区应有明显标志，并设专人警戒，与吊装无关人员严禁入内。起重机工作时，起重臂杆旋转半径范围内，严禁站人。

3）运输吊装构件时，严禁在运输、吊装的构件上站人指挥和放置材料、工具。

4）高空作业施工人员应站在轻便梯子或操作平台上工作。吊装屋架应在上弦设临时职业健康安全防护栏杆或采取其他职业健康安全措施。

5）登高用梯子吊篮，临时操作台应绑扎牢靠，梯子与地面夹角以60°~70°为宜，操作台跳板应铺平绑扎，严禁出现挑头板。

（3）防止起重机倾翻。

1）起重机行驶的道路，必须平整、坚实、可靠，停放地点必须平坦。

2）起重吊装指挥人员和起重机驾驶人员必须经考试合格持证上岗。

3）吊装时，指挥人员应位于操作人员视力能及的地点，并能清楚地看到吊装的全过程。起重机驾驶人员必须熟悉信号，并按指挥人员的各种信号进行操作，并不得擅自离开工作岗位，遵守现场秩序，服从命令听指挥。指挥信号应事先统一规定，发出的信号要鲜明、准确。

4）当所要起吊的重物不在起重机起重臂顶的正下方时，禁止起吊。

5）在风力等于或大于六级时，禁止在露天进行起重机移动和吊装作业。

6）起重机停止工作时，应刹住回转和行走机构，关闭和锁好司机室门。吊钩上不得悬挂构件，以免摆动伤人和造成吊车失稳。

（4）防止吊装结构失稳。

1）构件吊装应按规定的吊装工艺和程序进行，未经计算和采取可靠的技术措施，不得随意改变或颠倒工艺程序安装结构构件。

2）构件吊装就位，应经过初校并临时固定或连接牢靠后方可卸钩，固定稳妥后始可拆除临时固定工具。高宽比很大的单个构件，未经临时或最后固定组成一稳定单元体系前，应设斜撑予以稳固。

3）多层结构吊装或分节柱吊装，应吊装完一层（或一节柱）后，将下层（下节）灌浆固定后，方可安装上层或上一节柱。

4）构件固定后不得随意撬动或移动位置。

4. 压型金属板工程

（1）压型钢板施工时两端要同时起吊，轻起轻放，避免滑动或翘头，施工剪切下来的料头要放置稳妥，随时收集，避免坠落。非施工人员禁止进入施工楼层，避免焊接弧光灼伤眼睛或晃眼造成摔伤，焊接辅助施工人员应戴墨镜配合施工。

（2）施工时下一楼层应有专人监控，防止非工作人员进入施工区和焊接火花坠落造成失火。

（3）施工中工人不可聚集，以免集中荷载过大，造成板面损坏。

（4）施工的工人不得在屋面奔跑、吸烟、打闹和乱扔垃圾。

（5）当天吊至屋面上的板材应安装完毕，如果有未安装完的板材应做临时固定，以免被风刮下，发生事故。

（6）现场切割过程中，切割机械的底面不宜与彩板面直接接触，最好垫以薄三合板材。

（7）早上屋面易有露水，坡屋面上彩板面滑，应特别注意防溜措施。

（8）吊装中不要将彩板与脚手架、柱子、砖墙等相互碰撞和摩擦。

（9）不得将其他材料散落在屋面上，或污染板材。

（10）操作工人携带的工具等应放在工具袋中，如在屋面上作业应放在专用的布或其他片材上。

（11）在屋面上施工的工人应穿胶底不带钉子的鞋。

（12）板面铁屑清理，板面在切割和钻孔中会产生铁屑，这些铁屑必须及时清除，不可过夜。此外，其他切除的彩板头、铝合金拉铆钉上拉断的铁杆等应及时清理。

（13）在用密封胶封堵缝隙时，应将附着面擦干净，以使密封胶在彩板上有良好的结合面。

（14）电动工具的连接插座应加防雨措施，避免造成事故。

5. 钢结构涂装工程

（1）配制硫酸溶液时，应将硫酸注入水中，严禁将水注入硫酸中；配制硫酸乙酯时，应将硫酸慢慢注入酒精中，并充分搅拌，温度不得超过60℃，以防酸液飞溅伤人。

（2）配制使用乙醇、苯、丙酮等易燃材料的施工现场，应严禁烟火和使用电炉等明火设备，并应配置消防器材。

（3）防腐涂料的溶剂，常易挥发出易燃易爆的蒸气，当达到一定浓度后，遇火易引起燃烧或爆炸。因此，在施工时应加强通风降低积聚浓度。

（4）涂料施工的职业健康安全措施主要要求：涂漆施工场地要有良好的通风，如在通风条件不好的环境涂漆时，必须安装通风设备。

（5）因操作不当，涂料溅到皮肤上时，可用木屑加肥皂水擦洗；最好不用汽油或强溶剂擦洗，以免引起皮肤发炎。

（6）使用机械除锈工具清除锈层、工业粉尘、旧漆膜时，为避免眼睛受伤，要戴上防护眼镜和防尘口罩，以防呼吸道被感染。

（7）在涂装对人体有害的漆料（如红丹的铅中毒、天然大漆的漆毒、挥发型漆的溶剂中毒等）时，应带上防毒口罩、封闭式眼罩等保护用品。

（8）在喷涂硝基漆或其他挥发型易燃性较大的涂料时，应严格遵守防火规则，严禁使用明火，以免失火或引起爆炸。

（9）高空作业和双层作业时要戴安全帽；要仔细检查跳板、脚手杆、吊篮、云梯、绳索、安全网等施工用具有无损坏、捆扎牢不牢、有无腐蚀或搭接不良等隐患；每次使用之前均应在平地上做起重试验，以防造成事故。

（10）不允许把盛装涂料、溶剂或用剩的漆罐开口放置。浸染涂料或溶剂的破布及废棉纱等物，必须及时清除；涂漆环境或配料房要保持清洁，出入通畅。

（11）施工场所的电线，要按防爆等级的规定安装；电动机的启动装置与配电设备，应该是防爆式的，要防止漆雾飞溅在照明灯泡上。

（12）操作人员涂漆施工时，如感觉头痛、心悸或恶心，应立即离开施工现场，到通风良好、空气新鲜的地方，如仍然感到不适，应速去医院检查治疗。

5.3　装饰装修工程

5.3.1　饰面板（砖）工程

（1）外墙贴面砖施工前，先要由专业架子工搭设装修用外脚手架，经验收合格后才能使用。

（2）操作人员进入施工现场必须戴好安全帽。

（3）上架子作业前必须检查脚手板搭放是否安全可靠，确认无误后方可上架进行作业。

（4）上架工作，禁止穿硬底鞋、拖鞋、高跟鞋，且架子上的人不得集中在一块，严禁从上往下抛掷杂物。

（5）脚手架的操作面上不可堆积过量的面砖和砂浆。

（6）施工现场临时用电线路必须按临时用电规范布设，严禁乱接乱拉，远距离电缆线不得随地乱拉，必须架空固定。

（7）电器设备应有接地、接零保护，现场维护电工应持证上岗，非维护电工不得乱接电源。

（8）小型电动工具必须安装“漏电保护”装置，使用时应经试运转合格后方可操作。

（9）电源、电压须与电动机具的铭牌电压相符，电动机具移动应先断电后移动，下班或使用完毕必须拉闸断电。

（10）施工现场严禁扬尘作业，清理打扫时必须洒少量水湿润后方可打扫，并注意对成品的保护，废料及垃圾必须及时清理干净，装袋运至指定堆放地点，堆放垃圾处必须进行围挡。

（11）切割石材的临时用水，必须有完善的污水排放措施。

（12）用滑轮和绳索提拉水泥砂浆时，滑轮一定要固定好，绳索要结实可靠，防止绳索断裂坠物伤人。

（13）对施工中噪声大的机具，尽量安排在白天及夜晚22点前操作，严禁噪声扰民。

5.3.2 涂装工程

（1）作业高度超过 2m 应按规定搭设脚手架。施工前要检查脚手架搭设是否牢固。

（2）油漆施工前应集中工人进行职业健康安全教育，并进行书面交底。

（3）墙面刷涂料当高度超过 1.5m 时，要搭设马凳或操作平台。

（4）施工现场严禁设油漆材料仓库，场外的油漆仓库应有足够的消防设施，且设有严禁烟火标语。

（5）涂刷作业时操作工人应佩戴相应的保护设施，如防毒面具、口罩、手套等，以免危害工人的肺、皮肤等。

（6）严禁在民用建筑工程室内用有机溶剂清洗施工用具。

（7）油漆使用后，应及时封闭存放，废料应及时清出室内，施工时室内应保持良好通风。

（8）民用建筑工程室内装修中，进行饰面人造木板拼接施工时，除芯板为 A 类外，应对其断面及无饰面部位进行密封处理。

（9）遇有上下立体交叉作业时，作业人员不得在同一垂直方向上操作。

（10）油漆窗子时，严禁站或骑在窗槛上操作，以防槛断人落。刷封檐板时应利用外装修架或搭设挑架进行。刷外开窗扇漆时，应将安全带挂在牢靠的地方。

（11）现场清扫设专人洒水，不得有扬尘污染。打磨粉尘用潮布擦净。

（12）涂刷作业过程中，操作人员如感头痛、恶心、心闷或心悸时，应立即停止作业到户外换取新鲜空气。

（13）每天收工后应尽量不剩油漆材料，剩余油漆不准乱倒，应收集后集中处理。

5.3.3 油漆工程

（1）进入现场，必须戴好安全帽，扣好帽带，并正确使用个人劳动防护用具。

（2）凡不符合高处作业的人员，一律禁止高处作业。并严禁酒后高处作业。

（3）施工场地应有良好的通风条件，如在通风条件不好的场地施工时必须安装通风设备，方能施工。

（4）悬空作业处应有牢靠的立足处，并必须视具体情况，配置防护网、栏杆或其他安全设施。

（5）严格正确使用劳动保护用品。遵守高处作业规定，工具必须入袋，物件严禁高处抛掷。

（6）在用钢丝刷、板锉、气动、电动工具清除铁锈、铁鳞时，为避免眼睛沾污和受伤，应戴上防护眼镜。

（7）高空作业需系安全带。

（8）在涂刷红丹防锈漆及含铅颜料的涂装时，应注意防止铅中毒，操作时要戴口罩。

（9）在喷涂硝基漆或其他挥发性、易燃性熔剂稀释的涂料时，严禁使用明火。

（10）在涂刷或喷涂对人体有害的涂装时，需戴上防护口罩，如对眼睛有害，需戴上密闭式眼镜进行保护。

（11）为了避免静电集聚引起事故，对罐体涂漆或喷涂设备应安装接地线装置。

（12）涂刷大面积场地时，（室内）照明和电气设备必须按防火等级规定进行安装。

（13）操作人员在施工时如感觉头痛、心悸或恶心时，应立即离开工作地点，到通风良好处换换空气。如仍不舒服，应去保健站治疗。

（14）在配料或提取易燃品时严禁吸烟，浸擦过清漆、清油、油的棉纱、擦手布不能随便乱丢，应投入有盖金属容器内及时处理。

（15）不得在同一脚手板上交叉工作。

（16）使用的人字梯不准有断档，拉绳必须结牢并不得站在最上一层操作，不要站在高梯上移位，在光滑地面操作时，梯子脚下要绑布或其他防滑物。

（17）涂装仓库严禁明火入内，必须配备相应的灭火机。不准装设小太阳灯。

（18）各类涂装和其他易燃、有毒材料，应存放在专用库房内，不得与其他材料混放。挥发性油料应装入密闭容器内，妥善保管。

（19）库房应通风良好，不准住人，并设置消防器材和“严禁烟火”明显标志。库房与其他建筑应保持一定的安全距离。

（20）用喷砂除锈，喷嘴接头要牢固，不准对人。喷嘴堵塞，应停机消除压力后，才可进行修理或更换。

（21）使用煤油、汽油、松香水、丙酮等调配油料，应先戴好防护用品，严禁火种。

（22）刷外开窗扇，必须将安全带挂在牢固的地方。刷封檐板、水落管等应搭设脚手架或吊架。在大于25°的铁皮屋面上刷油，应设置活动板梯、防护栏杆和安全网。

（23）使用喷灯，加油不得过满，打气不应过足，使用的时间不宜过长，点火时火嘴不准对人。

5.3.4 门窗安装工程

（1）进入现场必须戴安全帽。严禁穿拖鞋、高跟鞋、带钉易滑的鞋进入现场。

（2）安装玻璃门用的梯子应牢靠，不应缺档；梯子放置不宜过陡，其与地面夹角以60°～70°为宜。严禁两人同时站在一个梯子上作业。

（3）裁划玻璃要小心，并在规定的场所进行。边角余料要集中堆放，并及时处理，不得乱丢乱扔，以防扎伤他人。

（4）作业人员在搬运玻璃时应戴手套，或用布、纸垫住将玻璃与手及身体裸露部分隔开，以防被玻璃划伤。

（5）在高凳上作业的人要站在中间，不能站在端头，防止跌落。

（6）材料要堆放平稳，工具要随手放入工具袋内。上下传递工具物件时，严禁抛掷。

（7）要经常检查机电器具有无漏电现象，一经发现立即修理，决不能勉强使用。

（8）安装窗扇玻璃时要按顺序依次进行，不得在垂直方向的上下两层同时作业，以避免玻璃破碎掉落伤人。

（9）天窗及高层房屋安装玻璃时，施工点的下面及附近严禁行人通过，以防玻璃及工具掉落伤人。

（10）门窗等安装好的玻璃应平整、牢固，不得有松动现象，并在安装完后，应随即将风钩挂好或插上插销，以防风吹窗扇碰碎玻璃掉落伤人。

(11) 安装完后所剩下的残余破碎玻璃应及时清扫和集中堆放，并要尽快处理，以避免玻璃碎屑扎伤人。

5.3.5 轻质隔墙与玻璃工程

1. 轻质隔墙工程

(1) 施工现场必须结合实际情况设置隔墙材料贮藏间，并派专人看管，禁止他人随意挪用。

(2) 隔墙安装前必须先清理好操作现场，特别是地面，保证搬运通道畅通，防止搬运人员绊倒和撞到他人。

(3) 施工现场必须工完场清。设专人洒水、打扫，不能扬尘污染环境。

(4) 现场操作人员必须戴好安全帽，搬运时可戴手套，防止刮伤。

(5) 推拉式活动隔墙安装后，应该推拉平稳、灵活、无噪声，不得有弹跳卡阻现象。

(6) 板材隔墙和骨架隔墙安装后，应该平整、牢固，不得有倾斜、摇晃现象。

(7) 玻璃隔断安装后应平整、牢固，密封胶与玻璃、玻璃槽口的边缘应粘接牢固，不得有松动现象。

(8) 搬运时设专人在旁边监护，非安装人员不得在搬运通道和安装现场停留。

2. 玻璃安装工程

(1) 进入施工现场应戴好安全帽。搬运玻璃时，应戴上手套，玻璃应立放紧靠。高空装配及揩擦玻璃时，必须穿软底鞋，系好安全带，以保安全操作。

(2) 截割玻璃，应在指定场所进行。截下的边角余料应集中投入木箱，及时处理。

(3) 截下的玻璃条及碎块，不得随意乱抛，应集中收集在木箱中。大批量玻璃截割时，要有固定的工作室。

(4) 安装门窗或隔断玻璃时，不得将梯子靠在门窗扇上或玻璃框上操作。脚手架、脚手板、吊篮、长梯、高凳等，应认真检查是否牢固，绑扎有无松动，梯脚有无防滑护套，人字梯中间有无拉绳，符合要求后方可用以进行操作。

(5) 安装玻璃时应带工具袋。木门窗玻璃安装时，严禁将钉子含在口内进行操作。同一垂直面上不得上下交叉作业。玻璃未固定前，不得歇工或休息，以防工具或玻璃掉落伤人。

(6) 在高处安装玻璃，应将玻璃放置平稳，垂直下方禁止通行。安装屋顶采光玻璃，应铺设脚手板或其他安全措施。

(7) 门窗玻璃安装后，应随手挂好风钩或插上插销锁住窗扇，防止刮风损坏玻璃，并将多余玻璃、材料、工具清理入库。

(8) 玻璃安装时，操作人员应对门窗口及窗台抹灰和其他装饰项目加以保护。门窗玻璃安装完毕后，应有专人看管维护，检查门窗关启情况。

(9) 拆除外脚手架、悬挑脚手架和活动吊篮架时，应有预防玻璃被污染及破损的保护措施。

(10) 大块玻璃安装完毕后，应在1.6m左右高处，粘贴彩色醒目标志，以免误撞损坏玻璃。对于面积较大、价格昂贵的特种玻璃，应有妥善保护措施。

(11) 安装完后所剩下的残余破碎玻璃应及时清扫和集中堆放，并要尽快处理，以避免玻璃碎屑扎伤人。

5.3.6 抹灰工程

1. 室外抹灰工程要求

(1) 高处作业时，应检查脚手架是否牢固，特别是在大风及雨后作业。

(2) 在架子上工作，工具和材料要放置稳当，不许随便乱扔。

(3) 对脚手板不牢和跷头板等及时处理，要铺有足够的宽度，以保证手推车运砂浆时的安全。严格控制脚手架施工荷载。

(4) 用塔吊上料时，要有专人指挥，遇6级以上大风时暂停作业。

(5) 砂浆机应有专人操作维修、保养，电器设备的绝缘良好并接地。

(6) 不准随意拆除、斩断脚手架软硬拉结，不准随意拆除脚手架上的安全设施，如妨碍施工应经施工负责人批准后，方能拆除妨碍部位。

2. 室内抹灰工程要求

(1) 室内抹灰使用的木凳、金属支架应搭设牢固，脚手板高度不大于2m，架子上堆放材料不得过于集中，存放砂浆的灰斗、灰桶等要放稳。

(2) 搭设脚手不得有跷头板，严禁脚手板支搭在门窗、暖气管道上。

(3) 操作前应检查架子、高凳等是否牢固，不准用2×4、2×8木料（2m以上跨度）、钢模板等作为立人板。

(4) 搅拌与抹灰时，防止灰浆溅入眼内。

(5) 在室内推运输小车时，特别是在过道中拐弯时要注意小车挤手。

5.3.7 吊顶与幕墙工程

1. 幕墙工程安全技术

(1) 施工前，项目经理、技术负责人要对工长和安全员进行技术交底，工长和安全员要对全体施工人员进行技术交底和职业健康安全教育。每道工序都要做好施工记录和质量自检。

(2) 进入现场必须佩戴安全帽，高空作业必须系好安全带，携带工具袋，严禁穿拖鞋、凉鞋进入工地。

(3) 禁止在外脚手架上攀爬，必须由通道上下。

(4) 所有施工机具在施工前必须进行严格检查，如手持吸盘须检查吸附质量和持续吸附时间试验。电动工具需做绝缘电压试验。

(5) 现场电焊时，在焊接下方应设接火斗，防止电火花溅落引起火灾或烧伤其他建筑成品。

(6) 幕墙施工下方禁止人员通行和施工。

(7) 电源箱必须安装漏电保护装置，手持电动工具的操作人员应戴绝缘手套。

(8) 在高层石材板幕墙安装与上部结构施工交叉作业时，结构施工层下方应架设防护网；在离地面3m高处，应搭设挑出6m的水平安全网。

（9）在六级以上大风、大雾、雷雨、下雪天气严禁高空作业。

2．吊顶工程安全技术

（1）无论是高大工业厂房的吊顶还是普通住宅房间的吊顶均属于高处作业，因此作业人员要严格遵守高处作业的有关规定，严防发生高处坠落事故。

（2）吊顶的房间或部位要由专业架子工搭设满堂红脚手架，脚手架的临边处设两道防护栏杆和一道挡脚板，吊顶人员站在脚手架操作面上作业，操作面必须满铺脚手板。

（3）吊顶的主、副龙骨与结构面要连接牢固，防止吊顶脱落伤人。吊顶下方不得有其他人员来回行走，以防掉物伤人。

（4）作业人员要穿防滑鞋，行走及材料的运输要走马道，严禁从架管爬上爬下。

（5）作业人员使用的工具要放在工具袋内，不要乱丢乱扔，同时高空作业人员禁止从上向下投掷物体，以防砸伤他人。

（6）作业人员使用的电动工具要符合安全用电要求，如需用电焊的地方必须由专业电焊工施工。

5.3.8 裱糊、软包与细部工程

1．裱糊与软包工程

（1）选择材料时，必须选择符合国家规定的材料。

（2）对软包面料及填塞料的阻燃性能严格把关，达不到防火要求时，不予使用。

（3）材料应堆放整齐、平稳，并应注意防火。

（4）软包布附近尽量避免使用碘钨灯或其他高温照明设备。不得动用明火，避免损坏。

（5）夜间临时用的移动照明灯，必须用安全电压。机械操作人员必须培训持证上岗，现场一切机械设备，非操作人员一律禁止动用。

2．细部工程

（1）施工现场严禁烟火，必须符合防火要求。

（2）施工时严禁用手攀窗框、窗扇和窗撑。操作时应系好安全带，严禁把安全带挂在窗棂上。

（3）安装前应设置简易防护栏杆，防止施工时意外摔伤。

（4）操作时应注意对门窗玻璃的保护，以免发生意外。

（5）安装后的橱柜必须牢固，确保使用安全。

（6）栏杆和扶手安装时应注意下面楼层的人员，适当时将梯井封好，以免坠物砸伤下面的作业人员。

6 现场施工机械安全使用

6.1 土石方机械设备

6.1.1 一般规定

（1）土石方机械的内燃机、电动机和液压装置的使用，应符合《建筑机械使用安全技术规程》JGJ 33—2012 第 3.2 节、第 3.4 节和附录 C 的规定。

（2）机械进入现场前，应查明行驶路线上的桥梁、涵洞的上部净空和下部承载能力，确保机械安全通过。

（3）机械通过桥梁时，应采用低速挡慢行，在桥面上不得转向或制动。

（4）作业前，必须查明施工场地内明、暗铺设的各类管线等设施，并应采用明显记号标识。严禁在离地下管线承压管道 1m 距离以内进行大型机械作业。

（5）作业中，应随时监视机械各部位的运转及仪表指示值，如发现异常，应立即停机检修。

（6）机械运行中，不得接触转动部位。在修理工作装置时，应将工作装置降到最低位置，并应将悬空工作装置垫上垫木。

（7）在电杆附近取土时，对不能取消的拉线、地垄和杆身，应留出土台。土台大小应根据电杆结构、掩埋深度和土质情况由技术人员确定。

（8）机械与架空输电线路的安全距离应符合现行行业标准《施工现场临时用电安全技术规范》JGJ 46—2005 的规定。

（9）在施工中遇下列情况之一时应立即停工：

1）填挖区土体不稳定，土体有可能坍塌。

2）地面涌水冒浆，机械陷车，或因雨水机械在坡道打滑。

3）遇大雨、雷电、浓雾等恶劣天气。

4）施工标志及防护设施被损坏。

5）工作面安全净空不足。

（10）机械回转作业时，配合人员必须在机械回转半径以外工作。当需在回转半径以内工作时，必须将机械停止回转并制动。

（11）雨期施工时，机械应停放在地势较高的坚实位置。

（12）机械作业不得破坏基坑支护系统。

（13）行驶或作业中的机械，除驾驶室外的任何地方不得有乘员。

6.1.2 单斗挖掘机

（1）单斗挖掘机的作业和行走场地应平整坚实，松软地面应用枕木或垫板垫实，沼泽或淤泥场地应进行路基处理，或更换专用湿地履带。

（2）轮胎式挖掘机使用前应支好支腿，并应保持水平位置，支腿应置于作业面的方向，转向驱动桥应置于作业面的后方。履带式挖掘机的驱动轮应置于作业面的后方。采用液压悬挂装置的挖掘机，应锁住两个悬挂液压缸。

（3）作业前应重点检查下列项目，并应符合相应要求：

1）照明、信号及报警装置等应齐全有效。

2）燃油、润滑油、液压油应符合规定。

3）各铰接部分应连接可靠。

4）液压系统不得有泄漏现象。

5）轮胎气压应符合规定。

（4）启动前，应将主离合器分离，各操纵杆放在空挡位置，并应发出信号，确认安全后才可启动设备。

（5）启动后，应先使液压系统从低速到高速空载循环 10～20min，不得有吸空等不正常噪声，并应检查各仪表指示值，运转正常后再接合主离合器，再进行空载运转，顺序操纵各工作机构并测试各制动器，确认正常后开始作业。

（6）作业时，挖掘机应保持水平位置，行走机构应制动，履带或轮胎应楔紧。

（7）平整场地时，不得用铲斗进行横扫或用铲斗对地面进行夯实。

（8）挖掘岩石时，应先进行爆破。挖掘冻土时，应采用破冰锤或爆破法使冻土层破碎。不得用铲斗破碎石块、冻土，或用单边斗齿硬啃。

（9）挖掘机最大开挖高度和深度，不应超过机械本身性能规定。在拉铲或反铲作业时，腹带式挖掘机的履带与工作面边缘距离应大于 1.0m，轮胎式挖掘机的轮胎与工作面边缘距离应大于 1.5m。

（10）在坑边进行挖掘作业，当发现有塌方危险时，应立即处理险情，或将挖掘机撤至安全地带。坑边不得留有伞状边沿及松动的大块石。

（11）挖掘机应停稳后再进行挖土作业。当铲斗未离开工作面时，不得作回转、行走等动作。应使用回转制动器进行回转制动，不得用转向离合器反转制动。

（12）作业时，各操纵过程应平稳，不宜紧急制动。铲斗升降不得过猛，下降时，不得撞碰车架或履带。

（13）斗臂在抬高及回转时，不得碰到坑、沟侧壁或其他物体。

（14）挖掘机向运土车辆装车时，应降低卸落高度，不得偏装或砸坏车厢。回转时，铲斗不得从运输车辆驾驶室顶上越过。

（15）作业中，当液压缸将伸缩到极限位置时，应动作平稳，不得冲撞极限块。

（16）作业中，当需制动时，应将变速阀置于低速位置。

（17）作业中，当发现挖掘力突然变化，应停机检查，不得在未查明原因前调整分配阀的压力。

（18）作业中，不得打开压力表开关，且不得将工况选择阀的操纵手柄放在高速挡位置。

（19）挖掘机应停稳后再反铲作业，斗柄伸出长度应符合规定要求，提斗应平稳。

（20）作业中，履带式挖拥机作短距离行走时，主动轮应在后面，斗臂应在正前方与履带平行，并应制动回转机构，坡道坡度不得超过机械允许的最大坡度。下坡时应慢速行驶，不得在坡道上变速和空挡滑行。

（21）轮胎式挖掘机行驶前，应收回支腿并固定可靠，监控仪表和报警信号灯应处于正常显示状态。轮胎气压应符合规定，工作装置应处于行驶方向。铲斗宜离地面1m。长距离行驶时应将回转制动板踩下，并应采用固定销锁定回转平台。

（22）挖掘机在坡道上行走时熄火，应立即制动，并应楔住履带或轮胎。重新发动后，再继续行走。

（23）作业后，挖掘机不得停放在高边坡附近或填方区，应停故在坚实、平坦、安全的位置，并应将铲斗收回平放在地面，所有操纵杆置于中位，关闭操作室和机棚。

（24）履带式挖掘机转移工地应采用平板拖车装运。短距离自行转移时，应低速行走。

（25）保养或检修挖掘机时，应将内燃机熄火，并将液压系统卸荷，铲斗落地。

（26）利用铲斗将底盘顶起进行检修时，应使用垫木将抬起的履带或轮胎垫稳，用木楔将落地履带或轮胎楔牢，然后再将液压系统卸荷，否则不得进入底盘下工作。

6.1.3 挖掘装载机

（1）挖掘装载机的挖掘及装载作业应符合《建筑机械使用安全技术规程》JGJ 33—2012第5.2节及第5.10节的规定。

（2）挖掘作业前应先将装载斗翻转，使斗口朝地，并使前轮稍离开地面，踏下并锁住制动踏板，然后伸出支腿，使后轮离地并保持水平位置。

（3）挖掘装载机在边坡卸料时，应有专人指挥。挖掘装载机轮胎距边坡缘的距离应大于1.5m。

（4）动臂后端的缓冲块应保持完好；损坏时，应修复后使用。

（5）作业时，应平稳操纵手柄。支臂下降时不宜中途制动。挖掘时不得使用高速挡。

（6）应平稳回转挖掘装载机，并不得用装载斗砸实沟槽的侧面。

（7）挖掘装载机移位时，应将挖掘装置处于中间运输状态，收起支腿，提起提升臂。

（8）装载作业前，应将挖掘装置的回转机构置于中间位置，并应采用拉板固定。

（9）在装载过程中，应使用低速挡。

（10）铲斗提升臂在举升时，不应使用阀的浮动位置。

（11）前四阀用于支腿伸缩和装载的作业与后四阀用于回转和挖掘的作业不得同时进行。

（12）行驶中，不应高速和急转弯。下坡时不得空挡滑行。

（13）行驶时，支腿应完全收回，挖掘装置应固定牢靠，装载装置宜放低，铲斗和斗柄液压活塞杆应保持完全伸张位置。

（14）挖掘装载机停放时间超过1h，应支起支腿，使后轮离地；停放时间超过1d时，应使后轮离地，并应在后悬架下面用垫块支撑。

6.1.4 推土机

(1) 推土机在坚硬土壤或多石土壤地带作业时，应先进行爆破或用松土器翻松。在沼泽地带作业时，应更换专用湿地履带板。

(2) 不得用推土机推石灰、烟灰等粉尘物料，不得进行碾碎石块的作业。

(3) 牵引其他机构设备时，应有专人负责指挥。钢丝绳的连接应牢固可靠。在坡道或长距离牵引时，应采用牵引杆连接。

(4) 作业前应重点检查下列项目，并应符合相应要求：

1) 各部件不得松动，应连接良好。

2) 燃油、润滑油、液压油等应符合规定。

3) 各系统管路不得有裂纹或泄漏。

4) 各操纵杆和制动踏板的行程、履带的松紧度或轮胎气压应符合要求。

(5) 启动前，应将主离合器分离，各操纵杆放在空挡位置，并应按照《建筑机械使用安全技术规程》JGJ 33—2012 第 3.2 节的规定启动内燃机，不得用拖、顶方式启动。

(6) 启动后应检查各仪表指示值、液压系统，并确认运转正常，当水温达到 55℃、机油温度达到 45℃时，可全载荷作业。

(7) 推土机机械四周不得有障碍物，并确认安全后开动，工作时不得有人站在履带或刀片的支架上。

(8) 采用主离合器传动的推土机接合应平稳，起步不得过猛，不得使离合器处于半接合状态下运转；液力传动的推土机，应先解除变速杆的锁紧状态，踏下减速器踏板，变速杆应在低挡位，然后缓慢释放减速踏板。

(9) 在块石路面行驶时，应将履带张紧。当需要原地旋转或急转弯时，应采用低速挡。当行走机构夹入块石时，应采用正、反向往复行驶使块石排除。

(10) 在浅水地带行驶或作业时，应查明水深，冷却风扇叶不得接触水面。下水前和出水后，应对行走装置加注润滑脂。

(11) 推土机上、下坡或超过障碍物时应采用低速挡。推土机上坡坡度不得超过 25°，下坡坡度不得大于 35°，横向坡度不得大于 10°。在 25°以上的陡坡上不得横向行驶，并不得急转弯。上坡时不得换挡，下坡不得空挡滑行。当需要在陡坡上推土时，应先进行填挖，使机身保持平衡。

(12) 在上坡途中，当内燃机突然熄灭，应立即放下铲刀，并锁住制动踏板。在推土机停稳后，将主离合器脱开，把变速杆放到空挡位置，并应用木块将履带或轮胎楔死后，重新启动内燃机。

(13) 下坡时，当推土机下行速度大于内燃机传动速度时，转向操纵的方向应与平地行走时操纵的方向相反，并不得使用制动器。

(14) 填沟作业驶近边坡时，铲刀不得越出边缘。后退时，应先换挡，后提升铲刀进行倒车。

(15) 在深沟、基坑或陡坡地区作业时，应有专人指挥，垂直边坡高度应小于2m。当大于2m时，应放出安全边坡，同时禁止用推土刀侧面推土。

(16) 推土或松土作业时，不得超载，各项操作应缓慢平稳，不得损坏铲刀、推土架、松土器等装置。无液力变矩器装置的推土机，在作业中有超载趋势时，应稍微提升刀片或变换低速挡。

(17) 不得顶推与地基基础连接的钢筋混凝土桩等建筑物。顶推树木等物体不得倒向推土机及高空架设物。

(18) 两台以上推土机在同一地区作业时，前后距离应大于8.0m；左右距离应大于1.5m。在狭窄道路上行驶时，未取得前机同意，后机不得超越。

(19) 作业完毕后，宜将推土机开到平坦安全的地方，并应将铲刀、松土器落到地面。在坡道上停机时，应将变速杆挂低速挡，接合主离合器，锁住制动踏板，并将履带或轮胎楔住。

(20) 停机时，应先降低内燃机转速，变速杆放在空挡，锁紧液力传动的变速杆，分开主离合器，踏下制动踏板并锁紧，在水温降到75℃以下、油温降到90℃以下后熄火。

(21) 推土机长途转移工地时，应采用平板拖车装运。短途行走转移距离不宜超过10km，并在行走过程中应经常检查和润滑行走装置。

(22) 在推土机下面检修时，内燃机应熄火，铲刀应落到地面或垫稳。

6.1.5 拖式铲运机

(1) 拖式铲运机牵引使用时应符合《建筑机械使用安全技术规程》JGJ 33—2012第5.4节的有关规定。

(2) 铲运机作业时，应先采用松土器翻松。铲运作业区内不得有树根、大石块和大量杂草等。

(3) 铲运机行驶道路应平整坚实，路面宽度应比铲运机宽度大2m。

(4) 启动前，应检查钢丝绳、轮胎气压、铲土斗及卸土扳回缩弹簧、拖把万向接头、撑架以及各部滑轮等，并确认处于正常工作状态；液压式铲运机铲斗和拖拉机连接叉座与牵引连接块应锁定，各液压管路应连接可靠。

(5) 开动前，应使铲斗离开地面，机械周围不得有障碍物。

(6) 作业中，严禁人员上下机械，传递物件，以及在铲斗内、拖把或机架上坐立。

(7) 多台铲运机联合作业时，各机之间前后距离应大于10m（铲土时应大于5m），左右距离应大于2m，并应遵守下坡让上坡、空载让重载、支线让干线的原则。

(8) 任狭窄地段运行时，未经前机同意，后机不得超越。两机交会或超车时应减速，两机左右间距应大于0.5m。

(9) 铲运机上、下坡道时，应低速行驶，不得中途换挡，下坡时不得空挡滑行，行驶的横向坡度不得超过6°，坡宽应大于铲运机宽度2m。

(10) 在新填筑的土堤上作业时，离堤坡边缘应大于1m。当需在斜坡横向作业时，应先将斜坡挖填平整，使机身保持平衡。

（11）在坡道上不得进行检修作业。在陡坡上不得转弯、倒车或停车。在坡上熄火时，应将铲斗落地、制动牢靠后再启动。下陡坡时，应将铲斗触地行驶，辅助制动。

（12）铲土时，铲土与机身应保持直线行驶。助铲时应有助铲装置，并应正确开启斗门，不得切土过深。两机动作应协调配合，平稳接触，等速助铲。

（13）在下陡坡铲土时，铲斗装满后，在铲斗后轮未达到缓坡地段前，不得将铲斗提离地面，应防铲斗快速下滑冲击主机。

（14）在不平地段行驶时，应放低铲斗，不得将铲斗提升到高位。

（15）拖拉陷车时，应有专人指挥，前后操作人员应配合协调，确认安全后起步。

（16）作业后，应将铲运机停放在平坦地面，并应将铲斗落在地面上。液压操纵的铲运机应将液压缸缩回，将操纵杆放在中间位置，进行清洁、润滑后，锁好门窗。

（17）非作业行驶时，铲斗应用锁紧链条挂牢在运输行驶位置上。拖式铲运机不得载人或装载易燃、易爆物品。

（18）修理斗门或在铲斗下检修作业时，应将铲斗提起后用销子或锁紧链条固定，再采用垫木将斗身顶住，并应采用木楔楔住轮胎。

6.1.6　自行式铲运机

（1）自行式铲运机的行驶道路应平整坚实，单行道宽度不宜小于5.5m。

（2）多台铲运机联合作业时，前后距离不得小于20m，左右距离不得小于2m。

（3）作业前，应检查铲运机的转向和制动系统，并确认灵敏可靠。

（4）铲土，或在利用推土机助铲时，应随时微调转向盘，铲运机应始终保持直线前进。不得在转弯情况下铲土。

（5）下坡时，不得空挡滑行，应踩下制动踏板辅助以内燃机制动，必要时可放下铲斗，以降低下滑速度。

（6）转弯时，应采用较大同转半径低速转向，操纵转向盘不得过猛；当重载行驶或在弯道上、下坡时，应缓慢转向。

（7）不得在大于15°的横坡上行驶，也不得在横坡上铲土。

（8）沿沟边或填方边坡作业时，轮胎离路肩不得小于0.7m，并应放低铲斗，降速缓行。

（9）在坡道上不得进行检修作业。遇在坡道上熄火时，应立即制动，下降铲斗，把变速杆放在空挡位置，然后启动内燃机。

（10）穿越泥泞或松软地面时，铲运机应直线行驶，当一侧轮胎打滑时，可踏下差速器锁止踏板。当离开不良地面时，应停止使用差速器锁止踏板。不得在差速器锁止时转弯。

（11）夜间作业时，前后照明应齐全完好，前大灯应能照至30m；非作业行驶时，应符合6.1.5中（17）的规定。

6.1.7　静作用压路机

（1）压路机碾压的工作面，应经过适当平整，对新填的松软土，应先用羊足碾或打夯机逐层碾压或夯实后，再用压路机碾压。

（2）工作地段的纵坡不应超过压路机最大爬坡能力，横坡不应大于20°。

（3）应根据碾压要求选择机种。当光轮压路机需要增加机重时，可在滚轮内加砂或水。当气温降至0℃及以下时，不得用水增重。

（4）轮胎压路机不宜在大块石基层上作业。

（5）作业前，应检查并确认滚轮的刮泥板应平整良好，各紧固件不得松动；轮胎压路机应检查轮胎气压，确认正常后启动。

（6）启动后，应检查制动性能及转向功能并确认灵敏可靠。开动前，压路机周围不得有障碍物或人员。不得用压路机拖拉任何机械或物件。

（7）碾压时应低速行驶。速度宜控制在3～4km/h范围内，在一个碾压行程中不得变速。碾压过程应保持正确的行驶方向，碾压第二行时应与第一行重叠半个滚轮压痕。

（8）变换压路机前进、后退方向，应在滚轮停止运行后进行。不得将换向离合器当作制动器使用。

（9）在新建场地上进行碾压时，应从中间向两侧碾压。碾压时，距场地边缘不应少于0.5m。

（10）在坑边碾压施工时，应由里侧向外侧碾压，距坑边不应少于1m。

（11）上下坡时，应事先选好挡位，不得在坡上换挡，下坡时不得空挡滑行。

（12）两台以上压路机同时作业时，前后间距不得小于3m，在坡道上不得纵队行驶。

（13）在行驶中，不得进行修理或加油。需要在机械底部进行修理时，应将内燃机熄火，刹车制动，并楔住滚轮。

（14）对有差速器锁定装置的三轮压路机，当只有一只轮子打滑时，可使用差速器锁定装置，但不得转弯。

（15）作业后，应将压路机停放在平坦坚实的场地，不得停放在软土路边缘及斜坡上，并不得妨碍交通，并应锁定制动。

（16）严寒季节停机时，宜采用木板将滚轮垫离地面，应防止滚轮与地面冻结。

（17）压路机转移距离较远时，应采用汽车或平板拖车装运。

6.1.8 振动压路机

（1）作业时，压路机应先起步后起振，内燃机应先置于中速，然后再调至高速。

（2）压路机换向时应先停机；压路机变速时应降低内燃机转速。

（3）压路机不得在坚实的地面上进行振动。

（4）压路机碾压松软路基时，应先碾压1～2遍后再振动碾压。

（5）压路机碾压时，压路机振动频率应保持一致。

（6）换向离合器、起振离合器和制动器的调整，应在主离合器脱开后进行。

（7）上下坡时或急转弯时不得使用快速挡。铰接式振动压路机在转弯半径较小绕圈碾压时不得使用快速挡。

（8）压路机在高速行驶时不得接合振动。

（9）停机时应先停振，然后将换向机构置于中间位置，变速器置于空挡，最后拉起手制动操纵杆。

（10）振动压路机的使用除应符合本节要求外，还应符合《建筑机械使用安全技术规程》JGJ 33—2012 第5.7 节的有关规定。

6.1.9 平地机

（1）起伏较大的地面宜先用推土机推平，再用平地机平整。

（2）平地机作业区内不得有树根、大石块等障碍物。对土质坚实的地面，应先用齿耙翻松。

（3）作业前应按6.1.2 中（3）的规定进行检查。

（4）平地机不得用于拖拉其他机械。

（5）启动内燃机后，应检查各仪表指示值并应符合要求。

（6）开动平地机时，应鸣笛示意，并确认机械周围不得有障碍物及行人。用低速挡起步后，应测试并确认制动器灵敏有效。

（7）作业时，应先将刮刀下降到接近地面，起步后再下降刮刀铲土。铲土时，应根据铲土阻力大小，随时调整刮刀的切土深度。

（8）刮刀的回转、铲土角的调整及向机外侧斜，应在停机时进行；刮刀左右端的升降动作，可在机械行驶中调整。

（9）刮刀角铲土和齿耙松地时应采用一挡速度行驶；刮土和平整作业时应用二、三挡速度行驶。

（10）土质坚实的地面应先用齿耙翻松，翻松时应缓慢下齿。

（11）使用平地机清除积雪时，应在轮胎上安装防滑链，并应探明工作面的深坑、沟槽位置。

（12）平地机在转弯或调头时，应使用低速挡；在正常行驶时，应使用前轮转向，当场地特别狭小时，可使用前后轮同时转向。

（13）平地机行驶时，应将刮刀和齿耙升到最高位置，并将刮刀斜放，刮刀两端不得超出后轮外侧。行驶速度不得超过使用说明书规定。下坡时，不得空挡滑行。

（14）平地机作业中变矩器的油温不得超过120℃。

（15）作业后，平地机应停放在平坦、安全的场地，刮刀应落在地面上，手制动器应拉紧。

6.1.10 轮胎式装载机

（1）装载机与汽车配合装运作业时，自卸汽车的车厢容积应与装载机铲斗容量相匹配。

（2）装载机作业场地坡度应符合使用说明书的规定。作业区内不得有障碍物及无关人员。

（3）轮胎式装载机作业场地和行驶道路应平坦坚实。在石块场地作业时，应在轮胎上加装保护链条。

（4）作业前应按6.1.2中（3）的规定进行检查。

（5）装载机行驶前，应先鸣声示意，铲斗宜提升离地0.5m。装载机行驶过程中应测试制动器的可靠性。装载机搭乘人员应符合规定。装载机铲斗不得载人。

（6）装载机高速行驶时应采用前轮驱动；低速铲装时，应采用四轮驱动。铲斗装载后升起行驶时，不得急转弯或紧急制动。

（7）装载机下坡时不得空挡滑行。

（8）装载机的装载量应符合使用说明书的规定，装载机铲斗应从正面铲料，铲斗不得单边受力。装载机应低速缓慢举臂翻转铲斗卸料。

（9）装载机操纵手柄换向应平稳。装载机满载时，铲臂应缓慢下降。

（10）在松散不平的场地作业时，应把铲臂放在浮动位置，使铲斗平稳地推进；当推进阻力增大时，可稍微提升铲臂。

（11）当铲臂运行到上下最大限度时，应立即将操纵杆回到空挡位置。

（12）装载机运载物料时，铲臂下铰点宜保持离地面0.5m，并保持平稳行驶。铲斗提升到最高位置时不得运输物料。

（13）铲装或挖掘时，铲斗不应偏载。铲斗装满后，应先举臂，再行走、转向、卸料。铲斗行走过程中不得收斗或举臂。

（14）当铲装阻力较大，出现轮胎打滑时，应立即停止铲装，排除过载后再铲装。

（15）在向汽车装料时，铲斗不得在汽车驾驶室上方越过。如汽车驾驶室顶无防护，驾驶室内不得有人。

（16）向汽车装料，宜降低铲斗高度，减小卸落冲击。汽车装料，不得偏载、超载。

（17）装载机在坡、沟边卸料时，轮胎离边缘应保留安全距离，安全距离宜大于1.5m；铲斗不宜伸出坡、沟边缘。在大于3°的坡面上，载装机不得朝下坡方向俯身卸料。

（18）作业时，装载机变矩器油温不得超过110℃，超过时，应停机降温。

（19）作业后，装载机应停放在安全场地，铲斗应平放在地面上，操纵杆应置于中位，制动应锁定。

（20）装载机转向架未锁闭时，严禁站在前后车架之间进行检修保养。

（21）装载机铲臂升起后，在进行润滑或检修等作业时，应先装好安全销，或先采取其他措施支住铲臂。

（22）停车时，应使内燃机转速逐步降低，不得突然熄火，应防止液压油因惯性冲击而溢出油箱。

6.1.11 蛙式夯实机

（1）蛙式夯实机适用于夯实灰土和素土。蛙式夯实机不得冒雨作业。

（2）作业前应重点检查下列项目，并应符合相应要求：

1）漏电保护器应灵敏有效，接零或接地及电缆线接头应绝缘良好。

2）传动带应松紧合适，带轮与偏心块应安装牢固。

3）转动部分应安装防护装置，并应进行试运转，确认正常。

4）负荷线应采用耐气候型的四芯橡皮护套软电缆。电缆线长不应大于50m。

（3）夯实机启动后，应检查电动机旋转方向，错误时应倒换相线。

（4）作业时，夯实机扶手上的按钮开关和电动机的接线应绝缘良好。当发现有漏电现象时，应立即切断电源，进行检修。

（5）夯实机作业时，应一人扶夯，一人传递电缆线，并应戴绝缘手套和穿绝缘鞋。递线人员应跟随夯机后或两侧调顺电缆线。电缆线不得扭结或缠绕，并应保持3～4m的余量。

（6）作业时，不得夯击电缆线。

（7）作业时，应保持夯实机平衡，不得用力压扶手。转弯时应用力平稳，不得急转弯。

（8）夯实填高松软土方时，应先在边缘以内100～150mm夯实2～3遍后，再夯实边缘。

（9）不得在斜坡上夯行，以防夯头后折。

（10）夯实房心土时，夯板应避开钢筋混凝土基础及地下管道等地下物。

（11）在建筑物内部作业时，夯板或偏心块不得撞击墙壁。

（12）多机作业时，其平行间距不得小于5m，前后间距不得小于10m。

（13）夯实机作业时，夯实机四周2m范围内，不得有非夯实机操作人员。

（14）夯实机电动机温升超过规定时，应停机降温。

（15）作业时，当夯实机有异常响声时，应立即停机检查。

（16）作业后，应切断电源，卷好电缆线，清除夯实机。夯实机保管应防水防潮。

6.1.12 振动冲击夯

（1）振动冲击夯适用于压实黏性土、砂及砾石等散状物料，不得在水泥路面和其他坚硬地面作业。

（2）内燃机冲击夯作业前，应检查并确认有足够的润滑油。油门控制器应转动灵活。

（3）内燃冲击夯启动后，应逐渐加大油门，夯机跳动稳定后开始作业。

（4）振动冲击夯作业时，应正确掌握夯机，不得倾斜。手把不宜握得过紧，能控制夯机前进速度即可。

（5）正常作业时，不得使劲往下压手把，以免影响夯机跳起高度。夯实松软土或上坡时，可将手把稍向下压，并应能增加夯机前进速度。

（6）根据作业要求，内燃冲击夯应通过调整油门的大小，在一定范围内改变夯机振动频率。

（7）内燃冲击夯不宜在高速下连续作业。

（8）当短距离转移时，应先将冲击夯手把稍向上抬起，将运转轮装入冲击夯的挂钩内，再压下手把，使重心后倾，再推动手把转移冲击夯。

（9）振动冲击夯除应符合本节的规定外，还应符合《建筑机械使用安全技术规程》JGJ 33—2012第5.11节的规定。

6.1.13 强夯机械

（1）担任强夯作业的主机，应按照强夯等级的要求经过计算选用。当选用履带式起重机作主机时，应符合《建筑机械使用安全技术规程》JGJ 33—2012 第 4.2 节的规定。

（2）强夯机械的门架、横梁、脱钩器等主要结构和部件的材料及制作质量，应经过严格检查，对不符合设计要求的，不得使用。

（3）夯机驾驶室挡风玻璃前应增设防护网。

（4）夯机的作业场地应平整，门架底座与夯机着地部位的场地不平度不得超过 100mm。

（5）夯机在工作状态时，起重臂仰角应符合使用说明书的要求。

（6）梯形门架支腿不得前后错位，门架支腿在未支稳垫实前，不得提锤。变换夯位后，应重新检查门架支腿，确认稳固可靠，然后再将锤提升 100 ~ 300mm，检查整机的稳定性，确认可靠后作业。

（7）夯锤下落后，在吊钩尚未降至夯锤吊环附近前，操作人员严禁提前下坑挂钩。从坑中提锤时，严禁挂钩人员站在锤上随锤提升。

（8）夯锤起吊后，地面操作人员应迅速撤至安全距离以外，非强夯施工人员不得进入夯点 30m 范围内。

（9）夯锤升起如超过脱钩高度仍不能自动脱钩时，起重指挥应立即发出停车信号，将夯锤落下，应查明原因并正确处理后继续施工。

（10）当夯锤留有的通气孔在作业中出现堵塞现象时，应及时清理，并不得在锤下作业。

（11）当夯坑内有积水或因黏土产生的锤底吸附力增大时，应采取措施排除，不得强行提锤。

（12）转移夯点时，夯锤应由辅机协助转移。门架随夯机移动前，支腿离地面高度不得超过 500mm。

（13）作业后，应将夯锤下降，放在坚实稳固的地面上。在非作业时，不得将锤悬挂在空中。

6.2 建筑起重机械设备

6.2.1 一般规定

（1）建筑起重机械进入施工现场应具备特种设备制造许可证、产品合格证、特种设备制造监督检验证明、备案证明、安装使用说明书和自检合格证明。

（2）建筑起重机械有下列情形之一时，不得出租和使用：

1）属国家明令淘汰或禁止使用的品种、型号。

2）超过安全技术标准或制造厂规定的使用。

3）没有完整安全技术档案。

4）没有齐全有效的安全保护装置。

（3）建筑起重机械的安全技术档案应包括下列内容：

1）购销合同、特种设备制造许可证、产品合格证、特种设备制造监督检验证明、安装使用说明书、备案证明等原始资料。

2）定期检验报告、定期自行检查记录、定期维护保养记录、维修和技术改造记录、运行故障和生产安全事故记录、累积运转记录等运行资料。

3）历次安装验收资料。

（4）建筑起重机械装拆方案的编制、审批和建筑起重机械首次使用、升节、附墙等验收应按现行有关规定执行。

（5）建筑起重机械的装拆应由具有起重设备安装工程承包资质的单位施工，操作和维修人员应持证上岗。

（6）建筑起重机械的内燃机、电动机和电气、液压装置部分，应按《建筑机械使用安全技术规程》JGJ 33—2012 第3.2节、第3.4节、第3.6节和附录C的规定执行。

（7）选用建筑起重机械时，其主要性能参数、利用等级、载荷状态、工作级别等应与建筑工程相匹配。

（8）施工现场应提供符合起重机械作业要求的通道和电源等工作场地和作业环境。基础与地基承载能力应满足起重机械的安全使用要求。

（9）操作人员在作业前应对行驶道路、架空电线、建（构）筑物等现场环境以及起吊重物进行全面了解。

（10）建筑起重机械应装有音响清晰的信号装置。在起重臂吊钩、平衡重等转动物体上应有鲜明的色彩标志。

（11）建筑起重机械的变幅限位器、力矩限制器、起重量限制器、防坠安全器、钢丝绳防脱装置、防脱钩装置以及各种行程限位开关等安全保护装置，必须齐全有效，严禁随意调整或拆除。严禁利用限制器和限位装置代替操纵机构。

（12）建筑起重机械安装工、司机、信号司索工作业时应密切配合，按规定的指挥信号执行。当信号不清或错误时，操作人员应拒绝执行。

（13）施工现场应采用旗语、口哨、对讲机等有效的联络措施确保通信畅通。

（14）在风速达到9.0m/s及以上或大雨、大雪、大雾等恶劣天气时，严禁进行建筑起重机械的安装拆卸作业。

（15）在风速达到12.0m/s及以上或大雨、大雪、大雾等恶劣天气时，应停止露天的起重吊装作业。重新作业前，应先试吊，并应确认各种安全装设灵敏可靠后进行作业。

（16）操作人员进行起重机械回转、变幅、行走和吊钩升降等动作前，应发出音响信号示意。

（17）建筑起重机械作业时，应在臂长的水平投影覆盖范围外设置警戒区域，并应有监护措施；起重臂和重物下方不得有人停留、工作或通过。不得用吊车、物料提升机载运人员。

（18）不得使用建筑起重机械进行斜拉、斜吊和起吊埋设在地下或凝固在地面上的重物以及其他不明重量的物体。

（19）起吊重物应绑扎平稳、牢固，不得在重物上再堆放或悬挂零星物件。易散落物件应使用吊笼吊运。标有绑扎位置的物件，应按标记绑扎后吊运。吊索的水平夹角宜为45°~60°，不得小于30°，吊索与物件棱角之间应加保护垫料。

（20）起吊载荷达到起重机械额定起重最的90%及以上时应先将重物吊离地面不大于200mm，检查起重机械的稳定性和制动可靠性，并应在确认重物绑扎牢固平稳后再继续起吊。对大体积或易晃动的重物应拴拉绳。

（21）重物的吊运速度应平稳、均匀，不得突然制动。回转未停稳前，不得反向操作。

（22）建筑起重机械作业时，在遇突发故障或突然停电时，应立即把所有控制器拨到零位，并及时关闭发动机或断开电源总开关，然后进行检修。起吊物不得长时间悬挂在空中，应采取措施将重物降落到安全位置。

（23）起重机械的任何部位与架空输电导线的安全距离应符合现行行业标准《施工现场临时用电安全技术规范》JGJ 46—2005的规定。

（24）建筑起重机械使用的钢丝绳，应有钢丝绳制造厂提供的质量合格证明文件。

（25）建筑起重机械使用的钢丝绳，其结构形式、强度、规格等应符合起重机使用说明书的要求。钢丝绳与卷筒应连接牢固，放出钢丝绳时，卷筒上应至少保留三圈。收放钢丝绳时应防止钢丝绳损坏、扭结、弯折和乱绳。

（26）钢丝绳采用编结固接时，编结部分的长度不得小于钢丝绳直径的20倍，并不应小于300mm，其编结部分应用细钢丝捆扎。当采用绳卡固接时，与钢丝绳直径匹配的绳卡数量应符合表6-1的规定，绳卡间距应是6~7倍钢丝绳直径，最后一个绳卡距绳头的长度不得小于140mm。绳卡滑鞍（夹板）应在钢丝绳承载时受力的一侧，U形螺栓应在钢丝绳的尾端，不得正反交错。绳卡初次固定后，应待钢丝绳受力后再次紧固，并宜拧紧到使尾端钢丝绳受压处直径高度压扁1/3。作业中应经常检查紧固情况。

表6-1 与绳径匹配的绳卡数

钢丝绳公称直径（mm）	≤18	>18~26	>26~36	>36~44	>44~60
最少绳卡数（个）	3	4	5	6	7

（27）每班作业前，应检查钢丝绳及钢丝绳的连接部位。钢丝绳报废标准按现行国家标准《起重机 钢丝绳 保养、维护、安装、检验和报废》GB/T 5972—2009的规定执行。

（28）在转动的卷筒上缠绕钢丝绳时，不得用手拉或脚踩引导钢丝绳，不得给正在运转的钢丝绳涂抹润滑脂。

（29）建筑起重机械报废及超龄使用应符合国家现行有关规定。

（30）建筑起重机械的吊钩和吊环严禁补焊。当出现下列情况之一时应更换：

1）表面有裂纹、破口。

2）危险断面及钩颈永久变形。

3）挂绳处断面磨损超过高度10%。

4）吊钩衬套磨损超过原厚度的50%。

5）销轴磨损超过其直径的5%。

（31）建筑起重机械使用时，每班都应对制动器进行检查。当制动器的零件出现下列情况之一时，应作报废处理：

1）裂纹。

2）制动器摩擦片厚度磨损达到原厚度的50%。

3）弹簧出现塑性变形。

4）小轴或轴孔直径磨损达到原直径的5%。

（32）建筑起重机械制动轮的制动摩擦面不应有妨碍制动性能的缺陷或沾染油污。制动轮出现下列情况之一时，应作报废处理：

1）裂纹。

2）起升、变幅机构的制动轮，轮缘厚度磨损大于原厚度的40%。

3）其他机构的制动轮，轮缘厚度磨损大于原厚度的50%。

4）轮面凹凸不平度达1.5~2.0mm（小直径取小值，大直径取大值）。

6.2.2　履带式起重机

（1）履带式起重机应在平坦坚实的地面上作业、行走和停放。作业时，坡度不得大于3°，起重机械应与沟渠、基坑保持安全距离。

（2）起重机械启动前重点检查下列项目，并应符合相应要求：

1）各安全防护装置及各指示仪表应齐全完好。

2）钢丝绳及连接部位应符合规定。

3）燃油、润滑油、液压油、冷却水等应添加充足。

4）各连接件不得松动。

5）在回转空间范围内不得有障碍物。

（3）起重机启动前应将主离合器分离，各操纵杆放在空挡位置。应按《建筑机械使用安全技术规程》JGJ 33—2012第3.2节规定启动内燃机。

（4）内燃机启动后，应检查各仪表指示值，应在运转正常后接合主离合器，空载运转时，应按顺序检查各工作机构及其制动器，应在确认正常后作业。

（5）作业时，起重臂的最大仰角不得超过使用说明书的规定。当无资料可查时，不得超过78°。

（6）起重机变幅应缓慢平稳，在起重臂未停稳前不得变换挡位。

（7）起重机械工作时，在行走、起升、回转及变幅四种动作中，应只允许不超过两种动作的复合操作。当负荷超过该工况额定负荷的90%及以上时，应慢速升降重物，严禁超过两种动作的复合操作和下降起重臂。

（8）在重物升起过程中，操作人员应把脚放在制动踏板上，控制起升高度，防止吊钩冒顶。当重物悬停空中时，即使制动踏板被固定，仍应脚踩在制动踏板上。

（9）采用双机抬吊作业时，应选用起重性能相似的起重机进行。抬吊时应统一指挥，动作应配合协调，载荷应分配合理，起吊重量不得超过两台起重机在该工况下允许起重量总和的75%，单机的起吊载荷不得超过允许载荷的80%。在吊装过程中，两台起重机的吊钩滑轮组应保持垂直状态。

（10）起重机械行走时，转弯不应过急；当转弯半径过小时，应分次转弯。

（11）起重机械不宜长距离负载行驶。起重机械负载时应缓慢行驶，起重量不得超过相应工况额定起重量的70%，起重臂应位于行驶方向正前方，载荷离地面高度不得大于500mm，并应拴好拉绳。

（12）起重机上、下坡道时应无载行走，上坡时应将起重臂仰角适当放小，下坡时应将起重臂仰角适当放大。下坡严禁空挡滑行。在坡道上严禁带载回转。

（13）作业结束后，起重臂应转至顺风方向，并应降至40°~60°之间，吊钩应提升到接近顶端的位置，关停内燃机，并应将各操纵杆放在空挡位置，各制动器应加保险固定。操纵室和机棚应关门加锁。

（14）起重机械转移工地时，应采用火车或平板拖车运输，所用跳板的坡度不得大于15°；起重机装上车后，应将回转、行走、变幅等机构制动，应采用木楔楔紧履带两端，并应绑扎牢固；吊钩不得悬空摆动。

（15）起重机自行转移时，应卸去配重，拆短起重臂，主动轮应在后面，机身、起重臂、吊钩等必须处于制动位置，并应加保险固定。

（16）起重机通过桥梁、水坝、排水沟等构筑物时，应先查明允许载荷后再通过。必要时应采取加固措施。通过铁路、地下水管、电缆等设施时，应铺设垫板保护；机械在上面不得转弯。

6.2.3 汽车、轮胎式起重机

（1）起重机械工作的场地应保持平坦坚实，符合起重时的受力要求；起重机械应与沟渠、基坑保持安全距离。

（2）起重机启动前应重点检查下列项目，并应符合相应要求：

1）各安全保护装置和指示仪表应齐全完好。

2）钢丝绳及连接部位应符合规定。

3）燃油、润滑油、液压油及冷却水应添加充足。

4）各连接件不得松动。

5）轮胎气压应符合规定。

6）起重臂应可靠搁置在支架上。

（3）起重机械启动前，应将各操纵杆放在空挡位置，手制动器应锁死，并应按照《建筑机械使用安全技术规程》JGJ 33—2012 第3.2节有关规定启动内燃机。应在怠速运转3~5min后进行中高速运转，并应在检查各仪表指示值，确认运转正常后接合液压泵，液压达到规定值，油温超过30℃时，方可作业。

（4）作业前，应全部伸出支腿，调整机体使回转支撑面的倾斜度在无载荷时不大于1/1000（水准居中）。支腿的定位销必须插上。底盘为弹性悬挂的起重机，插支腿前应先收紧稳定器。

（5）作业中不得扳动支腿操纵阀。调整支腿时应在无载荷时进行，应先将起重臂转至正前方或正后方之后，再调整支腿。

(6) 起重作业前，应根据所吊重物的重量和起升高度，并应按起重性能曲线，调整起重臂长度和仰角；应估计吊索长度和重物本身的高度，留出适当起吊空间。

(7) 起重臂顺序伸缩时，应按使用说明书进行，在伸臂的同时应下降吊钩。当制动器发出警报时，应立即停止伸臂。

(8) 汽车式起重机变幅角度不得小于各长度所规定的仰角。

(9) 汽车式起重机起吊作业时，汽车驾驶室内不得有人，重物不得超越汽车驾驶室上方，且不得在车的前方起吊。

(10) 起吊重物达到额定起重量的50%及以上时，应使用低速挡。

(11) 作业中发现起重机倾斜、支腿不稳等异常现象时，应在保证作业人员安全的情况下，将重物降至安全的位置。

(12) 当重物在空中需停留较长时间时，应将起升卷筒制动锁住，操作人员不得离开操作室。

(13) 起吊重物达到额定起重量的90%以上时，严禁向下变幅，同时严禁进行两种及以上的操作动作。

(14) 起重机械带载回转时，操作应平稳，应避免急剧回转或急停，换向应在停稳后进行。

(15) 起重机械带载行走时，道路应平坦坚实，载荷应符合使用说明书的规定，重物离地面不得超过500mm，并应拴好拉绳，缓慢行驶。

(16) 作业后，应先将起重臂全部缩回放在支架上，再收回支腿。吊钩应使用钢丝绳挂牢；车架尾部两撑杆应分别撑在尾部下方的支座内，并应采用螺母固定；阻止机身旋转的销式制动器应插入销孔，并应将取力器操纵手柄放在脱开位置，最后应锁住起重操作室门。

(17) 起重机械行驶前，应检查确认各支腿收存牢固，轮胎气压应符合规定。行驶时，发动机水温应在80~90℃范围内，当水温未达到80℃时，不得高速行驶。

(18) 起重机械应保持中速行驶，不得紧急制动，过铁道口或起伏路面时应减速，下坡时严禁空挡滑行，倒车时应有人监护指挥。

(19) 行驶时，底盘走台上不得有人员站立或蹲坐，不得堆放物件。

6.2.4 塔式起重机

(1) 行走式塔式起重机的轨道基础应符合下列要求：

1) 路基承载能力应满足塔式起重机使用说明书要求。

2) 每间隔6m应设轨距拉杆一个，轨距允许偏差应为公称值的1/1000，且不得超过±3mm。

3) 在纵横方向上，钢轨顶面的倾斜度不得大于1/1000；塔机安装后，轨道顶面纵、横方向上的倾斜度，对上回转塔机不应大于3/1000；对下回转塔机不应大于5/1000。在轨道全程中，轨道顶面任意两点的高差应小于100mm。

4) 钢轨接头间隙不得大于4mm，与另一侧轨道接头错开，错开距离不得小于1.5m，接头处应架在轨枕上，两轨顶高度差不得大于2mm。

5）距轨道终端1m处应设置缓冲止挡器，其高度不应小于行走轮的半径。在轨道上应安装限位开关碰块，安装位置应保证塔机在与缓冲止挡器或与同一轨道上其他塔机相距大于1m处能完全停住，此时电缆线应有足够的富余长度。

6）鱼尾板连接螺栓应紧固，垫板应固定牢靠。

（2）塔式起重机的混凝土基础应符合使用说明书和现行行业标准《塔式起重机混凝土基础工程技术规程》JGJ/T 187—2009的规定。

（3）塔式起重机的基础应排水通畅，并应按专项方案与基坑保持安全距离。

（4）塔式起重机应在其基础验收合格后进行安装。

（5）塔式起重机的金属结构、轨道应有可靠的接地装置，接地电阻不得大于4Ω。高位塔式起重机应设置防雷装置。

（6）拆装作业前应进行检查并应符合下列规定：

1）混凝土基础、路基和轨道铺设应符合技术要求。

2）应对所装拆塔式起重机的各机构、结构焊缝、重要部位螺栓、销轴、卷扬机构和钢丝绳、吊钩、吊具、电气设备、线路等进行检查，消除隐患。

3）应对自升塔式起重机顶升液压系统的液压缸和油管、顶升套架结构、导向轮、顶升支撑（爬爪）等进行检查，使其处于完好工况。

4）拆装人员应使用合格的工具、安全带、安全帽。

5）装拆作业中配备的起重机械等辅助机械应状况良好，技术性能应满足装拆作业的安全要求。

6）装拆现场的电源电压、运输道路、作业场地等应具备装拆作业条件。

7）安全监督岗的设置及安全技术措施的贯彻落实应符合要求。

（7）指挥人员应熟悉装拆作业方案，遵守装拆工艺和操作规程，使用明确的指挥信号。参与装拆作业的人员，应听从指挥，如发现指挥信号不清或有错误时，应停止作业。

（8）装拆人员应熟悉装拆工艺，遵守操作规程，当发现异常情况或疑难问题时，应及时向技术负责人汇报，不得自行处理。

（9）装拆顺序、技术要求、安全注意事项应按批准的专项施工方案执行。

（10）塔式起重机高强度螺栓应由专业厂家制造，并应有合格证明。高强度螺栓严禁焊接。安装高强螺栓时，应采用扭矩扳手或专用扳手，并应按装配技术要求预紧。

（11）在装拆作业过程中，当遇天气剧变、突然停电、机械故障等意外情况时，应将已装拆的部件固定牢靠，并经检查确认无隐患后停止作业。

（12）塔式起重机各部位的栏杆、平台、扶梯、护圈等安全防护装置应配置齐全。行走式塔式起重机的大车行走缓冲止挡器和限位开关碰块应安装牢固。

（13）因损坏或其他原因而不能用正常方法拆卸塔式起重机时，应按照技术部门重新批准的拆卸方案进行。

（14）塔式起重机安装过程中，应分阶段检查验收。各机构动作应正确、平稳，制动可靠，各安全装置应灵敏有效。在无载荷情况下，塔身的垂直度允许偏差应为4/1000。

（15）塔式起重机升降作业时，应符合下列要求：

1）升降作业应有专人指挥，专人操作液压系统，专人拆装螺栓。非作业人员不得登上顶升套架的操作平台。操纵室内应只准一人操作。

2）升降作业应在白天进行。

3）顶升前应预先放松电缆，电缆长度应大于顶升总高度，并应紧固好电缆。下降时应适时收紧电缆。

4）升降作业前，应对液压系统进行检查和试机，应在空载状态下将液压缸活塞杆伸缩3~4次，检查无误后，再将液压缸活塞杆通过顶升梁借助顶升套架的支撑，顶起载荷100~150mm，停10min，观察液压缸载荷是否有下滑现象。

5）升降时，应调整好顶升套架滚轮与塔身标准节的间隙，并应按规定要求使起重臂和平衡臂处于平衡状态，将回转机构制动。当回转台与塔身标准节之间的最后一处连接螺栓（销轴）拆卸困难时，应将最后一处连接螺栓（销轴）对角方向的螺栓重新插入，再采取其他方法进行拆卸。不得用旋转起重臂的方法松动螺栓（销轴）。

6）顶升撑脚（爬爪）就位后，应及时插上安全销，才能继续升降作业。

7）升降作业完毕后，应按规定扭力紧固各连接螺栓，应将液压操纵杆扳到中间位置，并应切断液压升降机构电源。

（16）塔式起重机的附着装置应符合下列规定：

1）附着建筑物的锚固点的承载能力应满足塔式起重机技术要求。附着装置的布置方式应按使用说明书的规定执行。当有变动时，应另行设计。

2）附着杆件与附着支座（锚固点）应采取销轴铰接。

3）安装附着框架和附着杆件时，应用经纬仪测量塔身垂直度，并应利用附着杆件进行调整，在最高锚固点以下垂直度允许偏差为2/1000。

4）安装附着框架和附着支座时，各道附着装置所在平面与水平面的夹角不得超过10°。

5）附着框架宜设置在塔身标准节连接处，并应箍紧塔身。

6）塔身顶升到规定附着间距时，应及时增设附着装置。塔身高出附着装置的自由端高度，应符合使用说明书的规定。

7）塔式起重机作业过程中，应经常检查附着装置，发现松动或异常情况时，应立即停止作业，故障未排除，不得继续作业。

8）拆卸塔式起重机时，应随着降落塔身的进程拆卸相应的附着装置。严禁在落塔之前先拆附着装置。

9）附着装置的安装、拆卸、检查和调整应有专人负责。

10）行走式塔式起重机作固定式塔式起重机使用时，应提高轨道基础的承载能力，切断行走机构的电源，并应设置阻挡行走轮移动的支座。

（17）塔式起重机内爬升时应符合下列规定：

1）内爬升作业时，信号联络应通畅。

2）内爬升过程中，严禁进行起重机的起升、回转、变幅等各项动作。

3）塔式起重机爬升到指定楼层后，应立即拔出塔身底座的支承梁或支腿，通过内爬升框架及时固定在结构上，并应顶紧导向装置或用楔块塞紧。

4）内爬升塔式起重机的塔身固定间距应符合使用说明书要求。

5）应对设置内爬升框架的建筑结构进行承载力复核，并应根据计算结果采取相应的加固措施。

（18）雨天后，对行走式塔式起重机，应检查轨距偏差、钢轨顶面的倾斜度、钢轨的平直度、轨道基础的沉降及轨道的通过性能等；对固定式塔式起重机，应检查混凝土基础不均匀沉降。

（19）根据使用说明书的要求，应定期对塔式起重机各工作机构、所有安全装置、制动器的性能及磨损情况、钢丝绳的磨损及绳端固定、液压系统、润滑系统、螺栓销轴连接处等进行检查。

（20）配电箱应设置在距塔式起重机 3m 范围内或轨道中部，且明显可见；电箱中应设置带熔断式断路器及塔式起重机电源总开关；电缆卷筒应灵活有效，不得拖缆。

（21）塔式起重机在无线电台、电视台或其他电磁波发射天线附近施工时，与吊钩接触的作业人员，应戴绝缘手套和穿绝缘鞋，并应在吊钩上挂接临时放电装置。

（22）当同一施工地点有两台以上塔式起重机并可能互相干涉时，应制定群塔作业方案；两台塔式起重机之间的最小架设距离应保证处于低位塔式起重机的起重臂端部与另一台塔式起重机的塔身之间至少有 2m 的距离；处于高位塔式起重机的最低位置的部件（吊钩升至最高点或平衡重的最低部位）与低位塔式起重机中处于最高位置部件之间的垂直距离不应小于 2m。

（23）轨道式塔式起重机作业前，应检查轨道基础平直无沉陷，鱼尾板、连接螺栓及道钉不得松动，并应清除轨道上的障碍物，将夹轨器固定。

（24）塔式起重机启动应符合下列要求：

1）金属结构和工作机构的外观情况应正常。

2）安全保护装置和指示仪表应齐全完好。

3）齿轮箱、液压油箱的油位应符合规定。

4）各部位连接螺栓不得松动。

5）钢丝绳磨损在规定范围内，滑轮穿绕应正确。

6）供电电缆不得破损。

（25）送电前，各控制器手柄应在零位。接通电源后，应检查并确认不得有漏电现象。

（26）作业前，应进行空载运转，试验各工作机构并确认运转正常，不得有噪声及异响，各机构的制动器及安全保护装置应灵敏有效，确认正常后方可作业。

（27）起吊重物时，重物和吊具的总重量不得超过塔式起重机相应幅度下规定的起重量。

（28）应根据起吊重物和现场情况，选择适当的工作速度；操纵各控制器时应从停止点（零点）开始，依次逐级增加速度，不得越挡操作。在变换运转方向时，应将控制器手柄扳到零位，待电动机停止运转后再转向另一方向，不得直接变换运转方向突然变速或制动。

（29）在提升吊钩、起重小车或行走大车运行到限位装置前，应减速缓行到停止位置，并应与限位装置保持一定距离。不得采用限位装置作为停止运行的控制开关。

（30）动臂式塔式起重机的变幅动作应单独进行；允许带载变幅的动臂式塔式起重机，当载荷达到额定起重量的90%及以上时，不得增加幅度。

（31）重物就位时，应采用慢就位工作机构。

（32）重物水平移动时，重物底部应高出障碍物0.5m以上。

（33）回转部分不设集电器的塔式起重机，应安装回转限位器，在作业时，不得顺一个方向连续回转1.5圈。

（34）当停电或电压下降时，应立即将控制器扳到零位，并切断电源。如吊钩上挂有重物，应重复放松制动器，使重物缓慢地下降到安全位置。

（35）采用涡流制动调速系统的塔式起重机，不得长时间使用低速挡或慢就位速度作业。

（36）遇大风停止作业时，应锁紧夹轨器，将回转机构的制动器完全松开，起重臂应能随风转动。对轻型俯仰变幅塔式起重机，应将起重臂落下并与塔身结构锁紧在一起。

（37）作业中，操作人员临时离开操作室时，应切断电源。

（38）塔式起重机载人专用电梯不得超员，专用电梯断绳保护装置应灵敏有效。塔式起重机作业时，不得开动电梯。电梯停用时，应降至塔身底部位置，不得长时间悬在空中。

（39）在非工作状态时，应松开回转制动器，回转部分应能自由旋转；行走式塔式起重机应停放在轨道中间位置，小车及平衡重应置于非工作状态，吊钩组顶部宜上升到距起重臂底面2~3m处。

（40）停机时，应将每个控制器拨回零位，依次断开各开关，关闭操作室门窗；下机后，应锁紧夹轨器，断开电源总开关，打开高空障碍灯。

（41）检修人员对高空部位的塔身、起重臂、平衡臂等检修时，应系好安全带。

（42）停用的塔式起重机的电动机、电气柜、变阻器箱及制动器等应遮盖严密。

（43）动臂式和未附着塔式起重机及附着式塔式起重机桁架上不得悬挂标语牌。

6.2.5 桅杆式起重机

（1）桅杆式起重机应按现行国家标准《起重机设计规范》GB/T 3811—2008的规定进行设计，确定其使用范围及工作环境。

（2）桅杆式起重机专项方案必须按规定程序审批，并应经专家论证后实施。施工单位必须指定安全技术人员对桅杆式起重机的安装、使用和拆卸进行现场监督和监测。

（3）专项方案应包含下列主要内容：

1）工程概况、施工平面布置。

2）编制依据。

3）施工计划。

4）施工技术参数、工艺流程。

5）施工安全技术措施。

6）劳动力计划。

7）计算书及相关图纸。

（4）桅杆式起重机的卷扬机应符合《建筑机械使用安全技术规程》JGJ 33—2012 第 4.7 节的有关规定。

（5）桅杆式起重机的安装和拆卸应划出警戒区，清除周围的障碍物，在专人统一指挥下，应按使用说明书和装拆方案进行。

（6）桅杆式起重机的基础应符合专项方案的要求。

（7）缆风绳的规格、数量及地锚的拉力、埋设深度等应按照起重机性能经过计算确定，缆风绳与地面的夹角不得大于60°。缆绳与桅杆和地锚的连接应牢固。地锚不得使用膨胀螺栓及定滑轮。

（8）缆风绳的架设应避开架空电线。在靠近电线的附近，应设置绝缘材料搭设的护线架。

（9）桅杆式起重机安装后应进行试运转，使用前应组织验收。

（10）提升重物时，吊钩钢丝绳应垂直，操作应平稳；当重物吊起离开支承面时，应检查并确认各机构工作正常后，继续起吊。

（11）在起吊额定起重量的90%及以上重物前，应安排专人检查地锚的牢固程度。起吊时，缆风绳应受力均匀，主杆应保持直立状态。

（12）作业时，桅杆式起重机的回转钢丝绳应处于拉紧状态。回转装置应有安全制动控制器。

（13）桅杆式起重机移动时，应用满足承重要求的枕木排和滚杠垫在底座，并将起重臂收紧处于移动方向的前方。移动时，桅杆不得倾斜，缆风绳的松紧应配合一致。

（14）缆风钢丝绳安全系数不应小于3.5，起升、锚固、吊索钢丝绳安全系数不应小于8。

6.2.6 门式、桥式起重机与电动葫芦

（1）起重机路基和轨道的铺设应符合使用说明书规定，轨道接地电阻不得大于4Ω。

（2）门式起重机的电缆应设有电缆卷筒，配电箱应设置在轨道中部。

（3）用滑线供电的起重机应在滑线的两端标有鲜明的颜色；滑线应设置防护装置，防止人员及吊具钢丝绳与滑线意外接触。

（4）轨道应平直，鱼尾板连接螺栓不得松动；轨道和起重机运行范围内不得有障碍物。

（5）门式、桥式起重机作业前应重点检查下列项目，并应符合相应要求：

1）机械结构外观应正常，各连接件不得松动。

2）钢丝绳外表情况应良好，绳卡应牢固。

3）各安全限位装置应齐全完好。

（6）操作室内应垫木板或绝缘板，接通电源后应采用试电笔测试金属结构部分，并应确认无漏电现象；上、下操作室应使用专用扶梯。

（7）作业前，应进行空载试运转，检查并确认各机构运转正常，制动可靠，各限位开关灵敏有效。

（8）在提升大件时不得用快速，并应拴拉绳防止摆动。

（9）吊运易燃、易爆、有害等危险品时，应经安全主管部门批准，并应有相应的安全措施。

（10）吊运路线不得从人员、设备上面通过。空车行走时，吊钩应离地面2m以上。

（11）吊运重物应平稳、慢速，行驶中不得突然变速或倒退。两台起重机同时作业时，应保持5m以上距离。不得用一台起重机顶推另一台起重机。

（12）起重机行走时，两侧驱动轮应保持同步，发现偏移应及时停止作业，调整修理后继续使用。

（13）作业中，人员不得从一台桥式起重机跨越到另一台桥式起重机。

（14）操作人员进入桥架前应切断电源。

（15）门式、桥式起重机的主梁挠度超过规定值时，应修复后使用。

（16）作业后，门式起重机应停放在停机线上，用夹轨器锁紧；桥式起重机应将小车停放在两条轨道中间，吊钩提升到上部位置。吊钩上不得悬挂重物。

（17）作业后，应将控制器拨到零位，切断电源，应关闭并锁好操作室门窗。

（18）电动葫芦使用前应检查机械部分和电气部分，钢丝绳、链条、吊钩、限位器等应完好，电气部分应无漏电，接地装置应良好。

（19）电动葫芦应设缓冲器，轨道两端应设挡板。

（20）第一次吊重物时，应在吊离地面100mm时停止上升，检查电动葫芦制动情况，确认完好后再正式作业。露天作业时，电动葫芦应设有防雨棚。

（21）电动葫芦起吊时，手不得握在绳索与物体之间，吊物上升时应防止冲顶。

（22）电动葫芦吊重物行走时，重物离地不宜超过1.5m高。工作间歇不得将重物悬挂在空中。

（23）电动葫芦作业中发生异味、高温等异常情况时，应立即停机检查时，排除故障后继续使用。

（24）使用悬挂电缆电气控制开关时，绝缘应良好，滑动应自如，人站立位置的后方应有2m的空地，并应能正确操作电钮。

（25）在起吊中，由于故障造成重物失控下滑时，应采取紧急措施，向无人处下放重物。

（26）在起吊中不得急速升降。

（27）电动葫芦在额定载荷制动时，下滑位移量不应大于80mm。

（28）作业完毕后，电动葫芦应停放在指定位置，吊钩升起，并切断电源，锁好开关箱。

6.2.7　卷扬机

（1）卷扬机地基与基础应平整、坚实，场地应排水畅通，地锚应设置可靠。卷扬机应搭设防护棚。

（2）操作人员的位置应在安全区域，视线应良好。

（3）卷扬机卷筒中心线与导向滑轮的轴线应垂直，且导向滑轮的轴线应在卷筒中心位置；钢丝绳的出绳偏角限值应符合表6－2的规定。

表6-2 卷扬机钢丝绳出绳偏角限值

排绳方式	槽面卷筒	光面卷筒	
		自然排绳	排绳器排绳
出绳偏角	≤4°	≤2°	≤4°

（4）作业前，应检查卷扬机与地面的固定、弹性联轴器的连接应牢固，并应检查安全装置、防护设施、电气线路、接零或接地装置、制动装置和钢丝绳等并确认全部合格后再使用。

（5）卷扬机至少应装有一个常闭式制动器。

（6）卷扬机的传动部分及外露的运动件应设防护罩。

（7）卷扬机应在司机操作方便的地方安装，能迅速切断总控制电源的紧急断电开关，并不得使用倒顺开关。

（8）钢丝绳卷绕在卷筒上的安全圈数不得少于3圈。钢丝绳末端应固定可靠。不得用手拉钢丝绳的方法卷绕钢丝绳。

（9）钢丝绳不得与机架、地面摩擦，通过道路时，应设过路保护装置。

（10）建筑施工现场不得使用摩擦式卷扬机。

（11）卷筒上的钢丝绳应排列整齐，当重叠或斜绕时，应停机重新排列，不得在转动中用手拉脚踩钢丝绳。

（12）作业中，操作人员不得离开卷扬机，物件或吊笼下面不得有人员停留或通过。休息时，应将物件或吊笼降至地面。

（13）作业中如发现异响、制动不灵、制动带或轴承等温度剧烈上升等异常情况时，应立即停机检查，排除故障后再使用。

（14）作业中停电时，应将控制手柄或按钮置于零位，并应切断电源，将物件或吊笼降至地面。

（15）作业完毕，应将物件或吊笼降至地面，并应切断电源，锁好开关箱。

6.2.8 井架、龙门架物料提升机

（1）进入施工现场的井架、龙门架必须具有下列安全装置：

1）上料口防护棚。

2）层楼安全门、吊篮安全门、首层防护门。

3）断绳保护装置或防坠装置。

4）安全停靠装置。

5）起重量限制器。

6）上、下限位器。

7）紧急断电开关、短路保护、过电流保护、漏电保护。

8）信号装置。

9）缓冲器。

（2）卷扬机应符合 6.2.7 的有关规定。

（3）基础应符合使用说明书要求。缆风绳不得使用钢筋、钢管。

（4）提升机的制动器应灵敏可靠。

（5）运行中吊篮的四角与井架不得互相擦碰，吊篮各构件连接应牢固、可靠。

（6）井架、龙门架物料提升机不得和脚手架连接。

（7）不得使用吊篮载人，吊篮下方不得有人员停留或通过。

（8）作业后，应检查钢丝绳、滑轮、滑轮轴和导轨等，发现异常磨损，应及时修理或更换。

（9）下班前，应将吊篮降到最低位置，各控制开关置于零位，切断电源，锁好开关箱。

6.2.9 施工升降机

（1）施工升降机基础应符合使用说明书要求，当使用说明书无要求时，应经专项设计计算，地基上表面平整度允许偏差为 10mm，场地应排水通畅。

（2）施工升降机导轨架的纵向中心线至建筑物外墙面的距离宜选用使用说明书中提供的较小的安装尺寸。

（3）安装导轨架时，应采用经纬仪在两个方向进行测量校准。其垂直度允许偏差应符合表 6－3 的规定。

表 6－3 施工升降机导轨架垂直度

架设高度 H（m）	$H \leqslant 70$	$70 < H \leqslant 100$	$100 < H \leqslant 150$	$150 < H \leqslant 200$	$H > 200$
垂直度偏差（mm）	$\leqslant 1/1000H$	$\leqslant 70$	$\leqslant 90$	$\leqslant 110$	$\leqslant 130$

（4）导轨架自由高度、导轨架的附墙距离、导轨架的两附墙连接点间距离和最低附墙点高度不得超过使用说明书的规定。

（5）施工升降机应设置专用开关箱，馈电容量应满足升降机直接启动的要求，生产厂家配置的电气箱内应装设短路、过载、错相、断相及零位保护装置。

（6）施工升降机周围应设置稳固的防护围栏。楼层平台通道应平整牢固，出入口应设防护门。全行程不得有危害安全运行的障碍物。

（7）施工升降机安装在建筑物内部井道中时，各楼层门应封闭并应有电气连锁装置。装设在阴暗处或夜班作业的施工升降机，在全行程上应有足够的照明，并应装设明亮的楼层编号标志灯。

（8）施工升降机的防坠安全器应在标定期限内使用，标定期限不应超过一年。使用中不得任意拆检调整防坠安全器。

（9）施工升降机使用前，应进行坠落试验。施工升降机在使用中每隔 3 个月，应进行一次额定载重量的坠落试验，试验程序应按使用说明书规定进行，吊笼坠落试验制动距离应符合现行行业标准《施工升降机齿轮锥鼓形渐进式防坠安全器》JG 121—2000 的规定。防坠安全器试验后及正常操作中，每发生一次防坠动作，应由专业人员进行复位。

（10）作业前应重点检查下列项目，并应符合相应要求：

1）结构不得有变形，连接螺栓不得松动。

2）齿条与齿轮、导向轮与导轨应接合正常。

3）钢丝绳应固定良好，不得有异常磨损。

4）运行范围内不得有障碍。

5）安全保护装置应灵敏可靠。

（11）启动前，应检查并确认供电系统、接地装置安全有效，控制开关应在零位。电源接通后，应检查并确认电压正常。应试验并确认各限位装置、吊笼、围护门等处的电气连锁装置良好可靠，电气仪表应灵敏有效。作业前应进行试运行，测定各机构制动器的效能。

（12）施工升降机应按使用说明书要求进行维护保养，并应定期检验制动器的可靠性，制动力矩应达到使用说明书要求。

（13）吊笼内乘人或载物时，应使载荷均匀分布，不得偏重，不得超载运行。

（14）操作人员应按指挥信号操作。作业前应鸣笛示警。在施工升降机未切断总电源开关前，操作人员不得离开操作岗位。

（15）施工升降机运行中发现有异常情况时，应立即停机并采取有效措施将吊笼就近停靠楼层，排除故障后再继续运行。在运行中发现电气失控时，应立即按下急停按钮，在未排除故障前，不得打开急停按钮。

（16）在风速达到20m/s及以上大风、大雨、大雾天气以及导轨架、电缆等结冰时，施工升降机应停止运行，并将吊笼降到底层，切断电源。暴风雨等恶劣天气后，应对施工升降机各有关安全装置等进行一次检查，确认正常后运行。

（17）施工升降机运行到最上层或最下层时，不得用行程限位开关作为停止运行的控制开关。

（18）当施工升降机在运行中由于断电或其他原因而中途停止时，可进行手动下降，将电动机尾端制动电磁铁手动释放拉手缓缓向外拉出，使吊笼缓慢地向下滑行。吊笼下滑时，不得超过额定运行速度，手动下降应由专业维修人员进行操纵。

（19）当需在吊笼的外面进行检修时，另外一个吊笼应停机配合，检修时应切断电源，并应有专人监护。

（20）作业后，应将吊笼降到底层，各控制开关拨到零位，切断电源，锁好开关箱，闭锁吊笼门和围护门。

6.3 运输机械设备

6.3.1 一般规定

（1）各类运输机械应有完整的机械产品合格证以及相关的技术资料。

（2）启动前应重点检查下列项目，并应符合相应要求：

1）车辆的各总成、零件、附件应按规定装配齐全，不得有脱焊、裂缝等缺陷。螺栓、铆钉连接紧固不得松动、缺损。

2）各润滑装置应齐全并应清洁有效。

3）离合器应结合平稳、工作可靠、操作灵活，踏板行程应符合规定。

4）制动系统各部件应连接可靠，管路畅通。

5）灯光、喇叭、指示仪表等应齐全完整。

6）轮胎气压应符合要求。

7）燃油、润滑油、冷却水等应添加充足。

8）燃油箱应加锁。

9）运输机械不得有漏水、漏油、漏气、漏电现象。

（3）运输机械启动后，应观察各仪表指示值，检查内燃机运转情况，检查转向机构及制动器等性能，并确认正常，当水温达到40℃以上、制动气压达到安全压力以上时，应低挡起步。起步时，应检查周边环境，并确认安全。

（4）装载的物品应捆绑稳固牢靠，整车重心高度应控制在规定范围内，轮式机具和圆形物件装运时应采取防止滚动的措施。

（5）运输机械不得人货混装，运输过程中，料斗内不得载人。

（6）运输超限物件时，应事先勘察路线，了解空中、地面上、地下障碍以及道路、桥梁等通过能力，并应制定运输方案，应按规定办理通行手续。在规定时间内按规定路线行驶。超限部分白天应插警示旗，夜间应挂警示灯。装卸人员及电工携带工具随行，保证运行安全。

（7）运输机械水温未达到70℃时，不得高速行驶。行驶中变速应逐级增减挡位，不得强推硬拉。前进和后退交替时，应在运输机械停稳后换挡。

（8）运输机械行驶中，应随时观察仪表的指示情况，当发现机油压力低于规定值，水温过高，有异响、异味等情况时，应立即停车检查，并应排除故障后继续运行。

（9）运输机械运行时不得超速行驶，并应保持安全距离。进入施工现场应沿规定的路线行进。

（10）车辆上、下坡应提前换入低速挡，不得中途换挡。下坡时，应以内燃机变速箱阻力控制车速，必要时，可间歇轻踏制动器。严禁空挡滑行。

（11）在泥泞、冰雪道路上行驶时，应降低车速，并应采取防滑措施。

（12）车辆涉水过河时，应先探明水深、流速和水底情况，水深不得超过排气管或曲轴皮带盘，并应低速直线行驶，不得在中途停车或换挡。涉水后，应缓行一段路程，轻踏制动器使浸水的制动片上的水分蒸发掉。

（13）通过危险地区时，应先停车检查，确认可以通过后，应由有经验人员指挥前进。

（14）运载易燃易爆、剧毒、腐蚀性等危险品时，应使用专用车辆按相应的安全规定运输，并应有专业随车人员。

（15）爆破器材的运输，应符合现行国家法规《爆破安全规程》GB 6722—2014 的要求。起爆器材与炸药、不同种类的炸药严禁同车运输。车箱底部应铺软垫层，并应有专业押运人员，按指定路线行驶。不得在人口稠密处、交叉路口和桥上（下）停留。车厢应用帆布覆盖并设置明显标志。

（16）装运氧气瓶的车厢不得有油污，氧气瓶严禁与油料或乙炔气瓶混装。氧气瓶上防振胶圈应齐全，运行过程中，氧气瓶不得滚动及相互撞击。

（17）车辆停放时，应将内燃机熄火，拉紧手制动器，关锁车门。在下坡道停放时应挂倒挡，在上坡道停放时应挂一挡，并应使用三角木楔等楔紧轮胎。

（18）平头型驾驶室需前倾时，应清理驾驶室内物件，关紧车门后前倾并锁定。平头型驾驶室复位后，应检查并确认驾驶室已锁定。

（19）在车底进行保养、检修时，应将内燃机熄火、拉紧手制动器并将车轮楔牢。

（20）车辆经修理后需要试车时，应由专业人员驾驶，当需在道路上试车时，应事先报经公安、公路等有关部门的批准。

6.3.2 自卸汽车

（1）自卸汽车应保持顶升液压系统完好，工作平稳。操纵应灵活，不得有卡阻现象。各节液压缸表面应保持清洁。

（2）非顶升作业时，应将顶升操纵杆放在空挡位置，顶升前，应拔出车厢固定销。作业后，应及时插入车厢固定销。固定销应无裂纹，插入或拔出应灵活、可靠。在行驶过程中车厢挡板不得自行打开。

（3）自卸汽车配合挖掘机、装载机装料时，应符合6.1.10中（15）的规定，就位后应拉紧手制动器。

（4）卸料时应听从现场专业人员指挥，车厢上方不得有障碍物，四周不得有人员来往，并应将车停稳。举升车厢时，应控制内燃机中速运转，当车厢升到顶点时，应降低内燃机转速，减少车厢振动。不得边卸边行驶。

（5）向坑洼地区卸料时，应和坑边保持安全距离。在斜坡上不得侧向倾卸。

（6）卸完料，车厢应及时复位，自卸汽车应在复位后行驶。

（7）自卸汽车不得装运爆破器材。

（8）车厢举升状态下，应将车厢支撑牢靠后，进入车厢下面进行检修、润滑等作业。

（9）装运混凝土或黏性物料后，应将车厢清洗干净。

（10）自卸汽车装运散料时，应有防止散落的措施。

6.3.3 平板拖车

（1）拖车的制动器、制动灯、转向灯等应配备齐全，并应与牵引车的灯光信号同时起作用。

（2）行车前，应检查并确认拖挂装置、制动装置、电缆接头等连接良好。

（3）拖车装卸机械时，应停在平坦坚实处，拖车应制动并用三角木楔楔紧轮胎。装车时应调整好机械在车厢上的位置，各轴负荷分配应合理。

（4）平板拖车的跳板应坚实，在装卸履带式起重机、挖掘机、压路机时，跳板与地面夹角不宜大于15°；在装卸履带式推土机、拖拉机时，跳板与地面夹角不应大于25°。

装卸时应由熟练的驾驶人员操作，并应统一指挥。上、下车动作应平稳，不得在跳板上调整方向。

（5）装运履带式起重机时，履带式起重机起重臂应拆短，起重臂向后，吊钩不得自由晃动。

（6）推土机的铲刀宽度超过平板拖车宽度时，应先拆除铲刀后再装运。

（7）机械装车后，机械的制动器应锁定，保险装置应锁牢，履带或车轮应楔紧，机械应绑扎牢固。

（8）使用随车卷扬机装卸物料时，应有专人指挥，拖车应制动锁定，并应将车轮楔紧，防止在装卸时车辆移动。

（9）拖车长期停放或重车停放时间较长时，应将平板支起，轮胎不应承压。

6.3.4 机动翻斗车

（1）机动翻斗车驾驶员应经考试合格，持有机动翻斗车专用驾驶证上岗。

（2）机动翻斗车行驶前，应检查锁紧装置，并应将料斗锁牢。

（3）机动翻斗车行驶时，不得用离合器处于半结合状态来控制车速。

（4）在路面不良状况下行驶时，应低速缓行。机动翻斗车不得靠近路边或沟旁行驶，并应防侧滑。

（5）在坑沟边缘卸料时，应设置安全挡块。车辆接近坑边时，应减速行驶，不得冲撞挡块。

（6）上坡时，应提前换入低挡行驶；下坡时，不得空挡滑行；转弯时，应先减速，急转弯时，应先换入低挡。机动翻斗车不宜紧急刹车，应防止向前倾覆。

（7）机动翻斗车不得在卸料工况下行驶。

（8）内燃机运转或料斗内有载荷时，不得在车底下进行作业。

（9）多台机动翻斗车纵队行驶时，前后车之间应保持安全距离。

6.3.5 散装水泥车

（1）在装料前应检查并清除散装水泥车的罐体及料管内积灰和结渣等杂物，管道不得有堵塞和漏气现象；阀门开闭应灵活，部件连接应牢固可靠，压力表工作应正常。

（2）在打开装料口前，应先打开排气阀，排除罐内残余气压。

（3）装料完毕，应将装料口边缘上堆积的水泥清扫干净，盖好进料口，并锁紧。

（4）散装水泥车卸料时，应装好卸料管，关闭卸料管蝶阀和卸压管球阀，并应打开二次风管，接通压缩空气。空气压缩机应在无载情况下启动。

（5）在确认卸料阀处于关闭状态后，向罐内加压，当达到卸料压力时，应先稍开二次风嘴阀后再打开卸料阀，并用二次风嘴阀调整空气与水泥比例。

（6）卸料过程中，应注意观察压力表的变化情况，当发现压力突然上升，输气软管堵塞时，应停止送气，并应放出管内有压气体，及时排除故障。

（7）卸料作业时，空气压缩机应由专人管理，其他人员不得擅自操作。在进行加压卸料时，不得增加内燃机转速。

（8）卸料结束后，应打开放气阀，放尽罐内余气，并应关闭各部阀门。

（9）雨雪天气，散装水泥车进料口应关闭严密，并不得在露天装卸作业。

6.3.6 皮带运输机

（1）固定式皮带运输机应安装在坚固的基础上，移动式皮带运输机在开动前应将轮子楔紧。

（2）皮带运输机在启动前，应调整好输送带的松紧度，带扣应牢固，各传动部件应灵活可靠，防护罩应齐全有效。电气系统应布置合理，绝缘及接零或接地应保护良好。

（3）输送带启动时，应先空载运转，在运转正常后，再均匀装料。不得先装料后启动。

（4）输送带上加料时，应对准中心，并宜降低加料高度，减少落料对输送带的冲击。

（5）作业中，应随时观察输送带运输情况，当发现带有松动、走偏或跳动现象时，应停机进行调整。

（6）作业时，人员不得从带上面跨越，或从带下面穿过。输送带打滑时，不得用手拉动。

（7）输送带输送大块物料时，输送带两侧应加装挡板或栅栏。

（8）多台皮带运输机串联作业时，应从卸料端按顺序启动；停机时，应从装料端开始按顺序停机。

（9）作业时需要停机时，应先停止装料，将带上物料卸完后，再停机。

（10）皮带运输机作业中突然停机时，应立即切断电源，清除运输带上的物料，检查并排除故障。

（11）作业完毕后，应将电源断开，锁好电源开关箱，清除输送机上的砂土，应采用防雨护罩将电动机盖好。

6.4 桩工机械

6.4.1 一般规定

（1）桩工机械类型应根据桩的类型、桩长、桩径、地质条件、施工工艺等综合考虑选择。

（2）桩机上的起重部件应执行本章6.2节的有关规定。

（3）施工现场应按桩机使用说明书的要求进行整平压实，地基承载力应满足桩机的使用要求。在基坑和围堰内打桩，应配置足够的排水设备。

（4）桩机作业区内不得有妨碍作业的高压线路、地下管道和埋设电缆。作业区应有明显标志或围栏，非工作人员不得进入。

（5）桩机电源供电距离宜在200m以内，工作电源电压的允许偏差为其公称值的±5%。电源容量与导线截面应符合设备施工技术要求。

（6）作业前，应由项目负责人向作业人员作详细的安全技术交底。桩机的安装、试

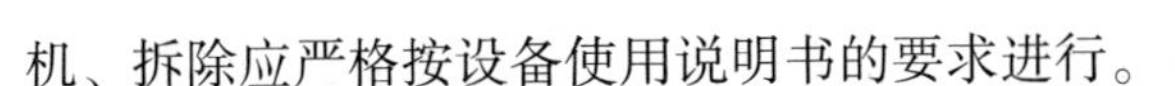

机、拆除应严格按设备使用说明书的要求进行。

（7）安装桩锤时，应将桩锤运到立柱正前方2m以内，并不得斜吊。桩机的立柱导轨应按规定润滑。桩机的垂直度应符合使用说明书的规定。

（8）作业前，应检查并确认桩机各部件连接牢靠，各传动机构、齿轮箱、防护罩、吊具、钢丝绳、液压油的油位符合规定，液压系统无泄漏，液压缸动作灵敏，作业范围内不得有非工作人员或障碍物。

（9）水上打桩时，应选择排水量比桩机重量大4倍以上的作业船或安装牢固的排架，桩机与船体或排架应可靠固定，并应采取有效的锚固措施。当打桩船或排架的偏斜度超过3°时，应停止作业。

（10）桩机吊桩、吊锤、回转、行走等动作不应同时进行。吊桩时，应在桩上拴好拉绳，避免桩与桩锤或机架碰撞。桩机吊锤（桩）时，锤（桩）的最高点离立柱顶部的最小距离应确保安全。轨道式桩机吊桩时应夹紧夹轨器。桩机在吊有桩和锤的情况下，操作人员不得离开岗位。

（11）桩机不得侧面吊桩或远距离拖桩。桩机在正前方吊桩时，混凝土预制桩与桩机立柱的水平距离不应大于4m，钢桩不应大于7m，并应防止桩与立柱碰撞。

（12）使用双向立柱时，应在立柱转向到位，并应采用锁销将立柱与基杆锁住后起吊。

（13）施打斜桩时，应先将桩锤提升到预定位置，并将柱吊起，套入桩帽，桩尖插入桩位后再后仰立柱。履带三支点式桩架在后倾打斜桩时，后支撑杆应顶紧；轨道式桩架应在平台后增加支撑，并夹紧夹轨器。立柱后仰时，桩机不得回转及行走。

（14）桩机回转时，制动应缓慢，轨道式和步履式桩架同向连续回转不应大于一周。

（15）桩锤在施打过程中，监视人员应在距离桩锤中心5m以外。

（16）插桩后，应及时校正桩的垂直度。桩入土3m以上时，不得用桩机行走或回转动作来纠正桩的倾斜度。

（17）拔送桩时，不得超过桩机起重能力。拔送载荷应符合下列规定：

1）电动桩机拔送载荷不得超过电动机满载电流时的载荷。

2）内燃机桩机拔送桩时，发现内燃机明显降速，应立即停止作业。

（18）作业过程中，应经常检查设备的运转情况，当发生异响、吊索具破损、紧固螺栓松动、漏气、漏油、停电以及其他不正常情况时，应立即停机检查，排除故障。

（19）桩机作业或行走时，除本机操作人员外，不应搭载其他人员。

（20）桩机行走时，地面的平整度与坚实度应符合要求，并应有专人指挥。走管式桩机横移时，桩机距滚管终端的距离不应小于1m。桩机带锤行走时，应将桩锤放至最低位。履带式桩机行走时，驱动轮应置于尾部位置。

（21）在有坡度的场地上，坡度应符合桩机使用说明书的规定，并应将桩机重心置于斜坡上方，沿纵坡方向作业和行走。桩机在斜坡上不得回转。在场地的软硬边际，桩机不应横跨软硬边际。

（22）遇风速12.0m/s及以上的大风和雷雨、大雾、大雪等恶劣气候时，应停止作业。当风速达到13.9m/s及以上时，应将桩机顺风向停置，并应按使用说明书的要求，增设缆风绳，或将桩架放倒。桩机应有防雷措施，遇雷电时，人员应远离桩机。冬期作业应清除桩机上积雪，工作平台应有防滑措施。

（23）桩孔成型后，当暂不浇注混凝土时，孔口必须及时封盖。

（24）作业中，当停机时间较长时，应将桩锤落下垫稳。检修时，不得悬吊桩锤。

（25）桩机在安装、转移和拆运时，不得强行弯曲液压管路。

（26）作业后，应将桩机停放在坚实平整的地面上，将桩锤落下垫实，并切断动力电源。轨道式桩架应夹紧夹轨器。

6.4.2 柴油打桩锤

（1）作业前应检查导向板的固定与磨损情况，导向板不得有松动或缺件，导向面磨损不得大于7mm。

（2）作业前应检查并确认起落架各工作机构安全可靠，启动钩与上活塞接触线距离应在5～10mm之间。

（3）作业前应检查柴油锤与桩帽的连接，提起柴油锤，柴油锤脱出砧座后，柴油锤下滑长度不应超过使用说明书的规定值；超过时，应调整桩帽连接钢丝绳的长度。

（4）作业前应检查缓冲胶垫，当砧座和橡胶垫的接触面小于原面积2/3时，或下汽缸法兰与砧座间隙小于使用说明书的规定值时，均应更换橡胶垫。

（5）水冷式柴油锤应加满水箱，并应保证柴油锤连续工作时有足够的冷却水。冷却水应使用清洁的软水。冬期作业时应加温水。

（6）桩帽上缓冲垫木的厚度应符合要求，垫木不得偏斜。金属桩的垫木厚度应为100～150mm；混凝土桩的垫木厚度应为200～250mm。

（7）柴油锤启动前，柴油锤、桩帽和桩应在同一轴线上，不得偏心打桩。

（8）在软土打桩时，应先关闭油门冷打，当每击贯入度小于100mm时，再启动柴油锤。

（9）柴油锤运转时，冲击部分的跳起高度应符合使用说明书的要求，达到规定高度时，应减小油门，控制落距。

（10）当上活塞下落而柴油锤未燃爆时，上活塞发生短时间的起伏时，起落架不得落下，以防撞击碰块。

（11）打桩过程中，应有专人负责拉好曲臂上的控制绳，在意外情况下，可使用控制绳紧急停锤。

（12）柴油锤启动后，应提升起落架，在锤击过程中起落架与上汽缸顶部之间的距离不应小于2m。

（13）筒式柴油锤上活塞跳起时，应观察是否有润滑油从泄油孔中流出。下活塞的润滑油应按使用说明书的要求加注。

（14）柴油锤出现早燃时，应停止工作，并应按使用说明书的要求进行处理。

（15）作业后，应将柴油锤放到最低位置，封盖上汽缸盖和吸排气孔，关闭燃料阀，将操作杆置于停机位置，起落架升至高于桩锤1m处，并应锁住安全限位装置。

（16）长期停用的柴油锤，应从桩机上卸下，放掉冷却水、燃油及润滑油，将燃烧室及上、下活塞打击面清洗干净，并应做好防腐措施，盖上保护套，入库保存。

6.4.3 振动桩锤

（1）作业前，应检查并确认振动桩锤各部位螺栓、销轴的连接牢靠，减振装置的弹簧、轴和导向套完好。

（2）作业前，应检查各传动胶带的松紧度，松紧度不符合规定时应及时调整。

（3）作业前，应检查夹持片的齿形。当齿形磨损超过 4mm 时，应更换或用堆焊修复。使用前，应在夹持片中间放一块 10～15mm 厚的钢板进行试夹。试夹中液压缸应无渗漏，系统压力应正常，夹持片之间无钢板时不得试夹。

（4）作业前，应检查并确认振动桩锤的导向装置牢固可靠。导向装置与立柱导轨的配合间隙应符合使用说明书的规定。

（5）悬挂振动桩锤的起重机吊钩应有防松脱的保护装置。振动桩锤悬挂钢架的耳环应加装保险钢丝绳。

（6）振动桩锤启动时间不应超过使用说明书的规定。当启动困难时，应查明原因，排除故障后继续启动。启动时应监视电流和电压，当启动后的电流降到正常值时，开始作业。

（7）夹桩时，夹紧装置和桩的头部之间不应有空隙。当液压系统工作压力稳定后，才能启动振动桩锤。

（8）沉桩前，应对桩的前端定位，并按使用说明书的要求调整导轨与桩的垂直度。

（9）沉桩时，应根据沉桩速度放松吊桩钢丝绳。沉桩速度、电动机电流不得超过使用说明书的规定。沉桩速度过慢时，可在振动桩锤上按规定增加配重。当电流急剧上升时，应停机检查。

（10）拔桩时，当桩身埋入部分被拔起 1.0～1.5m 时，应停止拔桩，在拴好吊桩用钢丝绳后，再起振拔桩。当桩尖离地面只有 1.0～2.0m 时，应停止振动拔桩，由起重机直接拔桩。桩拔出后，吊桩钢丝绳未吊紧前，不得松开夹持装置。

（11）拔桩应按沉桩的相反顺序起拔。夹持装置在夹持板桩时，应靠近相邻一根。对工字桩应夹紧腹板的中央。当钢板桩和工字桩的头部有钻孔时，应将钻孔焊平或将钻孔以上割掉，或应在钻孔处焊接加强板，防止桩断裂。

（12）振动桩锤在正常振幅下仍不能拔桩时，应停止作业，改用功率较大的振动桩锤。拔桩时，拔桩力不应大于桩架的负荷能力。

（13）振动桩锤作业时，减振装置各摩擦部位应具有良好的润滑。减振器横梁的振幅超过规定时，应停机查明原因。

（14）作业中，当遇液压软管破损、液压操纵失灵或停电时，应立即停机，并应采取安全措施，不得让桩从夹紧装置中脱落。

（15）停止作业时，在振动桩锤完全停止运转前不得松开夹紧装置。

（16）作业后，应将振动桩锤沿导杆放至低处，并采用木块垫实，带桩管的振动桩锤可将桩管沉入土中 3m 以上。

（17）振动桩锤长期停用时，应卸下振动桩锤。

6.4.4 静力压桩机

（1）桩机纵向行走时，不得单向操作一个手柄，应两个手柄一起动作。短船回转或横向行走时，不应碰触长船边缘。

（2）桩机升降过程中，四个顶升缸中的两个一组，交替动作，每次行程不得超过100mm。当单个顶升缸动作时，行程不得超过50mm。压桩机在顶升过程中，船形轨道不宜压在已入土的单一桩顶上。

（3）压桩作业时，应有统一指挥，压桩人员和吊桩人员应密切联系，相互配合。

（4）起重机吊桩进入夹持机构，进行接桩或插桩作业时，操作人员在压桩前应确认吊钩已安全脱离桩体。

（5）操作人员应按桩机技术性能作业，不得超载运行。操作时动作不应过猛，应避免冲击。

（6）桩机发生浮机时，严禁起重机作业。如起重机已起吊物体，应立即将起吊物卸下，暂停压桩，在查明原因采取相应措施后，方可继续施工。

（7）压桩时，非工作人员应离机10m。起重机的起重臂及桩机配重下方严禁站人。

（8）压桩时，操作人员的身体不得进入压桩台与机身的间隙之中。

（9）压桩过程中，桩产生倾斜时，不得采用桩机行走的方法强行纠正，应先将桩拔起，清除地下障碍物后，重新插桩。

（10）在压桩过程中，当夹持的桩出现打滑现象时，应通过提高液压缸压力增加夹持力，不得损坏桩，并应及时找出打滑原因，排除故障。

（11）桩机接桩时，上一节桩应提升350~400mm，并不得松开夹持板。

（12）当桩的贯入阻力超过设计值时，增加配重应符合使用说明书的规定。

（13）当桩压到设计要求时，不得用桩机行走的方式，将超过规定高度的桩顶部分强行推断。

（14）作业完毕，桩机应停放在平整地面上，短船应运行至中间位置，其余液压缸应缩进回程，起重机吊钩应升至最高位置，各部制动器应制动，外露活塞应清理干净。

（15）作业后，应将控制器放在“零位”，并依次切断各部电源，锁闭门窗，冬期应放尽各部积水。

（16）转移工地时，应按规定程序拆卸桩机，所有油管接头处应加保护盖帽。

6.4.5 转盘钻孔机

（1）钻架的吊重中心、钻机的卡孔和护进管中心应在同一垂直线上，钻杆中心偏差不应大于20mm。

（2）钻头和钻杆连接螺纹应良好，滑扣的不得使用。钻头焊接应牢固可靠，不得有裂纹。钻杆连接处应安装便于拆卸的垫圈。

（3）作业前，应先将各部操纵手柄置于空挡位置，人力盘动时不得有卡阻现象，然后空载运转，确认一切正常后方可作业。

（4）开钻时，应先送浆后开钻；停机时，应先停钻后停浆。泥浆泵应有专人看管，对泥浆质量和浆面高度应随时测量和调整，随时清除沉淀池中杂物，出现漏浆现象时应及时补充。

（5）开钻时，钻压应轻，转速应慢。在钻进过程中，应根据地质情况和钻进深度，选择合适的钻压和钻速，均匀给进。

（6）换挡时，应先停钻，挂上挡后再开钻。

（7）加接钻杆时，应使用特制的连接螺栓紧固，并应做好连接处的清洁工作。

（8）钻机下和井孔周围2m以内及高压胶管下，不得站人。钻杆不应在旋转时提升。

（9）发生提钻受阻时，应先设法使钻具活动后再慢慢提升，不得强行提升。当钻进受阻时，应采用缓冲击法解除，并查明原因，采取措施继续钻进。

（10）钻架、钻台平车、封口平车等的承载部位不得超载。

（11）使用空气反循环时，喷浆口应遮拦，管端应固定。

（12）钻进结束时，应把钻头略为提起，降低转速，空转5～20min后再停钻。停钻时，应先停钻后停风。

（13）作业后，应对钻机进行清洗和润滑，并应将主要部位进行遮盖。

6.4.6 螺旋钻孔机

（1）安装前，应检查并确认钻杆及各部件不得有变形；安装后，钻杆与动力头中心线的偏斜度不应超过全长的1%。

（2）安装钻杆时，应从动力头开始，逐节往下安装。不得将所需长度的钻杆在地面上接好后一次起吊安装。

（3）钻机安装后，电源的频率与钻机控制箱的内频率应相同，不同时，应采用频率转换开关予以转换。

（4）钻机应放置在平稳、坚实的场地上。汽车式钻机应将轮胎支起，架好支腿，并应采用自动微调或线锤调整挺杆，使之保持垂直。

（5）启动前应检查并确认钻机各部件连接应牢固，传动带的松紧度应适当，减速箱内油位应符合规定，钻深限位报警装置应有效。

（6）启动前，应将操纵杆放在空挡位置。启动后，应进行空载运转试验，检查仪表、制动等各项，温度、声响应正常。

（7）钻孔时，应将钻杆缓慢放下，使钻头对准孔位，当电流表指针偏向无负荷状态时即可下钻。在钻孔过程中，当电流表超过额定电流时，应放慢下钻速度。

（8）钻机发出下钻限位报警信号时，应停钻，并将钻杆稍稍提升，在解除报警信号后，方可继续下钻。

（9）卡钻时，应立即停止下钻。查明原因前，不得强行启动。

（10）作业中，当需改变钻杆回转方向时，应在钻杆完全停转后再进行。

（11）作业中，当发现阻力过大、钻进困难、钻头发出异响或机架出现摇晃、移动、偏斜时，应立即停钻，在排除故障后，继续施钻。

（12）钻机运转时，应有专人看护，防止电缆线被缠入钻杆。

（13）钻孔时，不得用手清除螺旋片中的泥土。

（14）钻孔过程中，应经常检查钻头的磨损情况，当钻头磨损量超过使用说明书的允许值时，应予更换。

（15）作业中停电时，应将各控制器放置零位，切断电源，并应及时采取措施，将钻杆从孔内拔出。

（16）作业后，应将钻杆及钻头全部提升至孔外，先清除钻杆和螺旋叶片上的泥土，再将钻头放下接触地面，锁定各部制动，将操纵杆放到空挡位置，切断电源。

6.4.7 全套管钻机

（1）作业前应检查并确认套管和浇注管内侧不得有损伤和明显变形，不得有混凝土黏结。

（2）钻机内燃机启动后，应先怠速运转，再逐步加速至额定转速。钻机对位后，应进行试调，达到水平后，再进行作业。

（3）第一节套管入土后，应随时调整套管的垂直度。当套管入土深度大于5m时，不得强行纠偏。

（4）在套管内挖土碰到硬土层时，不得用锤式抓斗冲击硬土层，应采用十字凿锤将硬土层有效地破碎后，再继续挖掘。

（5）用锤式抓斗挖掘管内土层时，应在套管上加装保护套管接头的喇叭口。

（6）套管在对接时，接头螺栓应按出厂说明书规定的扭矩对称拧紧。接头螺栓拆下时，应立即洗净后浸入油中。

（7）起吊套管时，不得用卡环直接吊在螺纹孔内，损坏套管螺纹，应使用专用工具吊装。

（8）挖掘过程中，应保持套管的摆动。当发现套管不能摆动时，应拔出液压缸，将套管上提，再用起重机助拔，直至拔起部分套管能摆动为止。

（9）浇注混凝土时，钻机操作应和灌注作业密切配合，应根据孔深、桩长适当配管，套管与浇注管保持同心，在浇注管埋入混凝土2~4m之间时，应同步拔管和拆管。

（10）上拔套管时，应左右摆动。套管分离时，下节套管头应用卡环保险，防止套管下滑。

（11）作业后，应及时清除机体、锤式抓斗及套管等外表的混凝土和泥砂，将机架放回行走位置，将机组转移至安全场所。

6.4.8 旋挖钻机

（1）作业地面应坚实平整，作业过程中地面不得下陷，工作坡度不得大于2°。

（2）钻机驾驶员进出驾驶室时，应利用阶梯和扶手上下。在作业过程中，不得将操纵杆当扶手使用。

（3）钻机行驶时，应将上车转台和底盘车架销住，履带式钻机还应锁定履带伸缩油缸的保护装置。

（4）钻孔作业前，应检查并确认固定上车转台和底盘车架的销轴已拔出。履带式钻机应将履带的轨距伸至最大。

（5）在钻机转移工作点、装卸钻具钻杆、收臂放塔和检修调试时，应有专人指挥，并确认附近不得有非作业人员和障碍。

（6）卷扬机提升钻杆、钻头和其他钻具时，重物应位于桅杆正前方。卷扬机钢丝绳与桅杆夹角应符合使用说明书的规定。

（7）开始钻孔时，钻杆应保持垂直，位置应正确，并应慢速钻进，在钻头进入土层后，再加快钻进。当钻头穿过软硬土层交界处时，应慢速钻进。提钻时，钻头不得转动。

（8）作业中，发生浮机现象时，应立即停止作业，查明原因并正确处理后，继续作业。

（9）钻机移位时，应将钻桅及钻具提升到规定高度，并应检查钻杆，防止钻杆脱落。

（10）作业中，钻机作业范围内不得有非工作人员进入。

（11）钻机短时停机，钻桅可不放下，动力头与钻具应下放，并宜尽量接近地面。长时间停机，钻桅应按使用说明书的要求放置。

（12）钻机保养时，应按使用说明书的要求进行，并应将钻机支撑牢靠。

6.4.9 深层搅拌机

（1）搅拌机就位后，应检查搅拌机的水平度和导向架的垂直度，并应符合使用说明书的要求。

（2）作业前，应先空载试机，设备不得有异响，并应检查仪表、油泵等，确认正常后，正式开机运转。

（3）吸浆、输浆管路或粉喷高压软管的各接头应连接紧固。泵送水泥浆前，管路应保持湿润。

（4）作业中，应控制深层搅拌机的入土切削速度和提升搅拌的速度，并应检查电流表，电流不得超过规定。

（5）发生卡钻、停钻或管路堵塞现象时，应立即停机，并应将搅拌头提离地面，查明原因，妥善处理后，重新开机施工。

（6）作业中，搅拌机动力头的润滑应符合规定，动力头不得断油。

（7）当喷浆式搅拌机停机超过3h，应及时拆卸输浆管路，排除灰浆，清洗管道。

（8）作业后，应按使用说明书的要求，做好清洁保养工作。

6.4.10 成槽机

（1）作业前，应检查各传动机构、安全装置、钢丝绳等，并应确认安全可靠后，空载试车。试车运行中，应检查油缸、油管、油马达等液压元件，不得有渗漏油现象，油压应正常，油管盘、电缆盘应运转灵活，不得有卡滞现象，并应与起升速度保持同步。

（2）成槽机回转应平稳，不得突然制动。

（3）成槽机作业中，不得同时进行两种及以上动作。

（4）钢丝绳应排列整齐，不得松乱。

（5）成槽机起重性能参数应符合主机起重性能参数，不得超载。

（6）安装时，成槽抓斗应放置在把杆铅锤线下方的地面上，把杆角度应为75°~78°。

起升把杆时，成槽抓斗应随着逐渐慢速提升。电缆与油管应同步卷起，以防油管与电缆损坏。接油管时应保持油管的清洁。

（7）工作场地应平坦坚实。在松软地面作业时，应在履带下铺设厚度在30mm以上的钢板，钢板纵向间距不应大于30mm。起重臂最大仰角不得超过78°，并应经常检查钢丝绳、滑轮，不得有严重磨损及脱槽现象，传动部件、限位保险装置、油温等应正常。

（8）成槽机行走履带应平行槽边，并应尽可能使主机远离槽边，以防槽段塌方。

（9）成槽机工作时，拔杆下不得有人员，人员不得用手触摸钢丝绳及滑轮。

（10）成槽机工作时，应检查成槽的垂直度，并应及时纠偏。

（11）成槽机工作完毕，应远离槽边，抓斗应着地，设备应及时清洁。

（12）拆卸成槽机时，应将拔杆置于75°～78°位置，放落成槽抓斗，逐渐变幅拔杆，同步下放起升钢丝绳、电缆与油管，并应防止电缆、油管拉断。

（13）运输时，电缆及油管应卷绕整齐，并应垫高油管盘和电缆盘。

6.4.11 冲孔桩机

（1）冲孔桩机施工场地应平整坚实。

（2）作业前应重点检查下列项目，并应符合相应要求：

1）连接应牢固，离合器、制动器、棘轮停止器、导向轮等传动应灵活可靠。

2）卷筒不得有裂纹，钢丝绳缠绕应正确，绳头应压紧，钢丝绳断丝、磨损不得超过规定。

3）安全信号和安全装置应齐全良好。

4）桩机应有可靠的接零或接地，电气部分应绝缘良好。

5）开关应灵敏可靠。

（3）卷扬机启动、停止或到达终点时，速度应平缓。

（4）冲孔作业时，不得碰撞护筒、孔壁和钩挂护筒底缘；重锤提升时，应缓慢平稳。

（5）卷扬机钢丝绳应按规定进行保养及更换。

（6）卷扬机换向应在重锤停稳后进行，减少对钢丝绳的破坏。

（7）钢丝绳上应设有标记，提升落锤高度应符合规定，防止提锤过高，击断锤齿。

（8）停止作业时，冲锤应提出孔外，不得埋锤，并应及时切断电源；重锤落地前，司机不得离岗。

6.5 混凝土机械设备

6.5.1 一般规定

（1）混凝土机械的内燃机、电动机、空气压缩机等应符合《建筑机械使用安全技术规程》JGJ 33—2012第3章的有关规定。行驶部分应符合《建筑机械使用安全技术规程》JGJ 33—2012第6章的有关规定。

（2）液压系统的溢流阀、安全阀应齐全有效，调定压力应符合说明书要求。系统应无泄漏，工作应平稳，不得有异响。

（3）混凝土机械的工作机构、制动器、离合器、各种仪表及安全装置应齐全完好。

（4）电气设备作业应符合现行行业标准《施工现场临时用电安全技术规范》JGJ 46—2005 的有关规定。插入式、平板式振捣器的漏电保护器应采用防溅型产品，其额定漏电动作电流不应大于 15mA；额定漏电动作时间不应大于 0.1s。

（5）冬期施工，机械设备的管道、水泵及水冷却装置应采取防冻保温措施。

6.5.2 混凝土搅拌机

（1）作业区应排水通畅，并应设置沉淀池及防尘设施。

（2）操作人员视线应良好。操作台应铺设绝缘垫板。

（3）作业前应重点检查下列项目，并应符合相应要求：

1）料斗上、下限位装置应灵敏有效，保险销、保险链应齐全完好。钢丝绳报废应按现行国家标准《起重机钢丝绳　保养　维护、安装、检验和报废》GB/T 5972—2009 的规定执行。

2）制动器、离合器应灵敏可靠。

3）各传动机构、工作装置应正常。开式齿轮、皮带轮等传动装置的安全防护罩应齐全可靠。齿轮箱、液压油箱内的油质和油量应符合要求。

4）搅拌筒与托轮接触应良好，不得窜动、跑偏。

5）搅拌筒内叶片应紧固，不得松动，叶片与衬板间隙应符合说明书规定。

6）搅拌机开关箱应设置在距搅拌机 5m 的范围内。

（4）作业前应先进行空载运转，确认搅拌筒或叶片运转方向正确。反转出料的搅拌机应进行正、反转运转。空载运转时，不得有冲击现象和异常声响。

（5）供水系统的仪表计量应准确，水泵、管道等部件应连接可靠，不得有泄漏。

（6）搅拌机不宜带载启动，在达到正常转速后上料，上料量及上料程序应符合使用说明书的规定。

（7）料斗提升时，人员严禁在料斗下停留或通过；当需在料斗下方进行清理或检修时，应将料斗提升至上止点，并必须用保险销锁牢或用保险链挂牢。

（8）搅拌机运转时，不得进行维修、清理工作。当作业人员需进入搅拌筒内作业时，应先切断电源，锁好开关箱，悬挂“禁止合闸”的警示牌，并应派专人监护。

（9）作业完毕，宜将料斗降到最低位置，并应切断电源。

6.5.3 混凝土搅拌运输车

（1）混凝土搅拌运输车的内燃机和行驶部分应分别符合《建筑机械使用安全技术规程》JGJ 33—2012 第 3 章和第 6 章的有关规定。

（2）液压系统和气动装置的安全阀、溢流阀的调整压力应符合使用说明书的要求。卸料槽锁扣及搅拌筒的安全锁定装置应齐全完好。

（3）燃油、润滑油、液压油、制动液及冷却液应添加充足，质量应符合要求，不得有渗漏。

(4) 搅拌筒及机架缓冲件应无裂纹或损伤，筒体与托轮应接触良好。搅拌叶片、进料斗，主辅卸料槽不得有严重磨损和变形。

(5) 装料前应先启动内燃机空载运转，并低速旋转搅拌筒3~5min，当各仪表指示正常、制动气压达到规定值时，经检查确认后装料。装载量不得超过规定值。

(6) 行驶前，应确认操作手柄处于“搅动”位置并锁定，卸料槽锁扣应扣牢。搅拌行驶时最高速度不得大于50km/h。

(7) 出料作业时，应将搅拌运输车停靠在地势平坦处，应与基坑及输电线路保持安全距离，并应锁定制动系统。

(8) 进入搅拌筒维修、清理混凝土前，应将发动机熄火，操作杆置于空挡，将发动机钥匙取出，并应设专人监护，悬挂安全警示牌。

6.5.4 混凝土输送泵

(1) 混凝土输送泵应安放在平整、坚实的地面上，周围不得有障碍物，支腿应支设牢靠，机身应保持水平和稳定，轮胎应楔紧。

(2) 混凝土输送管道的敷设应符合下列规定：

1) 管道敷设前应检查并确认管壁的磨损量应符合使用说明书的要求，管道不得有裂纹、砂眼等缺陷。新管或磨损量较小的管道应敷设在泵出口处。

2) 管道应使用支架或与建筑结构固定牢固。泵出口处的管道底部应依据泵送高度、混凝土排量等设置独立的基础，并能承受相应的荷载。

3) 敷设垂直向上的管道时，垂直管不得直接与泵的输出口连接，应在泵与垂直管之间敷设长度不小于15m的水平管，并加装逆止阀。

4) 敷设向下倾斜的管道时，应在泵与斜管之间敷设长度不小于5倍落差的水平管。当倾斜度大于7°时，应加装排气阀。

(3) 作业前应检查并确认管道连接处管卡扣牢，不得泄露。混凝土泵的安全防护装置应齐全可靠，各部位操纵开关、手柄等位置应正确，搅拌斗防护网应完好牢固。

(4) 砂石粒径、水泥强度等级及配合比应符合出厂规定，并应满足混凝土泵的泵送要求。

(5) 混凝土泵启动后，应空载运转，观察各仪表的指示值，检查泵和搅拌装置的运转情况，并确认一切正常后作业。泵送前应向料斗加入清水和水泥砂浆润滑泵及管道。

(6) 混凝土泵在开始或停止泵送混凝土前，作业人员应与出料软管保持安全距离，作业人员不得在出料口下方停留。出料软管不得埋在混凝土中。

(7) 泵送混凝土的排量、浇注顺序应符合混凝土浇筑施工方案的要求。施工荷载应控制在允许范围内。

(8) 混凝土泵工作时，料斗中混凝土应保持在搅拌轴线以上，不应吸空或无料泵送。

(9) 混凝土泵工作时，不得进行维修作业。

(10) 混凝土泵作业中，应对泵送设备和管路进行观察，发现隐患应及时处理。对磨损超过规定的管子、卡箍、密封圈等应及时更换。

(11) 混凝土泵作业后应将料斗和管道内的混凝土全部排出，并对泵、料斗、管道等进行清洗。清洗作业应按说明书要求进行，不宜采用压缩空气进行清洗。

6.5.5 混凝土泵车

（1）混凝土泵车应停放在平整坚实的地方，与沟槽和基坑的安全距离应符合使用说明书的要求。臂架回转范围内不得有障碍物，与输电线路的安全距离应符合现行行业标准《施工现场临时用电安全技术规范》JGJ 46—2005 的有关规定。

（2）混凝土泵车作业前，应将支腿打开，并应采用垫木垫平，车身的倾斜度不应大于3°。

（3）作业前应重点检查下列项目，并应符合相应要求：

1）安全装置应齐全有效，仪表应指示正常。

2）液压系统、工作机构应运转正常。

3）料斗网格应完好牢固。

4）软管安全链与臂架连接应牢固。

（4）伸展布料杆应按出厂说明书的顺序进行。布料杆在升离支架前不得回转。不得用布料杆起吊或拖拉物件。

（5）当布料杆处于全伸状态时，不得移动车身。当需要移动车身时，应将上段布料杆折叠固定，移动速度不得超过10km/h。

（6）不得接长布料配管和布料软管。

6.5.6 插入式振捣器

（1）作业前应检查电动机、软管、电缆线、控制开关等，并应确认处于完好状态。电缆线连接应正确。

（2）操作人员作业时应穿戴符合要求的绝缘鞋和绝缘手套。

（3）电缆线应采用耐候型橡皮护套铜芯软电缆，并不得有接头。

（4）电缆线长度不应大于30m。不得缠绕、扭结和挤压，并不得承受任何外力。

（5）振捣器软管的弯曲半径不得小于500mm，操作时应将振捣器垂直插入混凝土，深度不宜超过600mm。

（6）振动器不得在初凝的混凝土、脚手板和干硬的地面上进行试振。在检修或作业间断时，应切断电源。

（7）作业完毕应切断电源，并应将电动机、软管及振动棒清理干净。

6.5.7 附着式、平板式振捣器

（1）作业前应检查电动机、电源线、控制开关等，并确认完好无破损。附着式振捣器的安装位置应正确，连接应牢固，并应安装减振装置。

（2）操作人员作业时应穿戴符合要求的绝缘鞋和绝缘手套。

（3）平板式振捣器应采用耐气候型橡皮护套铜芯软电缆，并不得有接头和承受任何外力，其长度不应超过30m。

（4）附着式、平板式振捣器的轴承不应承受轴向力。振捣器使用时，应保持振捣器

电动机轴线在水平状态。

（5）附着式、平板式振捣器不得在初凝的混凝土、脚手板和干硬的地面上进行试振。在检修或作业间断时，应切断电源。

（6）平板式振捣器作业时应使用牵引绳控制移动速度，不得牵拉电缆。

（7）在同一块混凝土模板上同时使用多台附着式振捣器时，各振动器的振频应一致，安装位置宜交错设置。

（8）安装在混凝土模板上的附着式振捣器，每次作业时间应根据施工方案确定。

（9）作业完毕，应切断电源，并应将振捣器清理干净。

6.5.8 混凝土振动台

（1）作业前应检查电动机、传动及防护装置，并确认完好有效。轴承座、偏心块及机座螺栓应紧固牢靠。

（2）振动台应设有可靠的锁紧夹，振动时应将混凝土槽锁紧，混凝土模板在振动台上不得无约束振动。

（3）振动台电缆应穿在电管内，并预埋牢固。

（4）作业前应检查并确认润滑油不得有泄漏，油温、传动装置应符合要求。

（5）在作业过程中，不得调节预置拨码开关。

（6）振动台应保持清洁。

6.5.9 混凝土喷射机

（1）喷射机的风源、电源、水源、加料设备等应配套齐全。

（2）管道应安装正确，连接处应紧固密封。当管道通过道路时，管道应有保护措施。

（3）喷射机内部应保持干燥和清洁。应按出厂说明书规定的配合比配料，不得使用结块的水泥和未经筛选的砂石。

（4）作业前应重点检查下列项目，并应符合相应要求：

1）安全阀应灵敏可靠。

2）电源线应无破损现象，接线应牢靠。

3）各部密封件应密封良好，橡胶结合板和旋转板上出现的明显沟槽应及时修复。

4）压力表指针显示应正常。应根据输送距离，及时调整风压的上限值。

5）喷枪水环管应保持畅通。

（5）启动时，应按顺序分别接通风、水、电。开启进气阀时，应逐步达到额定压力启动电动机后，应空载运转，确认一切正常后方可投料作业。

（6）机械操作人员和喷射作业人员应有信号联系，送风、加料、停料、停风及发生堵塞时，应联系畅通，密切配合。

（7）喷嘴前方不得有人员。

（8）发生堵管时，应先停止喂料，敲击堵塞部位，使物料松散，然后用压缩空气吹通。操作人员作业时，应紧握喷嘴，不得甩动管道。

（9）作业时，输料软管不得随地拖拉和折弯。

(10) 停机时，应先停止加料，再关闭电动机，然后停止供水，最后停送压缩空气，并应将仓内及输料管内的混合料全部喷出。

(11) 停机后，应将输料管、喷嘴拆下并清洗干净，清除机身内外黏附的混凝土料及杂物，并应使密封件处于放松状态。

6.5.10 混凝土布料机

(1) 设置混凝土布料机前，应确认现场有足够的作业空间，混凝土布料机任一部位与其他设备及构筑物的安全距离不应小于0.6m。

(2) 混凝土布料机的支撑面应平整坚实。固定式混凝土布料机的支撑应符合使用说明书的要求，支撑结构应经设计计算，并应采取相应加固措施。

(3) 手动式混凝土布料机应有可靠的防倾覆措施。

(4) 混凝土布料机作业前应重点检查下列项目，并应符合相应要求：

1) 支腿应打开垫实，并应锁紧。

2) 塔架的垂直度应符合使用说明书要求。

3) 配重块应与臂架安装长度匹配。

4) 臂架回转机构润滑应充足，转动应灵活。

5) 机动混凝土布料机的动力装置、传动装置、安全及制动装置应符合要求。

6) 混凝土输送管道应连接牢固。

(5) 手动混凝土布料机回转速度应缓慢均匀，牵引绳长度应满足安全距离的要求。

(6) 输送管出料口与混凝土浇筑面宜保持1m的距离，不得被混凝土掩埋。

(7) 人员不得在臂架下方停留。

(8) 当风速达到10.8m/s及以上或大雨、大雾等恶劣天气应停止作业。

6.6 钢筋加工机械设备

6.6.1 一般规定

(1) 机械的安装应坚实稳固。固定式机械应有可靠的基础；移动式机械作业时应楔紧行走轮。

(2) 手持式钢筋加工机械作业时，应佩戴绝缘手套等防护用品。

(3) 加工较长的钢筋时，应有专人帮扶。帮扶人员应听从操作人员指挥，不得任意推拉。

6.5.2 钢筋调直切断机

(1) 料架、料槽应安装平直，并应与导向筒、调直筒和下切刀孔的中心线一致。

(2) 切断机安装后，应用手转动飞轮，检查传动机构和工作装置，并及时调整间隙，紧固螺栓，在检查并确认电气系统正常后，进行空运转。切断机空运转时，齿轮应啮合良好，并不得有异响，确认正常后开始作业。

（3）作业时，应按钢筋的直径，选用适当的调直块、曳引轮槽及传动速度。调直块的孔径应比钢筋直径大2～5mm。曳引轮槽宽应和所需调直钢筋的直径相符合。大直径钢筋宜选用较慢的传动速度。

（4）在调直块未固定或防护罩未盖好前，不得送料。作业中，不得打开防护罩。

（5）送料前，应将弯曲的钢筋端头切除。导向筒前应安装一根长度为1m的钢管。

（6）钢筋送入后，手应与曳轮保持安全距离。

（7）当调直后的钢筋仍有慢弯时，可逐渐加大调直块的偏移量，直到调直为止。

（8）切断3～4根钢筋后，应停机检查钢筋长度，当超过允许偏差时，应及时调整限位开关或定尺板。

6.6.3 钢筋切断机

（1）接送料的工作台面应和切刀下部保持水平，工作台的长度应根据加工材料长度确定。

（2）启动前，应检查并确认切刀不得有裂纹，刀架螺栓应紧固，防护罩应牢靠。应用手转动皮带轮，检查齿轮啮合间隙，并及时调整。

（3）启动后，应先空运转，检查并确认各传动部分及轴承运转正常后，开始作业。

（4）机械未达到正常转速前，不得切料。操作人员应使用切刀的中、下部位切料，应紧握钢筋对准刃口迅速投入，并应站在固定刀片一侧用力压住钢筋，防止钢筋末端弹出伤人。不得用双手分在刀片两边握住钢筋切料。

（5）操作人员不得剪切强度超过机械性能规定及直径超标的钢筋或烧红的钢筋。一次切断多根钢筋时，其总截面积应在规定范围内。

（6）剪切低合金钢筋时，应更换高硬度切刀，剪切直径应符合机械性能的规定。

（7）切断短料时，手和切刀之间的距离应大于150mm，并应采用套管或夹具将切断的短料压住或夹牢。

（8）机械运转中，不得用手直接清除切刀附近的断头和杂物。在钢筋摆动范围和机械周围，非操作人员不得停留。

（9）当发现机械有异常响声或切刀歪斜等不正常现象时，应立即停机检修。

（10）液压式切断机启动前，应检查并确认液压油位符合规定。切断机启动后，应空载运转，检查并确认电动机旋转方向应符合规定，并应打开放油阀，在排净液压缸体内的空气后开始作业。

（11）手动液压式切断机使用前，应将放油阀按顺时针方向旋紧，作业完毕后，应立即按逆时针方向旋松。

6.6.4 钢筋弯曲机

（1）工作台和弯曲机台面应保持水平。

（2）作业前应准备好各种心轴及工具，并应按加工钢筋的直径和弯曲半径的要求，装好相应规格的心轴和成型轴、挡铁轴。

（3）心轴直径约为钢筋直径的2.5倍。挡铁轴应有轴套。挡铁轴的直径和强度不得小于被弯钢筋的直径和强度。

(4) 启动前应检查并确认心轴、挡铁轴、转盘等不得有裂纹和损伤，防护罩应有效。在空载运转并确认正常后，开始作业。

(5) 作业时，应将需弯曲的一端钢筋插入在转盘固定销的间隙内，将另一端紧靠机身固定销，并用手压紧，在检查并确认机身固定销安放在挡住钢筋的一侧后，启动机械。

(6) 弯曲作业时，不得更换轴心、销子和变换角度以及调速，不得进行清扫和加油。

(7) 对超过机械铭牌规定直径的钢筋不得进行弯曲。在弯曲未经冷拉或带有锈皮的钢筋时，应戴防护镜。

(8) 在弯曲高强度钢筋时，应进行钢筋直径换算，钢筋直径不得超过机械允许的最大弯曲能力，并应及时调换相应的心轴。

(9) 操作人员应站在机身没有固定销的一侧。成品钢筋应堆放整齐，弯钩不得朝上。

(10) 转盘换向应在弯曲机停稳后进行。

6.6.5 钢筋冷拉机

(1) 应根据冷拉钢筋的直径，合理选用冷拉卷扬机。卷扬钢丝绳应经封闭式导向滑轮，并应和被拉钢筋成直角。操作人员能见到全部冷拉场地。卷扬机与冷拉中心线距离不得少于5m。

(2) 冷拉场地应设置警戒区，并应安装防护栏及警告标志。非操作人员不得进入警戒区。作业时，操作人员与受拉钢筋的距离应大于2m。

(3) 采用配重控制的冷拉机应有指示起落的记号或专人指挥。冷拉机的滑轮、钢丝绳应相匹配。配重提起时，配重离地高度应小于300mm。配重架四周应设置防护栏杆及警告标志。

(4) 作业前，应检查冷拉机，夹齿应完好；滑轮、拖拉小车应润滑灵活；拉钩、地锚及防护装置应齐全牢固。

(5) 采用延伸率控制的冷拉机，应设置明显的限位标志，并应有专人负责指挥。

(6) 照明设施宜设置在张拉警戒区外。当需设置在警戒区内时，照明设施安装高度应大于5m，并应加防护罩。

(7) 作业后，应放松卷扬钢丝绳，落下配重，切断电源，并锁好开关箱。

6.6.6 钢筋冷拔机

(1) 启动机械前，应检查并确认机械各部连接应牢固，模具不得有裂纹，轧头和模具的规格应配套。

(2) 钢筋冷拔量应符合机械出厂说明书的规定。机械出厂说明书未作规定时，可按每次冷拔缩减模具孔径0.5～1.0mm进行。

(3) 轧头时，应先将钢筋的一端穿过模具，钢筋穿过的长度宜为100～150mm，再用夹具夹牢。

(4) 作业时，操作人员的手与轧辊应保持300～500mm的距离。不得用手直接接触钢筋和滚筒。

(5) 冷拔模架中应随时加足润滑剂，润滑剂可采用石灰和肥皂水调和晒干后的粉末。

(6) 当钢筋的末端通过冷拔模后，应立即脱开离合器，同时用手闸挡住钢筋末端。

(7) 冷拔过程中，当出现断丝或钢筋打结乱盘时，应立即停机处理。

6.6.7 钢筋螺纹成型机

(1) 在机械使用前，应检查并确认刀具安装应正确，连接应牢固，运转部位润滑应良好，不得有漏电现象，空车试运转并确认正常后作业。

(2) 钢筋应先调直再下料。钢筋切口端面应与轴线垂直，不得用气割下料。

(3) 加工锥螺纹时，应采用水溶性切削润滑液。当气温低于0℃时，可掺入15%～20%亚硝酸钠。套丝作业时，不得用机油作润滑液或不加润滑液。

(4) 加工时，钢筋应夹持牢固。

(5) 机械在运转过程中，不得清扫刀片上面的积屑杂物和进行检修。

(6) 不得加工超过机械铭牌规定直径的钢筋。

6.6.8 钢筋除锈机

(1) 作业前应检查并确认钢丝刷应固定牢靠，传动部分应润滑充分，封闭式防护罩及排尘装置等应完好。

(2) 操作人员应束紧袖口，并应佩戴防尘口罩、手套和防护眼镜。

(3) 带弯钩的钢筋不得上机除锈。弯度较大的钢筋宜在调直后除锈。

(4) 操作时，应将钢筋放平，并侧身送料。不得在除锈机正面站人。较长钢筋除锈时，应有2人配合操作。

6.7 焊接机械设备

6.7.1 一般规定

(1) 焊接（切割）前，应先进行动火审查，确认焊接（切割）现场防火措施符合要求，并应配备相应的消防器材和安全防护用品，落实监护人员后，开具动火证。

(2) 焊接设备应有完整的防护外壳，一、二次接线柱处应有保护罩。

(3) 现场使用的电焊机应设有防雨、防潮、防晒、防砸的措施。

(4) 焊割现场及高空焊割作业下方严禁堆放油类、木材、氧气瓶、乙炔瓶、保温材料等易燃、易爆物品。

(5) 电焊机绝缘电阻不得小于0.5MΩ，电焊机导线绝缘电阻不得小于1MΩ，电焊机接地电阻不得大于4Ω。

(6) 电焊机导线和接地线不得搭在易燃、易爆、带有热源或有油的物品上；不得利用建（构）筑物的金属结构、管道、轨道或其他金属物体搭接起来，形成焊接回路，并不得将电焊机和工件双重接地；严禁使用氧气、天然气等易燃易爆气体管道作为接地装置。

（7）电焊机的一次侧电源线长度不应大于5m，二次线应采用防水橡皮护套铜芯软电缆，电缆长度不应大于30m，接头不得超过3个，并应双线到位。当需要加长导线时，应相应增加导线的截面积。当导线通过道路时，应架高，或穿入防护管内埋设在地下；当通过轨道时，应从轨道下面通过。当导线绝缘受损或断股时，应立即更换。

（8）电焊钳应有良好的绝缘和隔热能力。电焊钳握柄应绝缘良好，握柄与导线连接应牢靠，连接处应用绝缘布包好。操作人员不得用胳膊夹持电焊钳并不得在水中冷却电焊钳。

（9）对承压状态的压力容器和装有剧毒、易燃、易爆物品的容器，严禁进行焊接或切割作业。

（10）当需焊割受压容器、密闭容器、粘有可燃气体和溶液的工件时，应先消除容器及管道内压力，消除可燃气体和溶液，并冲洗有毒、有害、易燃物质；对存有残余油脂的容器，宜用蒸汽、碱水冲洗，打开盖口，并确认容器清洗干净后，应灌满清水后进行焊割。

（11）在容器内和管道内焊割时，应采取防止触电、中毒和窒息的措施。焊割密闭容器时，应留出气孔，必要时应在进、出气口处装设通风设备；容器内照明电压不得超过12V；容器外应有专人监护。

（12）焊接铜、铝、锌、锡等有色金属时，应通风良好，焊割人员应戴防毒面罩或采取其他防毒措施。

（13）当预热焊件温度达到150～700℃时，应设挡板隔离焊件发出的辐射热，焊接人员应穿戴隔热的石棉服和鞋、帽等。

（14）雨雪天不得在露天电焊。在潮湿地带作业时，应铺设绝缘垫，操作人员应穿绝缘鞋。

（15）电焊机应按额定焊接电流和暂载率操作，并应控制电焊机的温升。

（16）当清除焊渣时，应戴防护眼镜，头部应避开焊渣飞溅方向。

（17）交流电焊机应安装防二次侧触电保护装置。

6.7.2 交（直）流焊机

（1）使用前，应检查并确认初、次级线接线正确，输入电压符合电焊机的铭牌规定，接线螺母、螺栓及其他部件完好齐全，不得松动或损坏。直流焊机换向器与电刷接触应良好。

（2）当多台焊机在同一场地作业时，相互间距不应小于600mm，应逐台启动，并应使三相负载保持平衡。多台焊机的接地装置不得串联。

（3）移动电焊机或停电时，应切断电源，不得用拖拉电缆的方法移动焊机。

（4）调节焊接电流和极性开关应在卸除负荷后进行。

（5）硅整流直流电焊机主变压器的次级线圈和控制变压器的次级线圈不得用摇表测试。

（6）长期停用的焊机启用时，应空载通电一定时间，进行干燥处理。

6.7.3 氩弧焊机

（1）作业前，应检查并确认接地装置安全可靠，气管、水管应通畅，不得有破漏。工作场所应有良好的通风措施。

（2）应先根据焊件的材质、尺寸、形状，确定极性，再选择焊机的电压、电流和氩气的流量。

（3）安装氩气表、氩气减压阀、管接头等配件时，不得沾有油脂，并应拧紧丝扣（至少5扣）。开气时，严禁身体对准氩气表和气瓶节门，应防止氩气表和气瓶节门打开伤人。

（4）水冷型焊机应保持冷却水清洁。在焊接过程中，冷却水的流量应正常，不得断水施焊。

（5）焊机的高频防护装置应良好，振荡器电源线路中的连锁开关不得分接。

（6）使用氩弧焊时，操作人员应戴防毒面罩。应根据焊接厚度确定钨极粗细，更换钨极时，必须切断电源。磨削钨极端头时，应设有通风装置，操作人员应佩戴手套和口罩，磨削下来的粉尘，应及时清除。钍、铈、钨极不得随身携带，应贮存在铅盒内。

（7）焊机附近不宜有振动。焊机上及周围不得放置易燃、易爆或导电物品。

（8）氮气瓶和氩气瓶与焊接地点应相距3m以上，并应直立固定放置。

（9）作业后，应切断电源，关闭水源和气源。焊接人员应及时脱去工作服，清洗外露的皮肤。

6.7.4 点焊机

（1）作业前，应清除上下两电极的油污。

（2）作业前，应先接通控制线路的转向开关和焊接电流的开关，调整好极数，再接通水源、气源，最后接通电源。

（3）焊机通电后，应检查并确认电气设备、操作机构、冷却系统、气路系统工作正常，不得有漏电现象。

（4）作业时，气路、水冷系统应畅通。气体应保持干燥。排水温度不得超过40℃，排水量可根据水温调节。

（5）严禁在引燃电路中加大熔断器。当负载过小，引燃管内电弧不能发生时，不得闭合控制箱的引燃电路。

（6）正常工作的控制箱的预热时间不得少于5min。当控制箱长期停用时，每月应通电加热30min。更换闸流管前，应预热30min。

6.7.5 二氧化碳气体保护焊机

（1）作业前，二氧化碳气体应按规定进行预热。开气时，操作人员必须站在瓶嘴的侧面。

（2）作业前，应检查并确认焊丝的进给机构、电线的连接部分、二氧化碳气体的供应系统及冷却水循环系统符合要求，焊枪冷却水系统不得漏水。

（3）二氧化碳气瓶宜存放在阴凉处，不得靠近热源，并应放置牢靠。

（4）二氧化碳气体预热器端的电压，不得大于36V。

6.7.6 埋弧焊机

（1）作业前，应检查并确认各导线连接应良好；控制箱的外壳和接线板上的罩壳应完好；送丝滚轮的沟槽及齿纹应完好；滚轮、导电嘴（块）不得有过度磨损，接触应良好；减速箱润滑油应正常。

（2）软管式送丝机构的软管槽孔应保持清洁，并定期吹洗。

（3）在焊接中，应保持焊剂连续覆盖，以免焊剂中断露出电弧。

（4）在焊机工作时，手不得触及送丝机构的滚轮。

（5）作业时，应及时排走焊接中产生的有害气体，在通风不良的室内或容器内作业时，应安装通风设备。

6.7.7 对焊机

（1）对焊机应安置在室内或防雨的工棚内，并应有可靠的接地或接零。当多台对焊机并列安装时，相互间的间距不得小于3m，并应分别接在不同相位的电网上，分别设置各自的断路器。

（2）焊接前，应检查并确认对焊机的压力机构应灵活，夹具应牢固，气压、液压系统不得有泄漏。

（3）焊接前，应根据所焊接钢筋的截面，调整二次电压，不得焊接超过对焊机规定直径的钢筋。

（4）断路器的接触点、电极应定期光磨，二次电路连接螺栓应定期紧固。冷却水温度不得超过40℃；排水量应根据温度调节。

（5）焊接较长钢筋时，应设置托架。

（6）闪光区应设挡板，与焊接无关的人员不得入内。

（7）冬期施焊时，温度不应低于8℃。作业后，应放尽机内冷却水。

6.7.8 竖向钢筋电渣压力焊机

（1）应根据施焊钢筋直径选择具有足够输出电流的电焊机。电源电缆和控制电缆连接应正确、牢固。焊机及控制箱的外壳应接地或接零。

（2）作业前，应检查供电电压并确认正常，当一次电压降大于8%时，不宜焊接。焊接导线长度不得大于30m。

（3）作业前，应检查并确认控制电路正常，定时应准确，误差不得大于5%，机具的传动系统、夹装系统及焊钳的转动部分应灵活自如，焊剂应已干燥，所需附件应齐全。

（4）作业前，应按所焊钢筋的直径，根据参数表，标定好所需的电流和时间。

（5）起弧前，上下钢筋应对齐，钢筋端头应接触良好。对锈蚀或粘有水泥等杂物的钢筋，应在焊接前用钢丝刷清除，并保证导电良好。

（6）每个接头焊完后，应停留5～6min予以保温，寒冷季节应适当延长保温时间。

焊渣应在完全冷却后清除。

6.7.9 气焊（割）设备

（1）气瓶每三年检验一次，使用期不应超过20年。气瓶压力表应灵敏正常。

（2）操作者不得正对气瓶阀门出气口，不得用明火检验是否漏气。

（3）现场使用的不同种类气瓶应装有不同的减压器，未安装减压器的氧气瓶不得使用。

（4）氧气瓶、压力表及其焊割机具上不得沾染油脂。氧气瓶安装减压器时，应先检查阀门接头，并略开氧气瓶阀门吹除污垢，然后安装减压器。

（5）开启氧气瓶阀门时，应采用专用工具，开启动作应缓慢。氧气瓶中的氧气不得全部用尽，应留49kPa以上的剩余压力。关闭氧气瓶阀门时，应先松开减压器的活门螺栓。

（6）乙炔钢瓶使用时，应设有防止回火的安全装置；同时使用两种气体作业时，不同气瓶都应安装单向阀，防止气体相互倒灌。

（7）作业时，乙炔瓶与氧气瓶之间的距离不得少于5m，气瓶与明火之间的距离不得少于10m。

（8）乙炔软管、氧气软管不得错装。乙炔气胶管、防止回火装置及气瓶冻结时，应用40℃以下热水加热解冻，不得用火烤。

（9）点火时，焊枪口不得对人。正在燃烧的焊枪不得放在工件或地面上。焊枪带有乙炔和氧气时，不得放在金属容器内，以防止气体逸出，发生爆燃事故。

（10）点燃焊（割）炬时，应先开乙炔阀点火开氧气阀调整火。关闭时，应先关闭乙炔阀，再关闭氧气阀。

氢氧并用时，应先开乙炔气，再开氢气，最后开氧气，再点燃。灭火时，应先关氧气，再关氢气，最后关乙炔气。

（11）操作时，氢气瓶、乙炔瓶应直立放置，且应安放稳固。

（12）作业中，发现氧气瓶阀门失灵或损坏不能关闭时，应让瓶内的氧气自动放尽后，再进行拆卸修理。

（13）作业中，当氧气软管着火时，不得折弯软管断气，应迅速关闭氧气阀门，停止供氧。当乙炔软管着火时，应先关熄炬火，可弯折前面一段软管将火熄灭。

（14）工作完毕，应将氧气瓶、乙炔瓶气阀关好，拧上安全罩，检查操作场地，确认无着火危险，方准离开。

（15）氧气瓶应与其他气瓶、油脂等易燃、易爆物品分开存放，且不得同车运输。氧气瓶不得散装吊运。运输时，氧气瓶应装有防振圈和安全帽。

6.7.10 等离子切割机

（1）作业前，应检查并确认不得有漏电、漏气、漏水现象，接地或接零应安全可靠。应将工作台与地面绝缘，或在电气控制系统安装空载断路继电器。

（2）小车、工件位置应适当，工件应接通切割电路正极，切割工作面下应设有熔渣坑。

（3）应根据工件材质、种类和厚度选定喷嘴孔径，调整切割电源、气体流量和电极的内缩量。

（4）自动切割小车应经空车运转，并应选定合适的切割速度。

（5）操作人员应戴好防护面罩、电焊手套、帽子、滤膜防尘口罩和隔声耳罩。

（6）切割时，操作人员应站在上风处操作。可从工作台下部抽风，并宜缩小操作台上的敞开面积。

（7）切割时，当空载电压过高时，应检查电器接地或接零、割炬把手绝缘情况。

（8）高频发生器应设有屏蔽护罩，用高频引弧后，应立即切断高频电路。

（9）作业后，应切断电源，关闭气源和水源。

6.7.11 仿形切割机

（1）应按出厂使用说明书要求接通切割机的电源，并应做好保护接地或接零。

（2）作业前，应先空运转，检查并确认氧、乙炔和加装的仿形样板配合无误后，开始切割作业。

（3）作业后，应清理保养设备，整理并保管好氧气带、乙炔气带及电缆线。

6.8 木工机械设备

6.8.1 一般规定

（1）机械操作人员应穿紧口衣裤，并束紧长发，不得系领带和戴手套。

（2）机械的电源安装和拆除及机械电气故障的排除，应由专业电工进行。机械应使用单向开关，不得使用倒顺双向开关。

（3）机械安全装置应齐全有效，传动部位应安装防护罩，各部件应连接紧固。

（4）机械作业场所应配备齐全可靠的消防器材。在工作场所，不得吸烟和动火，并不得混放其他易燃、易爆物品。

（5）工作场所的木料应堆放整齐，道路应畅通。

（6）机械应保持清洁，工作台上不得放置杂物。

（7）机械的皮带轮、锯轮、刀轴、锯片、砂轮等高速转动部件的安装应平衡。

（8）各种刀具破损程度不得超过使用说明书的规定要求。

（9）加工前，应清除木料中的铁钉、铁丝等金属物。

（10）装设除尘装置的木工机械作业前，应先启动排尘装置，排尘管道不得变形、漏气。

（11）机械运行中，不得测量工件尺寸和清理木屑、刨花和杂物。

（12）机械运行中，不得跨越机械传动部分。排除故障、拆装刀具应在机械停止运转，并切断电源后进行。

（13）操作时，应根据木材的材质、粗细、湿度等选择合适的切削和进给速度。操作人员与辅助人员应密切配合，并应同步匀速接送料。

（14）使用多功能机械时，应只使用其中一种功能，其他功能的装置不得妨碍操作。

（15）作业后，应切断电源，锁好闸箱，并应进行清理、润滑。

（16）机械噪声不应超过建筑施工场界噪声限值；当机械噪声超过限值时，应采取防噪措施。机械操作人员应按规定佩戴个人防护用品。

6.8.2 带锯机

（1）作业前，应对锯条及锯条安装质量进行检查。锯条齿侧或锯条接头处的裂纹长度超过10mm、连续缺齿两个和接头超过两处的锯条不得使用。当锯条裂纹长度在10mm以下时，应在裂纹终端冲一止裂孔。锯条松紧度应调整适当。带锯机启动后，应空载试运转，并应确认运转正常，无串条现象后，开始作业。

（2）作业中，操作人员应站在带锯机的两侧，跑车开动后，行程范围内的轨道周围不应站人，不应在运行中跑车。

（3）原木进锯前，应调好尺寸，进锯后不得调整。进锯速度应均匀。

（4）倒车应在木材的尾端越过锯条500mm后进行，倒车速度不宜过快。

（5）平台式带锯作业时，送接料应配合一致。送料、接料时不得将手送进台面。锯短料时，应采用推棍送料。回送木料时，应离开锯条50mm及以上。

（6）带锯机运转中，当木屑堵塞吸尘管口时，不得清理管口。

（7）作业中，应根据锯条的宽度与厚度及时调节挡位或增减带锯机的压砣（重锤）。当发生锯条口松弛或串条等现象时，不得用增加压砣（重锤）重量的办法进行调整。

6.8.3 圆盘锯

（1）木工圆锯机上的旋转锯片必须设置防护罩。

（2）安装锯片时，锯片应与轴同心，夹持锯片的法兰盘直径应为锯片直径的1/4。

（3）锯片不得有裂纹。锯片不得有连续2个及以上的缺齿。

（4）被锯木料的长度不应小于500mm。作业时，锯片应露出木料10～20mm。

（5）送料时，不得将木料左右晃动或抬高；遇木节时，应缓慢送料；接近端头时，应采用推棍送料。

（6）当锯线走偏时，应逐渐纠正，不得猛扳，以防止损坏锯片。

（7）作业时，操作人员应戴防护眼镜，手臂不得跨越锯片，人员不得站在锯片的旋转方向。

6.8.4 平面刨（手压刨）

（1）刨料时，应保持身体平稳，用双手操作。刨大面时，手应按在木料上面；刨小料时，手指不得低于料高的一半。不得手在料后推料。

（2）当被刨木料的厚度小于30mm，或长度小于400mm时，应采用压板或推棍推进木料。厚度小于15mm，或长度小于250mm的木料，不得在平刨上加工。

（3）刨旧料前，应将料上的钉子、泥砂清除干净。被刨木料如有破裂或硬节等缺陷时，应处理后再施刨。遇木槎、节疤应缓慢送料。不得将手按在节疤上强行送料。

（4）刀片、刀片螺钉的厚度和重量应一致，刀架与夹板应吻合贴紧，刀片焊缝超出刀头或有裂缝的刀具不应使用。刀片紧固螺钉应嵌入刀片槽内，并离刀背不得小于10mm。刀片紧固力应符合使用说明书的规定。

（5）机械运转时，不得将手伸进安全挡板里侧去移动挡板或拆除安全挡板。

6.8.5 压刨床（单面和多面）

（1）作业时，不得一次刨削两块不同材质或规格的木料，被刨木料的厚度不得超过使用说明书的规定。

（2）操作者应站在进料的一侧。送料时应先进大头。接料人员应在被刨料离开料辊后接料。

（3）刨刀与刨床台面的水平间隙应在10～30mm之间。不得使用带开口槽的刨刀。

（4）每次进刀量宜为2～5mm。遇硬木或节疤，应减小进刀量，降低送料速度。

（5）刨料的长度不得小于前后压辊之间距离。厚度小于10mm的薄板应垫托板作业。

（6）压刨床的逆止爪装置应灵敏有效。进料齿辊及托料光辊应调整水平，上下距离应保持一致，齿辊应低于工件表面1～2mm，光辊应高出台面0.3～0.8mm。工作台面不得歪斜和高低不平。

（7）刨削过程中，遇木料走横或卡住时，应先停机，再放低台面，取出木料，排除故障。

（8）安装刀片时，应按6.8.4中（4）的规定执行。

6.8.6 木工车床

（1）车削前，应对车床各部装置及工具、卡具进行检查，并确认安全可靠。工件应卡紧，并应采用顶针顶紧。应进行试运转，确认正常后，方可作业。应根据工件木质的硬度，选择适当的进刀量和转速。

（2）车削过程中，不得用手摸的方法检查工件的光滑程度。当采用砂纸打磨时，应先将刀架移开。车床转动时，不得用手来制动。

（3）方形木料应先加工成圆柱体，再上车床加工。不得切削有节疤或裂缝的木料。

6.8.7 木工铣床（裁口机）

（1）作业前，应对铣床各部件及铣刀安装进行检查，铣刀不得有裂纹或缺损，防护装置及定位止动装置应齐全可靠。

（2）当木料有硬节时，应低速送料。应在木料送过铣刀口150mm后，再进行接料。

（3）当木料铣切到端头时，应在已铣切的一端接料。送短料时，应用推料棍。

（4）铣切量应按使用说明书的规定执行。不得在木料中间插刀。

（5）卧式铣床的操作人员作业时，应站在刀刃侧面，不得面对刀刃。

6.8.8 开榫机

（1）作业前，应紧固好刨刀、锯片，并试运转 3～5min，确认正常后作业。

（2）作业时，应侧身操作，不得面对刀具。

（3）切削时，应用压料杆将木料压紧，在切削完毕前，不得松开压料杆。短料开榫时，应用垫板将木料夹牢，不得用手直接握料作业。

（4）不得上机加工有节疤的木料。

6.8.9 打眼机

（1）作业前，应调整好机架和卡具。台面应平稳，钻头应垂直，凿心应在凿套中心卡牢，并应与加工的钻孔垂直。

（2）打眼时，应使用夹料器，不得用手直接扶料。遇节疤时，应缓慢压下，不得用力过猛。

（3）作业中，当凿心卡阻或冒烟时，应立即抬起手柄。不得用手直接清理钻出的木屑。

（4）更换凿心时，应先停车，切断电源，并应在平台上垫上木板后进行。

6.8.10 锉锯机

（1）作业前，应检查并确认砂轮不得有裂缝和破损，并应安装牢固。

（2）启动时，应先空运转，当有剧烈振动时，应找出偏重位置，调整平衡。

（3）作业时，操作人员不得站在砂轮旋转时离心力方向大的一侧。

（4）当撑齿钩遇到缺齿或撑钩妨碍锯条运动时，应及时处理。

（5）锉磨锯齿的速度宜按下列规定执行：带锯应控制在 40～70 齿/min；圆锯应控制在 26～30 齿/min。

（6）锯条焊接时应接合严密，平滑均匀，厚薄一致。

6.8.11 磨光机

（1）作业前，应对下列项目进行检查，并符合相应要求：

1）盘式磨光机防护装置应齐全有效。

2）砂轮应无裂纹破损。

3）带式磨光机砂筒上砂带的张紧度应适当。

4）各部轴承应润滑良好，紧固连接件应连接可靠。

（2）磨削小面积工件时，宜尽量在台面整个宽度内排满工件，磨削时，应渐次连续给料。

（3）带式磨光机作业时，压垫的压力应均匀。砂带纵向移动时，砂带应和工作台横向移动互相配合。

（4）盘式磨光机作业时，工件应放在向下旋转的半面进行磨光。手不得靠近磨盘。

6.9 地下施工机械设备

6.9.1 一般规定

(1) 地下施工机械选型和功能应满足施工地质条件和环境安全要求。

(2) 地下施工机械及配套设施应在专业厂家制造，应符合设计要求，并应在总装调试合格后才能出厂。出厂时，应具有质量合格证书和产品使用说明书。

(3) 作业前，应充分了解施工作业周边环境，对邻近建（构）筑物、地下管网等应进行监测，并应制定对建（构）筑物、地下管线保护的专项安全技术方案。

(4) 作业中，应对有害气体及地下作业面通风量进行监测，并应符合职业健康安全标准的要求。

(5) 作业中，应随时监视机械各运转部位的状态及参数，发现异常时，应立即停机检修。

(6) 气动设备作业时，应按照相关设备使用说明书和气动设备的操作技术要求进行施工。

(7) 应根据现场作业条件，合理选择水平及垂直运输设备，并应按相关规范执行。

(8) 地下施工机械作业时，必须确保开挖土体稳定。

(9) 地下施工机械施工过程中，当停机时间较长时，应采取措施，维持开挖面稳定。

(10) 地下施工机械使用前，应确认其状态良好，满足作业要求。使用过程中，应按使用说明书的要求进行保养、维修，并应及时更换受损的零件。

(11) 掘进过程中，遇到施工偏差过大、设备故障、意外的地质变化等情况时，必须暂停施工，经处理后再继续。

(12) 地下大型施工机械设备的安装、拆卸应按使用说明书的规定进行，并应制定专项施工方案，由专业队伍进行施工，安装、拆卸过程中应有专业技术和安全人员监护。大型设备吊装应符合本章6.2节的有关规定。

6.9.2 顶管机

(1) 选择顶管机，应根据管道所处的土层性质、管径、地下水位、附近地上与地下建（构）筑物和各种设施等因素，经技术经济比较后确定。

(2) 导轨应选用钢质材料制作，安装后应牢固，不得在使用中产生位移，并应经常检查校核。

(3) 千斤顶的安装应符合下列规定：

1) 千斤顶宜固定在支撑架上，并应与管道中心线对称，其合力应作用在管道中心的垂面上。

2) 当千斤顶多于一台时，宜取偶数，且其规格宜相同；当规格不同时，其行程应同步，并应将同规格的千斤顶对称布置。

3) 千斤顶的油路应并联，每台千斤顶应有进油、回油的控制系统。

(4) 油泵和千斤顶的选型应相匹配，并应有备用油泵；油泵安装完毕，应进行试运转，并应在合格后使用。

(5) 顶进前，全部设备应经过检查并经过试运转确认合格。

(6) 顶进时，工作人员不得在顶铁上方及侧面停留，并应随时观察顶铁有无异常迹象。

(7) 顶进开始时，应先缓慢进行，在各接触部位密合后，再按正常顶进速度顶进。

(8) 千斤顶活塞退回时，油压不得过大，速度不得过快。

(9) 安装后的顶铁轴线应与管道轴线平行、对称。顶铁、导轨和顶铁之间的接触面不得有杂物。

(10) 顶铁与管口之间应采用缓冲材料衬垫。

(11) 管道顶进应连续作业。管道顶进过程中，遇下列情况之一时，应立即停止顶进，检查原因并经处理后继续顶进：

1) 工具管前方遇到障碍。

2) 后背墙变形严重。

3) 顶铁发生扭曲现象。

4) 管位偏差过大且校正无效。

5) 顶力超过管端的允许顶力。

6) 油泵、油路发生异常现象。

7) 管节接缝、中继间渗漏泥水、泥浆。

8) 地层、邻近建（构）筑物、管线等周围环境的变形量超出控制允许值。

(12) 使用中继间应符合下列规定：

1) 中继间安装时应将凸头安装在工具管方向，凹头安装在工作井一端。

2) 中继间应有专职人员进行操作，同时应随时观察有可能发生的问题。

3) 中继间使用时，油压、顶力不宜超过设计油压顶力，应避免引起中继间变形。

4) 中继间应安装行程限位装置，单次推进距离应控制在设计允许距离内。

5) 穿越中继间的高压进水管、排泥管等软管应与中继间保持一定距离，应避免中继间往返时损坏管线。

6.9.3 盾构机

(1) 盾构机组装前，应对推进千斤顶、拼装机、调节千斤顶进行试验验收。

(2) 盾构机组装前，应将防止盾构机后退的推进系统平衡阀、调节拼装机的回转平衡阀的二次溢流压力调到设计压力值。

(3) 盾构机组装前，应将液压系统各非标制品的阀组按设计要求进行密闭性试验。

(4) 盾构机组装完成后，应先对各部件、各系统进行空载、负载调试及验收，最后应进行整机空载和负载调试及验收。

(5) 盾构机始发、接收前，应落实盾构基座稳定措施，确保牢固。

(6) 盾构机应在空载调试运转正常后，开始盾构始发施工。在盾构始发阶段，应检查各部位润滑并记录油脂消耗情况；初始推进过程中，应对推进情况进行监测，并对监测反馈资料进行分析，不断调整盾构掘进施工参数。

（7）盾构掘进中，每环掘进结束及中途停止掘进时，应按规定程序操作各种机电设备。

（8）盾构掘进中，当遇有下列情况之一时，应暂停施工，并应在排除险情后继续施工：

1）盾构位置偏离设计轴线过大。

2）管片严重碎裂和渗漏水。

3）开挖面发生坍塌或严重的地表隆起、沉降现象。

4）遭遇地下不明障碍物或意外的地质变化。

5）盾构旋转角度过大，影响正常施工。

6）盾构扭矩或顶力异常。

（9）盾构暂停掘进时，应按程序采取稳定开挖面的措施，确保暂停施工后盾构姿态稳定不变。暂停掘进前，应检查并确认推进液压系统不得有渗漏现象。

（10）双圆盾构掘进时，双圆盾构两刀盘应相向旋转，并保持转速一致，不得接触和碰撞。

（11）盾构带压开仓更换刀具时，应确保工作面稳定，并应进行持续充分的通风及毒气测试合格后进行作业。地下情况较复杂时，作业人员应戴防毒面具。更换刀具时，应按专项方案和安全规定执行。

（12）盾构切口与到达接收井距离小于10m时，应控制盾构推进速度、开挖面压力、排土量。

（13）盾构推进到冻结区域停止推进时，应每隔10min转动刀盘一次，每次转动时间不得少于5min。

（14）当盾构全部进入接收井内基座上后，应及时做好管片与洞圈间的密封。

（15）盾构调头时应专人指挥，应设专人观察设备转向状态，避免方向偏离或设备碰撞。

（16）管片拼装时，应按下列规定执行：

1）管片拼装应落实专人负责指挥，拼装机操作人员应按照指挥人员的指令操作，不得擅自转动拼装机。

2）举重臂旋转时，应鸣号警示，严禁施工人员进入举重臂回转范围内。拼装工应在全部就位后开始作业。在施工人员未撤离施工区域时，严禁启动拼装机。

3）拼装管片时，拼装工必须站在安全可靠的位置，不得将手脚放在环缝和千斤顶的顶部。

4）举重臂应在管片固定就位后复位。封顶拼装就位未完毕时，施工人员不得进入封顶块的下方。

5）举重壁拼装头应拧紧到位，不得松动，发现有磨损情况时，应及时更换，不得冒险吊运。

6）管片在旋转上升之前，应用举重臂小脚将管片固定，管片在旋转过程中不得晃动。

7）当拼装头与管片预埋孔不能紧固连接时，应制作专用的拼装架。拼装架设计应经技术部门审批，并经过试验合格后开始使用。

8）拼装管片应使用专用的拼装销，拼装销应有限位装置。

9）装机回转时，在回转范围内，不得有人。

10）管片吊起或升降架旋回到上方时，放置时间不应超过3min。

(17) 盾构的保养与维修应坚持“预防为主、经常检测、强制保养、养修并重”的原则，并应由专业人员进行保养与维修。

(18) 盾构机拆除退场时，应按下列规定执行：

1）机械结构部分应先按液压、泥水、注浆、电气系统顺序拆卸，最后拆卸机械结构件。

2）吊装作业时，应仔细检查并确认盾构机各连接部件与盾构机已彻底拆开分离，千斤顶全部缩回到位，所有注浆、泥水系统的手动阀门已关闭。

3）大刀盘应按要求位置停放，在井下分解后，应及时吊上地面。

4）拼装机按规定位置停放，举重钳应缩到底；提升横梁应烧焊马脚固定，同时在拼装机横梁底部应加焊接支撑，防止下坠。

(19) 盾构机转场运输时，应按下列规定执行：

1）应根据设备的最大尺寸，对运输线路进行实地勘察。

2）设备应与运输车辆有可靠固定措施。

3）设备超宽、超高时，应按交通法规办理各类通行证。

6.10　动力与电气装置

6.10.1　一般规定

(1) 内燃机机房应有良好的通风、防雨措施，周围应有1m宽以上的通道，排气管应引出室外，并不得与可燃物接触。室外使用的动力机械应搭设防护棚。

(2) 冷却系统的水质应保持洁净，硬水应经软化处理后使用，并应按要求定期检查更换。

(3) 电气设备的金属外壳应进行保护接地或保护接零，并应符合现行行业标准《施工现场临时用电安全技术规范》JGJ 46—2005的规定。

(4) 在同一供电系统中，不得将一部分电气设备作保护接地，而将另一部分电气设备作保护接零。不得将暖气管、煤气管、自来水管作为工作零线或接地线使用。

(5) 在保护接零的零线上不得装设开关或熔断器，保护零线应采用黄/绿双色线。

(6) 不得利用大地作工作零线，不得借用机械本身金属结构作工作零线。

(7) 电气设备的每个保护接地或保护接零点应采用单独的接地（零）线与接地干线（或保护零线）相连接。不得在一个接地（零）线中串接几个接地（零）点。大型设备应设置独立的保护接零，对高度超过30m的垂直运输设备应设置防雷接地保护装置。

(8) 电气设备的额定工作电压应与电源电压等级相符。

(9) 电气装置遇跳闸时，不得强行合闸。应查明原因，排除故障后再行合闸。

(10) 各种配电箱、开关箱应配锁，电箱门上应有编号和责任人标牌，电箱门内侧应有线路图，箱内不得存放任何其他物件并应保持清洁。非本岗位作业人员不得擅自开箱合闸。每班工作完毕后，应切断电源，锁好箱门。

(11) 发生人身触电时，应立即切断电源后对触电者作紧急救护。不得在未切断电源之前与触电者直接接触。

(12) 电气设备或线路发生火警时，应首先切断电源，在未切断电源之前，人员不得接触导线或电气设备，不得用水或泡沫灭火机进行灭火。

6.10.2 内燃机

(1) 内燃机作业前应重点检查下列项目，并符合相应要求：

1) 曲轴箱内润滑油油面应在标尺规定范围内。

2) 冷却水或防冻液量应充足、清洁、无渗漏，风扇三角传动带应张紧适度。

3) 燃油箱油量应充足，各油管及接头处不应有漏油现象。

4) 各总成连接件应安装牢固，附件应完整。

(2) 内燃机启动前，离合器应处于分离位置；有减压装置的柴油机，应先打开减压阀。

(3) 不得用牵引法强制启动内燃机；当用摇柄启动汽油机时，应由下向上提动，不得向下硬压或连续摇转，启动后应迅速拿出摇把。当用手拉绳启动时，不得将绳的一端缠在手上。

(4) 启动机每次启动时间应符合使用说明书的要求，当连续启动 3 次仍未能启动时，应检查原因，排除故障后再启动。

(5) 启动后，应怠速运转 3～5min，并应检查机油压力和排烟，各系统管路应无泄漏现象；应在温度和机油压力均正常后，开始作业。

(6) 作业中内燃机水温不得超过 90℃，超过时，不应立即停机，应继续怠速运转降温。当冷却水沸腾需开启水箱盖时，操作人员应戴手套，面部应避开水箱盖口，并应先卸压，后拧开。不得用冷水注入水箱或泼浇内燃机体强制降温。

(7) 内燃机运行中出现异响、异味、水温急剧上升及机油压力急剧下降等情况时，应立即停机检查并排除故障。

(8) 停机前应卸去载荷，进行低速运转，待温度降低后再停止动转。装有涡轮增压器的内燃机，应怠速运转 5～10min 后停机。

(9) 有减压装置的内燃机，不得使用减压杆进行熄火停机。

(10) 排气管向上的内燃机，停机后应在排气管口上加盖。

6.10.3 发电机

(1) 以内燃机为动力的发电机，其内燃机部分的操作应按 6.10.2 的有关规定执行。

(2) 新装、大修或停用 10d 及以上的发电机，测量定子和励磁回路的绝缘电阻及吸收比，转子绕组的绝缘电阻不得小于 0.5MΩ，吸收比不得小于 1.3，并应做好测量记录。

(3) 作业前应检查内燃机与发电机的传动部分，应确保连接可靠，输出线路的导线绝缘应良好，各种仪表应齐全、有效。

(4) 启动前应将励磁变阻器的阻值放在最大位置上，并断开供电输出总开关，并接合中性点接地开关，有离合器的发电机组应脱开离合器。内燃机启动后应空载运转，待运转正常后再接合发电机。

(5) 启动后应检查并确认发电机无异响，滑环及整流子上电刷应接触良好，不得有跳动及产生火花现象。应在运转稳定，频率、电压达到额定值后，再向外供电。用电负荷应逐步加大，三相应保持平衡。

(6) 不得对旋转着的发电机进行维修、清理。运转中的发电机不得使用帆布等物体遮盖。

(7) 发电机组电源应与外电线路电源连锁，不得与外电并联运行。

(8) 发电机组并联运行应满足频率、电压、相位、相序相同的条件。

(9) 并联线路两组以上时，应在全部进入空载状态后逐一供电。准备并联运行的发电机应在全部已进入正常稳定运转，接到“准备并联”的信号后，调整柴油机转速，并应在同步瞬间合闸。

(10) 并联运行的发电机组如因负荷下降而需停车一台时，应先将需停车的一台发电机的负荷全部转移到继续运转的发电机上，然后按单台发电机停车的方法进行停机。如需全部停机则应先将负荷逐步切断，然后停机。

(11) 移动式发电机使用前应停放在平稳的基础上，不得在运转时移动发电机。

(12) 发电机连续运行的允许电压值不得超过额定值的 ±10%。正常运行的电压变动范围应在额定值的 ±5% 以内，功率因数为额定值时，发电机额定容量应恒定不变。

(13) 发电机在额定频率值运行时，发电机频率变动范围不得超过 ±0.5Hz。

(14) 发电机功率因数不宜超过 0.95。有自动励磁调节装置的，可允许短时间内在 0.95 ~1 的范围内运行。

(15) 发电机运行中应经常检查仪表及运转部件，发现问题应及时调整。定子、转子电流不得超过允许值。

(16) 停机前应先切断各供电分路开关，然后切断发电机供电主开关，逐步减小载荷，将励磁变阻器复回到电阻最大值位置，使电压降至最低值，再切断励磁开关和中性点接地开关，最后停止内燃机运转。

(17) 发电机经检修后应进行检查，转子及定子槽间不得留有工具、材料及其他杂物。

6.10.4 电动机

(1) 长期停用或可能受潮的电动机，使用前应测量各绕组间和绕组对地的绝缘电阻，绝缘电阻值应大于 0.5MΩ；绕线转子电动机还应检查转子绕组及滑环对地绝缘电阻。

(2) 电动机应装设过载和短路保护装置，并应根据设备需要装设断相、错相和失压保护装置。

(3) 电动机的熔丝额定电流应按下列条件选择：

1）单台电动机的熔丝额定电流为电动机额定电流的150%～250%。

2）多台电动机合用的总熔丝额定电流为其中最大一台电动机额定电流的150%～250%，再加上其余电动机额定电流的总和。

（4）采用热继电器作为电动机过载保护时，其容量应选择电动机额定电流的100%～125%。

（5）绕线式转子电动机的集电环与电刷的接触面不得小于满接触面的75%。电刷高度磨损超过原标准2/3时应更换。在使用过程中不应有跳动和产生火花现象，并应定期检查电刷簧的压力确保可靠。

（6）直流电动机的换向器表面应光洁，当有机械损伤或火花灼伤时应修整。

（7）电动机额定电压变动范围应控制在－5%～＋10%范围内。

（8）电动机运行中不应产生异响、漏电，轴承温度应正常，电刷与滑环应接触良好。旋转中电动机滑动轴承的允许最高温度应为80℃，滚动轴承的允许最高温度应为95℃。

（9）电动机在正常运行中，不得突然进行反向运转。

（10）电动机械在工作中遇停电时，应立即切断电源，并应将启动开关置于停止位置。

（11）电动机停止运行前，应首先将载荷卸去，或将转速降到最低，然后切断电源，启动开关应置于停止位置。

6.10.5 空气压缩机

（1）空气压缩机的内燃机和电动机的使用应符合本章6.10.2和6.10.4的规定。

（2）空气压缩机作业区应保持清洁和干燥。贮气罐应放在通风良好处，距贮气罐15m以内不得进行焊接或热加工作业。

（3）空气压缩机的进、排气管较长时，应加以固定，管路不得有急弯，并应设伸缩节装置。

（4）贮气罐和输气管路每3年应作水压试验一次，试验压力应为额定压力的150%。压力表和安全阀应每年至少校验一次。

（5）空气压缩机作业前应重点检查下列项目，并应符合相应要求：

1）内燃机燃油、润滑油应添加充足；电动机电源应正常。

2）各连接部位应紧固，各运动机构及各部阀门开闭应灵活，管路不得有漏气现象。

3）各防护装置应齐全良好，贮气罐内不得有存水。

4）电动空气压缩机的电动机及启动器外壳应接地良好，接地电阻不得大于4Ω。

（6）空气压缩机应在无载状态下启动，启动后应低速空运转，检视各仪表指示值并应确保符合要求；空气压缩机应在运转正常后逐步加载。

（7）输气胶管应保持畅通，不得扭曲。开启送气阀前，应将输气管道连接好，并应通知现场有关人员后再送气。在出气口前方不得有人。

（8）作业中贮气罐内压力不得超过铭牌额定压力。安全阀应灵敏有效。进气阀、排气阀、轴承及各部件不得有异响或过热现象。

（9）每工作2h，应将液气分离器、中间冷却器、后冷却器内的油水排放一次。贮气罐内的油水每班应排放 1 ~2 次。

(10) 正常运转后，应经常观察各种仪表读数，并应随时按使用说明书进行调整。

(11) 发现下列情况之一时应立即停机检查，应在找出原因并排除故障后继续作业：

1) 漏水、漏气、漏电或冷却水突然中断。

2) 压力表、温度表、电流表、转速表指示值超过规定。

3) 排气压力突然升高，排气阀、安全阀失效。

4) 机械有异响或电动机电刷发生强烈火花。

5) 安全防护、压力控制及电气绝缘装置失效。

(12) 运转中，因缺水而使气缸过热停机时，应待气缸自然降温至 60℃以下时，再进行加水作业。

(13) 当电动空气压缩机运转中停电时，应立即切断电源，并应在无载荷状态下重新启动。

(14) 空气压缩机停机时，应先卸去载荷，再分离主离合器，最后停止内燃机或电动机的运转。

(15) 空气压缩机停机后，在离岗前应关闭冷却水阀门，打开放气阀，放出各级冷却器和贮气罐内的油水和存气。

(16) 在潮湿地区及隧道中施工时，对空气压缩机外露摩擦面应定期加注润滑油。对电动机和电气设备应做好防潮保护工作。

6. 10. 6 10kV 以下配电装置

(1) 施工电源及高低压配电装置应设专职值班人员负责运行与维护，高压巡视检查工作不得少于 2 人，每半年应进行一次停电检修和清扫。

(2) 高压油开关的瓷套管应保证完好，油箱不得有渗漏，油位、油质应正常，合闸指示器位置应正确，传动机构应灵活可靠。应定期对触头的接触情况、油质、三相合闸的同步性进行检查。

(3) 停用或经修理后的高压油断路器，在投入运行前应全面检查，应在额定电压下作合闸、跳闸操作各 3 次，其动作应正确可靠。

(4) 隔离开关应每季度检查一次，瓷件应无裂纹和放电现象；接线柱和螺栓不应松动；刀型开关不应变形、损伤，应接触严密。三相隔离开关各相动触头与静触头应同时接触，前后相差不得大于 3mm，打开角不得小于 60°。

(5) 避雷装置在雷雨季节之前应进行一次预防性试验，并应测量接地电阻。雷电后应检查阀型避雷器的瓷瓶、连线和地线，应确保完好无损。

(6) 低压电气设备和器材的绝缘电阻不得小于 0. 5MΩ。

(7) 在易燃、易爆、有腐蚀性气体的场所应采用防爆型低压电器；在多尘和潮湿或易触及人体的场所应采用封闭型低压电器。

(8) 电箱及配电线路的布置应执行现行行业标准《施工现场临时用电安全技术规范》JGJ 46—2005 的规定。

7 建筑施工安全检查与验收

7.1 施工项目安全检查

7.1.1 安全检查的内容

1. 安全检查的目的

（1）了解安全生产的状态，为分析研究、加强安全管理提供信息依据。

（2）发现问题、暴露隐患，以便及时采取有效措施，消除事故隐患，保障安全生产。

（3）发现、总结及交流安全生产的成功经验，推动地区乃至行业和企业安全生产水平的提高。

（4）利用检查，进一步宣传、贯彻、落实安全生产方针、政策和各项安全生产规章制度。

（5）增强领导和群众的安全意识，制止违章指挥，纠正违章作业，提高安全生产的自觉性和责任感。安全检查是主动性的安全防范。

2. 建筑工程施工安全检查的主要内容

建筑工程施工安全检查主要是以查安全思想、查安全责任、查安全制度、查安全措施、查安全防护、查设备设施、查教育培训、查操作行为、查劳动防护用品使用和查伤亡事故处理等为主要内容。

安全检查要根据施工生产特点，具体确定检查的项目和检查的标准。

（1）查安全思想主要是检查以项目经理为首的项目全体员工（包括分包作业人员）的安全生产意识和对安全生产工作的重视程度。

（2）查安全责任主要是检查现场安全生产责任制度的建立；安全生产责任目标的分解与考核情况；安全生产责任制与责任目标是否已落实到了每一个岗位和每一个人员，并得到了确认。

（3）查安全制度主要是检查现场各项安全生产规章制度和安全技术操作规程的建立和执行情况。

（4）查安全措施主要是检查现场安全措施计划及各项安全专项施工方案的编制、审核、审批及实施情况；重点检查方案的内容是否全面、措施是否具体并有针对性，现场的实施运行是否与方案规定的内容相符。

（5）查安全防护主要是检查现场临边、洞口等各项安全防护设施是否到位，有无安全隐患。

（6）查设备设施主要是检查现场投入使用的设备设施的购置、租赁、安装、验收、使用、过程维护保养等各个环节是否符合要求；设备设施的安全装置是否齐全、灵敏、可靠，有无安全隐患。

（7）查教育培训主要是检查现场教育培训岗位、教育培训人员、教育培训内容是否明确、具体、有针对性；三级安全教育制度和特种作业人员持证上岗制度的落实情况是否到位；教育培训档案资料是否真实、齐全。

（8）查操作行为主要是检查现场施工作业过程中有无违章指挥、违章作业、违反劳动纪律的行为发生。

（9）查劳动防护用品的使用主要是检查现场劳动防护用品、用具的购置、产品质量、配备数量和使用情况是否符合安全与职业卫生的要求。

（10）查伤亡事故处理主要是检查现场是否发生伤亡事故，对发生的伤亡事故是否已按照“四不放过”的原则进行了调查处理，是否已有针对性地制定了纠正与预防措施；制定的纠正与预防措施是否已得到落实并取得实效。

3．建筑工程施工安全检查的主要形式

建筑工程施工安全检查的主要形式一般可分为日常巡查、专项检查、定期安全检查、经常性安全检查、季节性安全检查、节假日安全检查、开工、复工安全检查、专业性安全检查和设备设施安全验收检查等。

安全检查的组织形式应根据检查的目的、内容而定，因此参加检查的组成人员也就不完全相同。

（1）定期安全检查：建筑施工企业应建立定期分级安全检查制度，定期安全检查属全面性和考核性的检查，建筑工程施工现场应至少每旬开展一次安全检查工作，施工现场的定期安全检查应由项目经理亲自组织。

（2）经常性安全检查：建筑工程施工应经常开展预防性的安全检查工作，以便于及时发现并消除事故隐患，保证施工生产正常进行。施工现场经常性的安全检查方式主要有：现场专（兼）职安全生产管理人员及安全值班人员每天例行开展的安全巡视、巡查；现场项目经理、责任工程师及相关专业技术管理人员在检查生产工作的同时进行的安全检查；作业班组在班前、班中、班后进行的安全检查。

（3）季节性安全检查：季节性安全检查主要是针对气候特点（如暑期、雨季、风季、冬季等）可能给安全生产造成的不利影响或带来的危害而组织的安全检查。

（4）节假日安全检查：在节假日、特别是重大或传统节假日（如元旦、春节、“五一”、“十一”等）前后和节日期间，为防止现场管理人员和作业人员思想麻痹、纪律松懈等进行的安全检查。节假日加班，更要认真检查各项安全防范措施的落实情况。

（5）开工、复工安全检查：针对工程项目开工、复工之前进行的安全检查，主要是检查现场是否具备保障安全生产的条件。

（6）专业性安全检查：由有关专业人员对现场某项专业安全问题或在施工生产过程中存在的比较系统性的安全问题进行的单项检查。这类检查专业性强，主要应由专业工程技术人员、专业安全管理人员参加。

（7）设备设施安全验收检查：针对现场塔吊等起重设备、外用施工电梯、龙门架及井架物料提升机、电气设备、脚手架、现浇混凝土模板支撑系统等设备设施在安装、搭设过程中或完成后进行的安全验收、检查。

4．安全检查的要求

（1）根据检查内容配备力量，抽调专业人员，确定检查负责人，明确分工。

(2) 应有明确的检查目的和检查项目、内容及检查标准、重点、关键部位。对大面积或数量多的项目可采取系统的观感和一定数量的测点相结合的检查方法。检查时尽量采用检测工具，用数据说话。

(3) 对现场管理人员和操作工人不仅要检查是否有违章指挥和违章作业行为，还应进行“应知应会”的抽查，以便了解管理人员及操作工人的安全素质。对于违章指挥、违章作业行为，检查人员可以当场指出、进行纠正。

(4) 认真、详细进行检查记录，特别是对隐患的记录必须具体，如隐患的部位、危险性程度及处理意见等。采用安全检查评分表的，应记录每项扣分的原因。

(5) 检查中发现的隐患应该进行登记，并发出隐患整改通知书，引起整改单位的重视，并作为整改的备查依据。对即发性事故危险的隐患，检察人员应责令其停工，被查单位必须立即整改。

(6) 尽可能系统、定量地做出检查结论，进行安全评价。以利受检单位根据安全评价研究对策进行整改，加强管理。

(7) 检查后应对隐患整改情况进行跟踪复查。查被检单位是否按“三定”原则（定人、定期限、定措施）落实整改，经复查整改合格后，进行销案。

7.1.2 安全检查的方法

建筑工程安全检查在正确使用安全检查表的基础上，可以采用“听”、“问”、“看”、“量”、“测”、“运转试验”等方法进行。

1. “听”

听取基层管理人员或施工现场安全员汇报安全生产情况，介绍现场安全工作经验、存在的问题、今后的发展方向。

2. “问”

主要是指通过询问、提问，对以项目经理为首的现场管理人员和操作工人进行应知应会抽查，以便了解现场管理人员和操作工人的安全意识和安全素质。

3. “看”

主要是指查看施工现场安全管理资料和对施工现场进行巡视。例如：查看项目负责人、专职安全管理人员、特种作业人员等的持证上岗情况；现场安全标志设置情况；劳动防护用品使用情况；现场安全防护情况；现场安全设施及机械设备安全装置配置情况等。

4. “量”

主要是指使用测量工具对施工现场的一些设施、装置进行实测实量。例如：对脚手架各种杆件间距的测量；对现场安全防护栏杆高度的测量；对电气开关箱安装高度的测量；对在建工程与外电边线安全距离的测量等。

5. “测”

主要是指使用专用仪器、仪表等监测器具对特定对象关键特性技术参数的测试。例如：使用漏电保护器测试仪对漏电保护器漏电动作电流、漏电动作时间的测试；使用地阻仪对现场各种接地装置接地电阻的测试；使用兆欧表对电机绝缘电阻的测试；使用经纬仪对塔吊、外用电梯安装垂直度的测试等。

6. “运转试验”

主要是指由具有专业资格的人员对机械设备进行实际操作、试验，检验其运转的可靠性或安全限位装置的灵敏性。例如：对塔吊力矩限制器、变幅限位器、起重限位器等安全装置的试验；对施工电梯制动器、限速器、上下极限限位器、门联锁装置等安全装置的试验；对龙门架超高限位器、断绳保护器等安全装置的试验等。

7.1.3 安全检查的评分办法

《建筑施工安全检查标准》JGJ 59—2011 使建筑工程安全检查由传统的定性评价上升到定量评价，使安全检查进一步规范化、标准化。建筑施工安全检查评定中，保证项目应全数检查。分项检查评分表和检查评分汇总表的满分分值均应为100分，评分表的实得分值应为各检查项目所得分值之和；评分应采用扣减分值的方法，扣减分值总和不得超过该检查项目的应得分值；当按分项检查评分表评分时，保证项目中有一项未得分或保证项目小计得分不足40分，此分项检查评分表不应得分。

1.《建筑施工安全检查标准》

(1)《建筑施工安全检查评分汇总表》主要内容包括：安全管理、文明施工、脚手架、基坑工程、模板支架、高处作业、施工用电、物料提升机与施工升降机、塔式起重机与起重吊装、施工机具10项，所示得分作为对一个施工现场安全生产情况的综合评价依据。

(2)《安全管理检查评分表》检查项目：保证项目包括：安全生产责任制、施工组织设计及专项施工方案、安全技术交底、安全检查、安全教育、应急救援。一般项目包括：分包单位安全管理、持证上岗、生产安全事故处理、安全标志。

(3)《文明施工检查评分表》检查项目：保证项目包括：现场围挡、封闭管理、施工场地、材料管理、现场办公与住宿、现场防火。一般项目包括：综合治理、公示标牌、生活设施、社区服务。

(4) 脚手架检查评分表分为《扣件式钢管脚手架检查评分表》、《悬挑式脚手架检查评分表》、《门式钢管脚手架检查评分表》、《碗扣式钢管脚手架检查评分表》、《附着式升降脚手架检查评分表》、《承插型盘扣式钢管脚手架检查评分表》、《高处作业吊篮脚手架检查评分表》、《满堂脚手架检查评分表》8种脚手架的安全检查评分表。

(5)《基坑支护安全检查评分表》检查项目：保证项目包括：施工方案、基坑支护、降排水、基坑开挖、坑边荷载、安全防护。一般项目包括：基坑监测、支撑拆除、作业环境、应急预案。

(6)《模板支架安全检查评分表》检查项目：保证项目包括：施工方案、支架基础、支架稳定、施工荷载、交底与验收。一般项目包括：杆件连接、底座与托撑、构配件材质、支架拆除。

(7)《高处作业检查评分表》是对安全帽、安全网、安全带、临边防护、洞口防护、通道口防护、攀登作业、悬空作业、移动式操作平台、物料平台、悬挑式钢平台等项目的检查评定。

(8)《施工用电检查评分表》检查项目：保证项目包括：外电防护、接地与接零保护系统、配电线路、配电箱与开关箱。一般项目包括：配电室与配电装置、现场照明、用电档案。

(9)《物料提升机检查评分表》检查项目：保证项目包括：安全装置、防护设施、附墙架与缆风绳、钢丝绳、安拆、验收与使用。一般项目包括：基础与导轨架、动力与传动、通信装置、卷扬机操作棚、避雷装置。

(10)《施工升降机检查评分表》检查项目：保证项目包括：安全装置、限位装置、防护设施、附墙架、钢丝绳、滑轮与对重、安拆、验收与使用。一般项目包括：导轨架、基础、电气安全、通信装置。

(11)《塔式起重机检查评分表》检查项目：保证项目包括：载荷限制装置、行程限位装置、保护装置、吊钩、滑轮、卷筒与钢丝绳、多塔作业、安拆、验收与使用。一般项目包括：附着、基础与轨道、结构设施、电气安全。

(12)《起重吊装检查评分表》检查项目：保证项目包括：施工方案、起重机械、钢丝绳与地锚、索具、作业环境、作业人员。一般项目包括：起重吊装、高处作业、构件码放、警戒监护。

(13)《施工机具检查评分表》是对施工中使用的平刨、圆盘锯、手持电动工具、钢筋机械、电焊机、搅拌机、气瓶、翻斗车、潜水泵、振捣器、桩工机械等施工机具的检查评定。

2. 检查评分方法

(1) 汇总表分数分配：汇总表满分为100分。各分项检查表在汇总表中均占10分，10项检查内容为：安全管理、文明施工、脚手架、基坑工程、模板支架、高处作业、施工用电、物料提升机与施工升降机、塔式起重机与起重吊装、施工机具。

(2) 汇总表中各分值的评分方法如下：

1) 分项检查评分表和检查评分汇总表的满分分值均应为100分，评分表的实得分值应为各检查项目所得分值之和。

2) 评分应采用扣减分值的方法，扣减分值总和不得超过该检查项目的应得分值。

3) 当按分项检查评分表评分时，保证项目中有一项未得分或保证项目小计得分不足40分，此分项检查评分表不应得分。

4) 检查评分汇总表中各分项项目实得分值应按下式计算：

$$A_1 = \frac{B \times C}{100} \tag{7-1}$$

式中：A_1——汇总表各分项项目实得分值；

B——汇总表中该项应得满分值；

C——该项检查评分表实得分值。

5) 当评分遇有缺项时，分项检查评分表或检查评分汇总表的总得分值应按下式计算：

$$A_2 = \frac{D}{E} \times 100 \tag{7-2}$$

式中：A_2——遇有缺项时总得分值；

D——实查项目在该表的实得分值之和；

E——实查项目在该表的应得满分值之和。

6）脚手架、物料提升机与施工升降机、塔式起重机与起重吊装项目的实得分值，应为所对应专业的分项检查评分表实得分值的算术平均值。

3. 检查评定等级

施工安全检查的评定结论分为优良、合格、不合格三个等级，依据是汇总表的总得分和分项检查评分表的得分情况。

（1）优良应为：

1）分项检查评分表无零分。

2）汇总表得分值应在80分及以上。

（2）合格应为：

1）分项检查评分表无零分。

2）汇总表得分值应在80分以下，70分及以上。

（3）不合格应为：

1）当汇总表得分值不足70分时。

2）当有一分项检查评分表得零分时。

（4）当建筑施工安全检查评定的等级为不合格时，必须限期整改达到合格。

7.1.4 施工机械的安全检查和评价

1. 施工起重机械使用安全常识

塔式起重机、施工电梯、物料提升机等施工起重机械的操作（也称为司机）、指挥、司索等作业人员属特种作业，必须按国家有关规定经专门安全作业培训，取得特种作业操作资格证书，方可上岗作业。

施工起重机械（也称垂直运输设备）必须由相应的制造（生产）许可证企业生产，并有出厂合格证。其安装、拆除、加高及附墙施工作业，必须由相应作业资格的队伍作业，作业人员必须按国家有关规定经专门安全作业培训，取得特种作业操作资格证书，方可上岗作业。其他非专业人员不得上岗作业。

安装、拆卸、加高及附墙施工作业前，必须有经审批、审查的施工方案，并进行方案及安全技术交底。

（1）塔式起重机使用安全常识：

1）起重机“十不吊”：

①超载或被吊物重量不清不吊。

②指挥信号不明确不吊。

③捆绑、吊挂不牢或不平衡不吊。

④被吊物上有人或浮置物不吊。

⑤结构或零部件有影响安全的缺陷或损伤不吊。

⑥斜拉歪吊和埋入地下物不吊。

⑦单根钢丝不吊。

⑧工作场地光线昏暗，无法看清场地、被吊物和无指挥信号不吊。

⑨重物棱角处与捆绑钢丝绳之间未加衬垫不吊。

⑩易燃、易爆物品不吊。

2）塔式起重机吊运作业区域内严禁无关人员入内，起吊物下方不准站人。

3）司机（操作）、指挥、司索等工种应按有关要求配备，其他人员不得作业。

4）六级以上强风不准吊运物件。

5）作业人员必须听从指挥人员的指挥，吊物起吊前作业人员应撤离。

6）吊物的捆绑要求。

①吊运物件时，应清楚重量，吊运点及绑扎应牢固可靠。

②吊运散件物时，应用铁制合格料斗，料斗上应设有专用的牢固的吊装点；料斗内装物高度不得超过料斗上口边，散粒状的轻浮易撒物盛装高度应低于上口边线10cm。

③吊运长条状物品（如钢筋、长条状木方等），所吊物件应在物品上选择两个均匀、平衡的吊点，绑扎牢固。

④吊运有棱角、锐边的物品时，钢丝绳绑扎处应做好防护措施。

（2）施工电梯使用安全常识：施工电梯也称外用电梯，也有称为（人、货两用）施工升降机，是施工现场垂直运输人员和材料的主要机械设备。

1）施工电梯投入使用前，应在首层搭设出入口防护棚，防护棚应符合有关高处作业规范。

2）电梯在大雨、大雾、六级以上大风以及导轨架、电缆等结冰时，必须停止使用。并将梯笼降到底层，切断电源。暴风雨后，应对电梯各安全装置进行一次检查，确认正常，方可使用。

3）电梯梯笼周围2.5m范围，应设置防护栏杆。

4）电梯各出料口运输平台应平整牢固，还应安装牢固可靠的栏杆和安全门，使用时安全门应保持关闭。

5）电梯使用应有明确的联络信号，禁止用敲打、呼叫等联络。

6）乘坐电梯时，应先关好安全门，再关好梯笼门，方可启动电梯。

7）梯笼内乘人或载物时，应使载荷均匀分布，不得偏重；严禁超载运行。

8）等候电梯时，应站在建筑物内，不得聚集在通道平台上，也不得将头手伸出栏杆和安全门外。

9）电梯每班首次载重运行时，当梯笼升离地1~2m时，应停机试验制动器的可靠性；当发现制动效果不良时，应调整或修复后方可投入使用。

10）操作人员应根据指挥信号操作。作业前应鸣声示意。在电梯未切断总电源开关前，操作人员不得离开操作岗位。

11）施工电梯发生故障的处理：

①当运行中发现有异常情况时，应立即停机并采取有效措施将梯笼降到底层，排除故障后方可继续运行。

②在运行中发现电气失控时，应立即按下急停按钮；在未排除故障前，不得打开急停按钮。

③在运行中发现制动器失灵时，可将梯笼开至底层维修；或者让其下滑防坠安全器制动。

④在运行中发现故障时，不可惊慌，电梯的安全装置将提供可靠的保护；并且听从专业人员的安排，或等待修复，或按专业人员指挥撤离。

12）作业后，应将梯笼降到底层，各控制开关拨到零位，切断电源，锁好开关箱，闭锁梯笼门和围护门。

(3) 物料提升机使用安全常识：物料提升机有龙门架、井字架式的，也有的称为(货用)施工升降机，是施工现场物料垂直运输的主要机械设备。

1）物料提升机用于运载物料，严禁载人上下；装卸料人员、维修人员必须在安全装置可靠或采取了可靠的措施后，方可进入吊笼内作业。

2）物料提升机进料口必须加装安全防护门，并按高处作业规范搭设防护棚，并设安全通道，防止从棚外进入架体中。

3）物料提升机在运行时，严禁对设备进行保养、维修，任何人不得攀登架体和从架体内穿过。

4）运载物料的要求：

①运送散料时，应使用料斗装载，并放置平稳；使用手推斗车装置于吊笼时，必须将手推斗车平稳并制动放置，注意车把手及车不能伸出吊笼。

②运送长料时，物料不得超出吊笼；物料立放时，应捆绑牢固。

③物料装载时，应均匀分布，不得偏重，严禁超载运行。

5）物料提升机的架体应有附墙或缆风绳，并应牢固可靠，符合说明书和规范的要求。

6）物料提升机的架体外侧应用小网眼安全网封闭，防止物料在运行时坠落。

7）禁止在物料提升机架体上焊接、切割或者钻孔等作业，防止损伤架体的任何构件。

8）出料口平台应牢固可靠，并应安装防护栏杆和安全门。运行时安全门应保持关闭。

9）吊笼上应有安全门，防止物料坠落；并且安全门应与安全停靠装置连锁。安全停靠装置应灵敏可靠。

10）楼层安全防护门应有电气或机械锁装置，在安全门未可靠关闭时，停止吊笼运行。

11）作业人员等待吊笼时，应在建筑材料内或者平台内距安全门1m以上处等待。严禁将头手伸出栏杆或安全门。

12）进出料口应安装明确的联络信号，高架提升机还应安装可视系统。

2. 起重吊装作业安全常识

起重吊装是指建筑工程中，采用相应的机械设备和设施来完成结构吊装和设施安装。其作业属于危险作业，作业环境复杂，技术难度大。

(1) 作业前应根据作业特点编制专项施工方案，并对参加作业人员进行作业方案和安全技术交底。

（2）作业时周边应置警戒区域，设置醒目的警示标志，防止无关人员进入；特别危险处应设监护人员。

（3）起重吊装作业大多数作业点都必须由专业技术人员作业；属于特种作业的人员必须按国家有关规定经专门安全作业培训，取得特种作业操作资格证书，方可上岗作业。

（4）作业人员现场作业应选择条件安全的位置作业。卷扬机与地滑轮穿越钢丝绳的区域，禁止人员站立和通行。

（5）吊装过程必须设有专人指挥，其他人员必须服从指挥。起重指挥不能兼作其他工种，并应确保起重司机清晰准确地听到指挥信号。

（6）作业过程必须遵守起重机“十不吊”原则。

（7）被吊物的捆绑要求，执行塔式起重机中被吊物捆绑的作业要求。

（8）构件存放场地应该平整坚实。构件叠放用方木垫平，必须稳固，不准超高（一般不宜超过1.6m）。构件存放除设置垫木外，必要时要设置相应的支撑，提高其稳定性。禁止无关人员在堆放的构件中穿行，防止发生构件倒塌挤人事故。

（9）在露天有六级以上大风或大雨、大雪、大雾等天气时，应停止起重吊装作业。

（10）起重机作业时，起重臂和吊物下方严禁有人停留、工作或通过。重物吊运时，严禁人从下方通过。严禁用起重机载运人员。

（11）经常使用的起重工具注意事项：

1）手动倒链。操作人员应经培训合格，方可上岗作业，吊物时应挂牢后慢慢拉动倒链，不得斜向拽拉。当一人拉不动时，应查明原因，禁止多人一齐猛拉。

2）手搬倒链。操作人员应经培训合格，方可上岗作业，使用前检查自锁夹钳装置的可靠性，当夹紧钢丝绳后，应能往复运动，否则禁止使用。

3）千斤顶。操作人员应经培训合格，方可上岗作业，千斤顶置于平整坚实的地面上，并垫木板或钢板，防止地面沉陷。顶部与光滑物接触面应垫硬木防止滑动。开始操作应逐渐顶升，注意防止顶歪，始终保持重物的平衡。

3. 中小型施工机械使用的安全常识

施工机械的使用必须按“定人、定机”制度执行。操作人员必须经培训合格，方可上岗作业，其他人员不得擅自使用。机械使用前，必须对机械设备进行检查，各部位确认完好无损；并空载试运行，符合安全技术要求，方可使用。

施工现场机械设备必须按其控制的要求，配备符合规定的控制设备，严禁使用倒顺开关。在使用机械设备时，必须严格按安全操作规程，严禁违章作业；发现有故障，或者有异常响动，或者温度异常升高，都必须立即停机；经过专业人员维修，并检验合格后，方可重新投入使用。

操作人员应做到“调整、紧固、润滑、清洁、防腐”十字作业的要求，按有关要求对机械设备进行保养。操作人员在作业时，不得擅自离开工作岗位。下班时，应先将机械停止运行，然后断开电源，锁好电箱，方可离开。

（1）混凝土（砂浆）搅拌机使用安全常识：

1）搅拌机的安装一定要平稳、牢固。长期固定使用时，应埋置地脚螺栓；在短期使用时，应在机座上铺设木枕或撑架找平牢固放置。

2）料斗提升时，严禁在料斗下工作或穿行。清理料斗坑时，必须先切断电源，锁好电箱，并将料斗双保险钩挂牢或插上保险插销。

3）运转时，严禁将头或手伸入料斗与机架之间查看，不得用工具或物件伸入搅拌筒内。

4）运转中严禁保养维修。维修保养搅拌机，必须拉闸断电，锁好电箱挂好“有人工作严禁合闸”牌，并有专人监护。

（2）混凝土振捣器使用安全常识：混凝土振捣器常用的有插入式和平板式。

1）振捣器应安装漏电保护装置，保护接零应牢固可靠。作业时操作人员应穿戴绝缘胶鞋和绝缘手套。

2）使用前，应检查各部位无损伤，并确认连接牢固，旋转方向正确。

3）电缆线应满足操作所需的长度。严禁用电缆线拖拉或吊挂振捣器。振捣器不得在初凝的混凝土、地板、脚手架和干硬的地面上进行试振。在检修或作业间断时，应断开电源。

4）作业时，振捣棒软管的弯曲半径不得小于500mm，并不得多于两个弯，操作时应将振捣棒垂直地沉入混凝土，不得用力硬插、斜推或让钢筋夹住棒头，也不得全部插入混凝土中，插入深度不应超过棒长的3/4，不宜触及钢筋、芯管及预埋件。

5）作业停止需移动振捣器时，应先关闭电动机，再切断电源。不得用软管拖拉电动机。

6）平板式振捣器工作时，应使平板与混凝土保持接触，待表面出浆，不再下沉后，即可缓慢移动；运转时，不得搁置在已凝或初凝的混凝土上。

7）移动平板式振捣器应使用干燥绝缘的拉绳，不得用脚踢电动机。

（3）钢筋切断机使用安全常识：

1）机械未达到正常转速时，不得切料。切料时，应使用切刀的中、下部位，紧握钢筋对准刃口迅速投入，操作者应站在同定刀片一侧用力压住钢筋，应防止钢筋末端弹出伤人。

2）不得剪切直径及强度超过机械铭牌规定的钢筋和烧红的钢筋。一次切断多根钢筋时，其总截面积应在规定范围内。

3）切断短料时，手和切刀之间的距离应保持在150mm以上，如手握端小于400mm时，应采用套管或夹具将钢筋短头压住或夹牢。

4）运转中严禁用手直接清除切刀附近的断头和杂物。钢筋摆动周围和切刀周围，不得停留非操作人员。

（4）钢筋弯曲机使用安全常识：

1）应按加工钢筋的直径和弯曲半径的要求，装好相应规格的心轴和成型轴、挡铁轴。心轴直径应为钢筋直径的2.5倍。挡铁轴应有轴套，挡铁轴的直径和强度不得小于被弯钢筋的直径和强度。

2）作业时，应将钢筋需弯曲一端插入转盘固定销的间隙内，另一端紧靠机身固定销，并用手压紧；应检查机身固定销并确认安放在挡住钢筋的一侧，方可开动。

3）作业中，严禁更换心轴、销子和变换角度以及调整，也不得进行清扫和加油。

4）对超过机械铭牌规定直径的钢筋严禁进行弯曲。不直的钢筋，不得在弯曲机上弯曲。

5）在弯曲钢筋的作业半径内和机身不设固定销的一侧严禁站人。

6）转盘换向时，应待停稳后进行。

7）作业后，应及时清除转盘及插入座孔内的铁锈、杂物等。

（5）钢筋调直切断机使用安全常识：

1）应按调直钢筋的直径，选用适当的调直块及传动速度。调直块的孔径应比钢筋直径大 2～5mm，传动速度应根据钢筋直径选用，直径大的宜选用慢速，经调试合格，方可作业。

2）在调直块未固定、防护罩未盖好前不得送料。作业中严禁打开各部防护罩并调整间隙。

3）当钢筋送入后，手与轮应保持一定的距离，不得接近。

4）送料前应将不直的钢筋端头切除。导向筒前应安装一根 1m 长的钢管，钢筋应穿过钢管再送入调直前端的导孔内。

（6）钢筋冷拉机使用安全常识：

1）卷扬机的位置应使操作人员能见到全部的冷拉场地，卷扬机与冷拉中线的距离不得少于 5m。

2）冷拉场地应在两端地锚外侧设置警戒区，并应安装防护栏及醒目的警示标志。严禁非作业人员在此停留。操作人员在作业时必须离开钢筋 2m 以外。

3）卷扬机操作人员必须看到指挥人员发出的信号，并待所有的人员离开危险区后方可作业。冷拉应缓慢、均匀。当有停车信号或碰到有人进入危险区时，应立即停拉，并稍稍放松卷扬机钢丝绳。

4）夜间作业的照明设施，应装设在张拉危险区外。当需要装设在场地上空时，其高度应超过 5m。灯泡应加防护罩。

（7）圆盘锯使用安全常识：

1）锯片必须平整，锯齿尖锐，不得连续缺齿 2 个，裂纹长度不得超过 20mm。

2）被锯木料厚度，以锯片能露出木料 10～20mm 为限。

3）启动后，必须等待转速正常后，方可进行锯料。

4）关机时，不得将木料左右晃动或者高抬。锯料长度不小于 500mm。接近端头时，应用推棍送料。

5）若锯线走偏，应逐渐纠正，不得猛扳。

6）操作人员不应站在与锯片同一直线上操作，手臂不得跨越锯片工作。

（8）蛙式夯实机使用安全常识：

1）夯实作业时，应一人扶夯，一人传递电缆线，且必须戴绝缘手套和穿绝缘鞋。电缆线不得扭结或缠绕，且不得张拉过紧，应保持有 3～4m 的余量。移动时，应将电缆线移至夯机后方，不得隔机扔电缆线，当转向困难时，应停机调整。

2）作业时，手握扶手应保持机身平衡，不得用力向后压，并应随时调整行进方向。转弯时不得用力过猛，不得急转弯。

3）夯实填高土方时，应在边缘以内100~150mm；夯实2~3遍后，再夯实边缘。

4）在较大基坑内作业时，不得在斜坡上夯行，应避免造成夯头后折。

5）夯实房心土时，夯板应避开房心地下构筑物、钢筋混凝土基桩、机座及地下管道等。

6）在建筑物内部作业时，夯板或偏心块不得打在墙壁上。

7）多机作业时，平列间距不得小于5m，前后间距不得小于10m。

8）夯机前进方向和夯机四周1m范围内，不得站立非操作人员。

（9）振动冲击夯使用安全常识：

1）内燃冲击夯启动后，内燃机应怠速运转3~5min，然后逐渐加大油门，待夯机跳动稳定后，方可作业。

2）电动冲击夯在接通电源启动后，应检查电动机旋转方向，有错误时应倒换电源相线。

3）作业时应正确掌握夯机，不得倾斜，手把不宜握得过紧，能控制夯机前进速度即可。

4）正常作业时，不得使劲往下压手把，影响夯机跳起高度。在较松的填料上作业或上坡时，可将手把稍向下压，并应能增加夯机前进速度。

5）电动冲击夯操作人员必须戴绝缘手套，穿绝缘鞋。作业时，电缆线不应拉得过紧，应经常检查线头安装，不得松动及引起漏电。严禁冒雨作业。

（10）潜水泵使用安全常识：

1）潜水泵宜先装在坚固的篮筐里再放入水中，也可在水中将泵的四周设立坚固的防护围网。泵应直立于水中，水深不得小于0.5m，不得在含有泥沙的水中使用。

2）潜水泵放入水中或提出水面时，应先切断电源，严禁拉拽电缆或出水管。

3）潜水泵应装设保护接零和漏电保护装置，工作时泵周围30m以内水面，不得有人、畜进入。

4）应经常观察水位变化，叶轮中心至水平距离应在0.5~3.0m之间，泵体不得陷入污泥或露出水面。电缆不得与井壁、池壁相擦。

5）每周应测定一次电动机定子绕组的绝缘电阻，其值应无下降。

（11）交流电焊机使用安全常识：

1）外壳必须有保护接零，应有二次空载降压保护器和触电保护器。

2）电源应使用自动开关。接线板应无损坏，有防护罩。一次线长度不超过5m，二次线长度不得超过30m。

3）焊接现场10m范围内，不得有易燃、易爆物品。

4）雨天不得在室外作业。在潮湿地点焊接时，要站在胶板或其他绝缘材料上。

5）移动电焊机时，应切断电源，不得用拖拉电缆的方法移动。当焊接中突然停电时，应立即切断电源。

（12）气焊设备使用安全常识：

1）氧气瓶与乙炔瓶使用时间距不得小于5m，存放时间距不得小于3m，并且距高温、明火等不得小于10m；达不到上述要求时，应采取隔离措施。

2）乙炔瓶存放和使用必须立放，严禁倒放。

3）在移动气瓶时，应使用专门的抬架或小推车；严禁氧气瓶与乙炔混合搬运；禁止直接使用钢丝绳、链条。

4）开关气瓶应使用专用工具。

5）严禁敲击、碰撞气瓶，作业人员工作时不得吸烟。

4. 施工机械监控与管理

一般可分为机械设备和建筑起重机械两类进行管理。

（1）机械设备日常检查内容包括：

1）机械设备管理制度。

2）机械设备进场验收记录。

3）机械设备管理台账。

4）机械设备安全资料。

5）机械设备入场前，项目部机械管理人员应进行登记，建立“机械设备安全管理台账”，并应收集生产厂家生产许可证、产品合格证及使用说明书。

6）机械设备进入施工现场后，项目负责人应组织项目技术负责人、机械管理人员、专职安全管理人员、使用单位有关人员、租赁单位有关人员进行验收，应形成机械设备进场验收记录，各方人员签字确认。

7）机械设备在安装、使用、拆除前，应由项目施工技术人员对机械设备操作人员进行安全技术交底，形成安全技术交底记录，经双方签字确认后方可实施，并及时存档。

8）机械设备安装完毕后，项目负责人应组织项目技术负责人，机械管理人员，专职安全管理人员，安装、使用、租赁单位有关人员进行验收签字，形成机械设备安装验收记录和安全检查记录。

9）机械设备在日常使用过程中，项目部机械管理人员应形成“机械设备日常运行记录”。

10）项目部机械管理人员应按使用说明书要求对机械设备进行维护保养，形成“机械设备维修保养记录”。

（2）建筑起重机械日常检查内容包括：

1）项目部应收集整理建筑起重机械特种设备制造许可证、产品合格证、制造监督检验证明、使用说明书、备案证书。

2）项目部应收集整理建筑起重机械安拆单位的资质证书、安全生产许可证，安拆人员的建筑施工特种作业人员操作资格证书，安装、拆卸工程安全协议书。

3）项目部应在建筑起重机械安装、拆卸前，分别编制安装工程专项施工方案、拆卸工程专项施工方案。

4）群塔（两台及两台以上）作业时，应绘制“群塔作业平面布置图”。

5）建筑起重机械安装前，安装单位应填写“建筑起重机械安装告知”记录，报施工总承包单位和项目监理部审核后，告知工程所在地建筑安全监督管理机构。

6）建筑起重机械安装、使用、拆卸前，应由项目施工技术人员对起重机械操作人员进行安全技术交底，经双方签字确认后方可实施，并及时存档。

7）建筑起重机械基础工程资料包括地基承载力资料、地基处理情况资料、施工资料、检测报告、建筑起重机械基础工程验收记录。

8）起重机械安装（拆卸）过程中，安装（拆卸）单位安装（拆卸）人员应根据施工需要填写建筑起重机械安装（拆卸）过程记录。

9）建筑起重机械安装完毕后，安装单位应进行自检，形成安装自检记录，龙门架及井架物料提升机也应按规范要求进行自检，安装（拆卸）人员应做好记录。

10）建筑起重机械自检合格后，安装单位应当委托有相应资质的检验检测机构检测，检测合格报告留项目部存档。

11）建筑起重机械检测合格后，总包单位应报项目监理，组织租赁单位、安装单位、使用单位、监理单位等对起重机械共同验收，形成塔式起重机（施工升降机、龙门架及井架物料提升机）安装验收记录，各方签字共同确认。

12）总包单位应按有关规定取得建筑起重机械使用登记证书，存档。

13）塔式起重机每次顶升时，由项目机械管理人员填写形成“塔式起重机顶升检验记录”；施工升降机每次加节时，由项目机械管理人员填写形成“施工升降机加节验收记录”。

14）塔式起重机每次附着锚固时，由项目机械管理人员填写形成“塔式起重机附着锚固检验记录”。

15）建筑起重机械操作人员应将起重机械的运行情况进行记录，形成“建筑起重机械运行记录”。

16）项目部应对建筑起重机械定期进行检查维护保养，形成“建筑起重机械定期维护检测记录”。

5. 施工机械的检查评分表

按照《建筑施工安全检查标准》JGJ 59—2011 的要求进行现场检查评分。主要检查评分表有《物料提升机检查评分表》、《施工升降机检查评分表》、《塔式起重机检查评分表》、《起重吊装检查评分表》、《施工机具检查评分表》等。详见表 7－1～表 7－5。

表 7－1 物料提升机检查评分表

序号	检查项目		扣分标准	应得分数	扣减分数	实得分数
1	保证项目	安全装置	1. 未安装起重量限制器、防坠安全器扣 15 分； 2. 起重量限制器、防坠安全器不灵敏扣 15 分； 3. 安全停层装置不符合规范要求，未达到定型化扣 10 分； 4. 未安装上限位开关的扣 15 分； 5. 上限位开关不灵敏、安全越程不符合规范要求的扣 10 分； 6. 物料提升机安装高度超过 30m，未安装渐进式防坠安全器、自动停层、语音及影像信号装置每项扣 5 分	15		

续表 7－1

序号	检查项目		扣分标准	应得分数	扣减分数	实得分数
2	保证项目	防护设施	1. 未设置防护围栏或设置不符合规范要求扣 5 分； 2. 未设置进料口防护棚或设置不符合规范要求扣 5～10 分； 3. 停层平台两侧未设置防护栏杆、挡脚板每处扣 5 分，设置不符合规范要求每处扣 2 分； 4. 停层平台脚手板铺设不严、不牢每处扣 2 分； 5. 未安装平台门或平台门不起作用每处扣 5 分，平台门安装不符合规范要求、未达到定型化每处扣 2 分； 6. 吊笼门不符合规范要求扣 10 分	15		
3		附墙架与缆风绳	1. 附墙架结构、材质、间距不符合规范要求扣 10 分； 2. 附墙架未与建筑结构连接或附墙架与脚手架连接扣 10 分； 3. 缆风绳设置数量、位置不符合规范扣 5 分； 4. 缆风绳未使用钢丝绳或未与地锚连接每处扣 10 分； 5. 钢丝绳直径小于 8mm 扣 4 分，角度不符合 45°～60°要求每处扣 4 分； 6. 安装高度 30m 的物料提升机使用缆风绳扣 10 分； 7. 地锚设置不符合规范要求每处扣 5 分	10		
4		钢丝绳	1. 钢丝绳磨损、变形、锈蚀达到报废标准扣 10 分； 2. 钢丝绳夹设置不符合规范要求每处扣 5 分； 3. 吊笼处于最低位置，卷筒上钢丝绳少于 3 圈扣 10 分； 4. 未设置钢丝绳过路保护或钢丝绳拖地扣 5 分	10		
5		安装与验收	1. 安装单位未取得相应资质或特种作业人员未持证上岗扣 10 分； 2. 未制定安装（拆卸）安全专项方案扣 10 分，内容不符合规范要求扣 5 分； 3. 未履行验收程序或验收表未经责任人签字扣 5 分； 4. 验收表填写不符合规范要求每项扣 2 分	10		
小计				60		

续表 7－1

序号	检查项目		扣分标准	应得分数	扣减分数	实得分数
6	一般项目	导轨架	1．基础设置不符合规范扣10分； 2．导轨架垂直度偏差大于0.15%扣5分； 3．导轨结合面阶差大于1.5mm扣2分； 4．井架停层平台通道处未进行结构加强的扣5分	10		
7		动力与传动	1．卷扬机、曳引机安装不牢固扣10分； 2．卷筒与导轨架底部导向轮的距离小于20倍卷筒宽度，未设置排绳器扣5分； 3．钢丝绳在卷筒上排列不整齐扣5分； 4．滑轮与导轨架、吊笼未采用刚性连接扣10分； 5．滑轮与钢丝绳不匹配扣10分； 6．卷筒、滑轮未设置防止钢丝绳脱出装置扣5分； 7．曳引钢丝绳为2根及以上时，未设置曳引力平衡装置扣5分	10		
8		通信装置	1．未按规范要求设置通信装置扣5分； 2．通信装置未设置语音和影像显示扣3分	5		
9		卷扬机操作棚	1．卷扬机未设置操作棚的扣10分； 2．操作棚不符合规范要求的扣5～10分	10		
10		避雷装置	1．防雷保护范围以外未设置避雷装置的扣5分； 2．避雷装置不符合规范要求的扣3分	5		
小计				40		
检查项目合计				100		

表 7－2 施工升降机检查评分表

序号	检查项目		扣分标准	应得分数	扣减分数	实得分数
1	保证项目	安全装置	1．未安装起重量限制器或不灵敏扣10分； 2．未安装渐进式防坠安全器或不灵敏扣10分； 3．防坠安全器超过有效标定期限扣10分；	10		

续表 7－2

序号	检查项目		扣分标准	应得分数	扣减分数	实得分数
1	保证项目	安全装置	4. 对重钢丝绳未安装防松绳装置或不灵敏扣 6 分； 5. 未安装急停开关扣 5 分，急停开关不符合规范要求扣 3～5 分； 6. 未安装吊笼和对重用的缓冲器扣 5 分； 7. 未安装安全钩扣 5 分	10		
2		限位装置	1. 未安装极限开关或极限开关不灵敏扣 10 分； 2. 未安装上限位开关或上限位开关不灵敏扣 10 分； 3. 未安装下限位开关或下限位开关不灵敏扣 8 分； 4. 极限开关与上限位开关安全越程不符合规范要求的扣 5 分； 5. 极限限位器与上、下限位开关共用一个触发元件扣 4 分； 6. 未安装吊笼门机电连锁装置或不灵敏扣 8 分； 7. 未安装吊笼顶窗电气安全开关或不灵敏扣 4 分	10		
3		防护设施	1. 未设置防护围栏或设置不符合规范要求扣 8～10 分； 2. 未安装防护围栏门连锁保护装置或连锁保护装置不灵敏扣 8 分； 3. 未设置出入口防护棚或设置不符合规范要求扣 6～10 分； 4. 停层平台搭设不符合规范要求扣 5～8 分； 5. 未安装平台门或平台门不起作用每一处扣 4 分，平台门不符合规范要求、未达到定型化每一处扣 2～4 分	10		
4		附着装置	1. 附墙架未采用配套标准产品扣 8～10 分； 2. 附墙架与建筑结构连接方式、角度不符合说明书要求扣 6～10 分； 3. 附墙架间距、最高附着点以上导轨架的自由高度超过说明书要求扣 8～10 分	10		

续表 7－2

序号	检查项目		扣分标准	应得分数	扣减分数	实得分数
5	保证项目	钢丝绳、滑轮与对重	1. 对重钢丝绳绳数少于2根或未相对独立扣10分； 2. 钢丝绳磨损、变形、锈蚀达到报废标准扣6～10分； 3. 钢丝绳的规格、固定、缠绕不符合说明书及规范要求扣5～8分； 4. 滑轮未安装钢丝绳防脱装置或不符合规范要求扣4分； 5. 对重重量、固定、导轨不符合说明书及规范要求扣6～10分； 6. 对重未安装防脱轨保护装置扣5分	10		
6		安装、拆卸与验收	1. 安装、拆卸单位无资质扣10分； 2. 未制定安装、拆卸专项方案扣10分，方案无审批或内容不符合规范要求扣5～8分； 3. 未履行验收程序或验收表无责任人签字扣5～8分； 4. 验收表填写不符合规范要求每一项扣2～4分； 5. 特种作业人员未持证上岗扣10分	10		
小计				60		
7	一般项目	导轨架	1. 导轨架垂直度不符合规范要求扣7～10分； 2. 标准节腐蚀、磨损、开焊、变形超过说明书及规范要求扣7～10分； 3. 标准节结合面偏差不符合规范要求扣4～6分； 4. 齿条结合面偏差不符合规范要求扣4～6分	10		
8		基础	1. 基础制作、验收不符合说明书及规范要求扣8～10分； 2. 特殊基础未编制制作方案及验收扣8～10分； 3. 基础未设置排水设施扣4分	10		
9		电气安全	1. 施工升降机与架空线路小于安全距离又未采取防护措施扣10分； 2. 防护措施不符合要求扣4～6分； 3. 电缆使用不符合规范要求扣4～6分；	10		

续表 7－2

序号	检查项目		扣分标准	应得分数	扣减分数	实得分数
9	一般项目	电气安全	4. 电缆导向架未按规范设置扣 4 分； 5. 防雷保护范围以外未设置避雷装置扣 10 分； 6. 避雷装置不符合规范要求扣 5 分	10		
10		通信装置	1. 未安装楼层联络信号扣 10 分； 2. 楼层联络信号不灵敏扣 4～6 分	10		
小计				40		
检查项目合计				100		

表 7－3 塔式起重机检查评分表

序号	检查项目		扣分标准	应得分数	扣减分数	实得分数
1	保证项目	载荷限制装置	1. 未安装起重量限位器或不灵敏扣 10 分； 2. 未安装力矩限制器或不灵敏扣 10 分	10		
2		行程限位装置	1. 未安装起升高度限位器或不灵敏扣 10 分； 2. 未安装幅度限位器或不灵敏扣 6 分； 3. 回转不设集电器的塔式起重机未安装回转限位器或不灵敏扣 6 分； 4. 行走式塔式起重机未安装行走限位器或不灵敏扣 8 分	10		
3		保护装置	1. 小车变幅的塔式起重机未安装断绳保护及断轴保护装置或不符合规范要求扣 8～10 分； 2. 行走及小车变幅的轨道行程末端未安装缓冲器及止挡装置或不符合规范要求扣 6～10 分； 3. 起重臂根部绞点高度大于 50m 的塔式起重机未安装风速仪或不灵敏扣 4 分； 4. 塔式起重机顶部高度大于 30m 且高于周围建筑物未安装障碍指示灯扣 4 分	10		
4		吊钩、滑轮、卷筒与钢丝绳	1. 吊钩未安装钢丝绳防脱钩装置或不符合规范要求扣 8 分； 2. 吊钩磨损、变形、疲劳裂纹达到报废标准扣 10 分； 3. 滑轮、卷筒未安装钢丝绳防脱装置或不符合规范要求扣 4 分；	10		

续表 7-3

序号	检查项目		扣分标准	应得分数	扣减分数	实得分数
4	保证项目	吊钩、滑轮、卷筒与钢丝绳	4. 滑轮及卷筒的裂纹、磨损达到报废标准扣6~8分； 5. 钢丝绳磨损、变形、锈蚀达到报废标准扣6~10分； 6. 钢丝绳的规格、固定、缠绕不符合说明书及规范要求扣5~8分	10		
5		多塔作业	1. 多塔作业未制定专项施工方案扣10分，施工方案未经审批或方案针对性不强扣6~10分； 2. 任意两台塔式起重机之间的最小架设距离不符合规范要求扣10分	10		
6		安装、拆卸与验收	1. 安装、拆卸单位未取得相应资质扣10分； 2. 未制定安装、拆卸专项方案扣10分，方案未经审批或内容不符合规范要求扣5~8分； 3. 未履行验收程序或验收表未经责任人签字扣5~8分； 4. 验收表填写不符合规范要求每项扣2~4分； 5. 特种作业人员未持证上岗扣10分； 6. 未采取有效联络信号扣7~10分	10		
小计				60		
7	一般项目	附着装置	1. 塔式起重机高度超过规范不安装附着装置扣10分； 2. 附着装置水平距离或间距不满足说明书要求而未进行设计计算和审批的扣6~8分； 3. 安装内爬式塔式起重机的建筑承载结构未进行受力计算扣8分； 4. 附着装置安装不符合说明书及规范要求扣6~10分； 5. 附着后塔身垂直度不符合规范要求扣8~10分	10		
8		基础与轨道	1. 基础未按说明书及有关规定设计、检测、验收扣8~10分； 2. 基础未设置排水措施扣4分； 3. 路基箱或枕木铺设不符合说明书及规范要求扣4~8分； 4. 轨道铺设不符合说明书及规范要求扣4~8分	10		

续表 7－3

<table>
<tr><th>序号</th><th colspan="2">检 查 项 目</th><th>扣 分 标 准</th><th>应得分数</th><th>扣减分数</th><th>实得分数</th></tr>
<tr><td>9</td><td rowspan="2">一般项目</td><td>结构设施</td><td>1. 主要结构件的变形、开焊、裂纹、锈蚀超过规范要求扣 8～10 分；
2. 平台、走道、梯子、栏杆等不符合规范要求扣 4～8 分；
3. 主要受力构件高强螺栓使用不符合规范要求扣 6 分；
4. 销轴联接不符合规范要求扣 2～6 分</td><td>10</td><td></td><td></td></tr>
<tr><td>10</td><td>电气安全</td><td>1. 未采用 TN－S 接零保护系统供电扣 10 分；
2. 塔式起重机与架空线路小于安全距离又未采取防护措施扣 10 分；
3. 防护措施不符合要求扣 4～6 分；
4. 防雷保护范围以外未设置避雷装置的扣 10 分；
5. 避雷装置不符合规范要求扣 5 分；
6. 电缆使用不符合规范要求扣 4～6 分</td><td>10</td><td></td><td></td></tr>
<tr><td colspan="3">小计</td><td></td><td>40</td><td></td><td></td></tr>
<tr><td colspan="3">检查项目合计</td><td></td><td></td><td></td><td></td></tr>
</table>

表 7－4 起重吊装检查评分表

<table>
<tr><th>序号</th><th colspan="3">检 查 项 目</th><th>扣 分 标 准</th><th>应得分数</th><th>扣减分数</th><th>实得分数</th></tr>
<tr><td>1</td><td rowspan="3">保证项目</td><td colspan="2">施工方案</td><td>1. 未编制专项施工方案或专项施工方案未经审核扣 10 分；
2. 采用起重拔杆或起吊重量超过 100kN 及以上专项方案未按规定组织专家论证扣 10 分</td><td>10</td><td></td><td></td></tr>
<tr><td rowspan="2">2</td><td rowspan="2">起重机械</td><td>起重机</td><td>1. 未安装荷载限制装置或不灵敏扣 20 分；
2. 未安装行程限位装置或不灵敏扣 20 分；
3. 吊钩未设置钢丝绳防脱钩装置或不符合规范要求扣 8 分</td><td rowspan="2">20</td><td rowspan="2"></td><td rowspan="2"></td></tr>
<tr><td>起重拔杆</td><td>1. 未按规定安装荷载、行程限制装置每项扣 10 分；
2. 起重拔杆组装不符合设计要求扣 10～20 分；
3. 起重拔杆组装后未履行验收程序或验收表无责任人签字扣 10 分</td></tr>
</table>

续表 7－4

序号	检查项目		扣分标准	应得分数	扣减分数	实得分数
3	保证项目	钢丝绳与地锚	1. 钢丝绳磨损、断丝、变形、锈蚀达到报废标准扣10分； 2. 钢丝绳索具安全系数小于规定值扣10分； 3. 卷筒、滑轮磨损、裂纹达到报废标准扣10分； 4. 卷筒、滑轮未安装钢丝绳防脱装置扣5分； 5. 地锚设置不符合设计要求扣8分	10		
4		作业环境	1. 起重机作业处地面承载能力不符合规定或未采用有效措施扣10分； 2. 起重机与架空线路安全距离不符合规范要求扣10分	10		
5		作业人员	1. 起重吊装作业单位未取得相应资质或特种作业人员未持证上岗扣10分； 2. 未按规定进行技术交底或技术交底未留有记录扣5分	10		
小计				60		
6	一般项目	高处作业	1. 未按规定设置高处作业平台扣10分； 2. 高处作业平台设置不符合规范要求扣10分； 3. 未按规定设置爬梯或爬梯的强度、构造不符合规定扣8分； 4. 未按规定设置安全带悬挂点扣10分；	10		
7		构件码放	1. 构件码放超过作业面承载能力扣10分； 2. 构件堆放高度超过规定要求扣4分； 3. 大型构件码放未采取稳定措施扣8分	10		
8		信号指挥	1. 未设置信号指挥人员扣10分； 2. 信号传递不清晰、不准确扣10分	10		
9		警戒监护	1. 未按规定设置作业警戒区扣10分； 2. 警戒区未设专人监护扣8分	10		
小计				40		
检查项目合计				100		

表 7－5 施工机具检查评分表

序号	检查项目	扣分标准	应得分数	扣减分数	实得分数
1	平刨	1. 平刨安装后未进行验收合格手续扣 3 分； 2. 未设置护手安全装置扣 3 分； 3. 传动部位未设置防护罩扣 3 分； 4. 未做保护接零、未设置漏电保护器每处扣 3 分； 5. 未设置安全防护棚扣 3 分； 6. 无人操作时未切断电源扣 3 分； 7. 使用平刨或圆盘锯合用一台电动机的多功能木工机具，平刨和圆盘锯两项扣 12 分	12		
2	圆盘锯	1. 电锯安装后未留有验收合格手续扣 3 分； 2. 未设置锯盘护罩、分料器、防护挡板安全装置和传动部位未进行防护每缺一项扣 3 分； 3. 未做保护接零、未设置漏电保护器每处扣 3 分； 4. 未设置安全防护棚扣 3 分； 5. 无人操作时未切断电源扣 3 分	10		
3	手持电动工具	1. Ⅰ类手持电动工具未采取保护接零或漏电保护器扣 8 分； 2. 使用Ⅰ类手持电动工具不按规定穿戴绝缘用品扣 4 分； 3. 使用手持电动工具随意接长电源线或更换插头扣 4 分	8		
4	钢筋机械	1. 机械安装后未留有验收合格手续扣 5 分； 2. 未做保护接零、未设置漏电保护器每处扣 5 分； 3. 钢筋加工区无防护棚，钢筋对焊作业区未采取防止火花飞溅措施，冷拉作业区未设置防护栏每处扣 5 分； 4. 传动部位未设置防护罩或限位失灵每处扣 3 分	10		

续表 7-5

序号	检查项目	扣分标准	应得分数	扣减分数	实得分数
5	电焊机	1. 电焊机安装后未留有验收合格手续扣3分； 2. 未做保护接零、未设置漏电保护器每处扣3分； 3. 未设置二次空载降压保护器或二次侧漏电保护器每处扣3分； 4. 一次线长度超过规定或不穿管保护扣3分； 5. 二次线长度超过规定或未采用防水橡皮护套铜芯软电缆扣3分； 6. 电源不使用自动开关扣2分； 7. 二次线接头超过3处或绝缘层老化每处扣3分； 8. 电焊机未设置防雨罩、接线柱未设置防护罩每处扣3分	8		
6	搅拌机	1. 搅拌机安装后未留有验收合格手续扣4分； 2. 未做保护接零、未设置漏电保护器每处扣4分； 3. 离合器、制动器、钢丝绳达不到要求每项扣2分； 4. 操作手柄未设置保险装置扣3分； 5. 未设置安全防护棚和作业台不安全扣4分； 6. 上料斗未设置安全挂钩或挂钩不使用扣3分； 7. 传动部位未设置防护罩扣4分； 8. 限位不灵敏扣4分； 9. 作业平台不平稳扣3分	8		
7	气瓶	1. 氧气瓶未安装减压器扣5分； 2. 各种气瓶未标明标准色标扣2分； 3. 气瓶间距小于5m、距明火小于10m又未采取隔离措施每处扣2分； 4. 乙炔瓶使用或存放时平放扣3分； 5. 气瓶存放不符合要求扣3分； 6. 气瓶未设置防震圈和防护帽每处扣2分	8		
8	翻斗车	1. 翻斗车制动装置不灵敏扣5分； 2. 无证司机驾车扣5分； 3. 行车载人或违章行车扣5分	8		

续表 7－5

序号	检 查 项 目	扣 分 标 准	应得分数	扣减分数	实得分数
9	潜水泵	1. 未做保护接零、未设置漏电保护器每处扣3分； 2. 漏电动作电流大于15mA、负荷线未使用专用防水橡皮电缆每处扣3分	6		
10	振捣器具	1. 未使用移动式配电箱扣4分； 2. 电缆长度超过30m扣4分； 3. 操作人员未穿戴好绝缘防护用品扣4分	8		
11	桩工机械	1. 机械安装后未留有验收合格手续扣3分； 2. 桩工机械未设置安全保护装置扣3分； 3. 机械行走路线地耐力不符合说明书要求扣3分； 4. 施工作业未编制方案扣3分； 5. 桩工机械作业违反操作规程扣3分	6		
12	泵送机械	1. 机械安装后未留有验收合格手续扣4分； 2. 未做保护接零、未设置漏电保护器每处扣4分； 3. 固定式混凝土输送泵未制作良好的设备基础扣4分； 4. 移动式混凝土输送泵车未安装在平坦坚实的地坪上扣4分； 5. 机械周围排水不通畅的扣3分、积灰扣2分； 6. 机械产生的噪声超过《建筑施工场界噪声限值》扣3分； 7. 整机不清洁、漏油、漏水每发现一处扣2分	8		
检查项目合计			100		

7.1.5 临时用电的安全检查和评价

1. 施工现场临时用电安全要求

（1）基本原则包括：

1）建筑施工现场的电工、电焊工属于特种作业工种，必须按国家有关规定经专门安全作业培训，取得特种作业操作资格证书，方可上岗作业。其他人员不得从事电气设备及电气线路的安装、维修和拆除。

2）建筑施工现场必须采用TN－S接零保护系统，即具有专用保护零线（PE线）、电源中性点直接接地的220/380V三相五线制系统。

3）建筑施工现场必须按“三级配电二级保护”设置。

4）施工现场的用电设备必须实行“一机、一闸、一漏、一箱”制，即每台用电设备必须有自己专用的开关箱，专用开关箱内必须设置独立的隔离开关和漏电保护器。

5）严禁在高压线下方搭设临建、堆放材料和进行施工作业；在高压线一侧作业时，必须保持至少6m的水平距离，达不到上述距离时，必须采取隔离防护措施。

6）在宿舍工棚、仓库、办公室内严禁使用电饭煲、电水壶、电炉、电热杯等较大功率电器。如需使用，应由项目部安排专业电工在指定地点安装可使用较高功率电器的电气线路和控制器。严禁使用不符合安全的电炉、电热棒等。

7）严禁在宿舍内乱拉乱接电源，非专职电工不准乱接或更换熔丝，不准以其他金属丝代替熔丝（保险）丝。

8）严禁在电线上晾衣服和挂其他物件等。

9）搬运较长的金属物体，如钢筋、钢管等材料时，应注意不要碰触到电线。

10）在临近输电线路的建筑物上作业时，不能随便往下扔金属类杂物；更不能触摸、拉动电线或电线接触钢丝和电杆的拉线。

11）移动金属梯子和操作平台时，要观察高处输电线路与移动物体的距离，确认有足够的安全距离，再进行作业。

12）在地面或楼面上运送材料时，不要踏在电线上；停放手推车、堆放钢模板、跳板、钢筋时不要压在电线上。

13）在移动有电源线的机械设备时，如电焊机、水泵、小型木工机械等，必须先切断电源，不能带电搬动。

14）当发现电线坠地或设备漏电时，切不可随意跑动和触摸金属物体，并保持10m以上距离。

（2）安全电压注意事项：

1）安全电压是指50V以下特定电源供电的电压系列。

安全电压是为防止触电事故而采用的50V以下特定电源供电的电压系列，分为42V、36V、24V、12V和6V五个等级，根据不同的作业条件，选用不同的安全电压等级。建筑施工现场常用的安全电压有12V、24V、36V。

2）特殊场所必须采用电压照明供电。

以下特殊场所必须采用安全电压照明供电：

①室内灯具离地面低于2.4m，手持照明灯具，一般潮湿作业场所（地下室、潮湿室内、潮湿楼梯、隧道、人防工程以及有高温、导电灰尘等）的照明，电源电压应不大于36V。

②在潮湿和易触及带电体场所的照明电源电压，应不大于24V。

③在特别潮湿的场所，锅炉或金属容器内，导电良好的地面使用手持照明灯具等，照明电源电压不得大于12V。

3）正确识别电线的相色。

电源线路可分工作相线（火线）、专用工作零线和专用保护零线。一般情况下，工作相线（火线）带电危险，专用工作零线和专用保护零线不带电（但在不正常情况下，工作零线也可以带电）。

一般相线（火线）分为A、B、C三相，分别为黄色、绿色、红色；工作零线为黑色；专用保护零线为黄绿双色线。

严禁用黄绿双色、黑色、蓝色线当相线，也严禁用黄色、绿色、红色线作为工作零线和保护零线。

（3）“用电示警”标志的安全要求：正确识别“用电示警”标志或标牌，不得随意靠近、随意损坏和挪动标牌（表7－6）。

表7－6 “用电示警”标志

使用 分类	颜　　色	使用场所
常用电力标志	红色	配电房、发电机房、变压器等重要场所
高压示警标志	字体为黑色，箭头和边框为红色	需高压示警场所
配电房示警标志	字体为红色，边框为黑色（或字与边框交换颜色）	配电房或发电机房
维护检修示警标志	底为红色、字为白色（或字为红色、底为白色、边框为黑色）	维护检修时相关场所
其他用电示警标志	箭头为红色、边框为黑色、字为红色或黑色	其他一般用电场所

进入施工现场的每个人都必须认真遵守用电管理规定，见到以上用电示警标志或标牌时，不得随意靠近，更不准随意损坏、挪动标牌。

2. 施工现场临时用电的安全技术措施

（1）电气线路的安全技术措施有：

1）施工现场电气线路全部采用“三相五线制”（TN－S系统）专用保护接零（PE线）系统供电。

2）施工现场架空线采用绝缘铜线。

3）架空线设在专用电杆上，严禁架设在树木、脚手架上。

4）导线与地面保持足够的安全距离。

导线与地面最小垂直距离：施工现场应不小于4m；机动车道应不小于6m；铁路轨道应不小于7.5m。

5）无法保证规定的电气安全距离，必须采取防护措施。

如果由于在建工程位置限制而无法保证规定的电气安全距离，必须采取设置防护性遮拦、栅栏，悬挂警告标志牌等防护措施。发生高压线断线落地时，非检修人员要远离落地10m以外，以防跨步电压危害。

6）为了防止设备外壳带电发生触电事故，设备应采用保护接零，并安装漏电保护器等措施。作业人员要经常检查保护零线连接是否牢固可靠，漏电保护器是否有效。

7）在电箱等用电危险地方，挂设安全警示牌。如“有电危险”、“禁止合闸，有人工作”等。

（2）照明用电的安全技术措施：

施工现场临时照明用电的安全要求如下：

1）临时照明线路必须使用绝缘导线。

临时照明线路必须使用绝缘导线，户内（工棚）临时线路的导线必须安装在离地 2m 以上支架上；户外临时线路必须安装在离地 2.5m 以上支架上，零星照明线不允许使用花线，一般应使用软电缆线。

2）建设工程的照明灯具宜采用拉线开关。拉线开关距地面高度为 2～3m，与出、入口的水平距离为 0.15～0.2m。

3）严禁在床头设立开关和插座。

4）电器、灯具的相线必须经过开关控制。

不得将相线直接引入灯具，也不允许以电气插头代替开关来分合电路，室外灯具距地面不得低于 3m；室内灯具不得低于 2.4m。

5）使用手持照明灯具（行灯）应符合一定的要求：

①电源电压不超过 36V。

②灯体与手柄应坚固，绝缘良好，并耐热防潮湿。

③灯头与灯体结合牢固。

④灯泡外部要有金属保护网。

⑤金属网、反光罩、悬吊挂钩应固定在灯具的绝缘部位上。

6）照明系统中每一单相回路上，灯具和插座数量不宜超过 25 个，并应装设熔断电流为 15A 以下的熔断保护器。

（3）配电箱与开关箱的安全技术措施：施工现场临时用电一般采用三级配电方式，即总配电箱（或配电室），下设分配电箱，再以下设开关箱，开关箱以下就是用电设备。

配电箱和开关箱的使用安全要求如下：

1）配电箱、开关箱的箱体材料，一般应选用钢板，亦可选用绝缘板，但不宜选用木质材料。

2）电箱、开关箱应安装端正、牢固，不得倒置、歪斜。

固定式配电箱、开关箱的下底与地面垂直距离应大于或等于 1.3m，小于或等于 1.5m；移动式分配电箱、开关箱的下底与地面的垂直距离应大于或等于 0.6m，小于或等于 1.5m。

3）进入开关箱的电源线，严禁用插销连接。

4）电箱之间的距离不宜太远。

分配电箱与开关箱的距离不得超过 30m。开关箱与固定式用电设备的水平距离不宜超过 3m。

5）每台用电设备应有各自专用的开关箱。

施工现场每台用电设备应有各自专用的开关箱，且必须满足“一机、一闸、一漏、一箱”的要求，严禁用同一个开关电器直接控制两台及两台以上用电设备（含插座）。

开关箱中必须设漏电保护器，其额定漏电动作电流应不大于30mA，漏电动作时间应不大于0.1s。

6）所有配电箱门应配锁，不得在配电箱和开关箱内挂接或插接其他临时用电设备，开关箱内严禁放置杂物。

7）配电箱、开关箱的接线应由电工操作，非电工人员不得乱接。

（4）配电箱和开关箱的使用要求：

1）在停、送电时，配电箱、开关箱之间应遵守合理的操作顺序：

送电操作顺序：总配电箱→分配电箱→开关箱；

断电操作顺序：开关箱→分配电箱→总配电箱。

正常情况下，停电时首先分断自动开关，然后分断隔离开关；送电时先合隔离开关，后合自动开关。

2）使用配电箱、开关箱时，操作者应接受岗前培训，熟悉所使用设备的电气性能和掌握有关开关的正确操作方法。

3）及时检查、维修，更换熔断器的熔丝，必须用原规格的熔丝，严禁用铜线、铁线代替。

4）配电箱的工作环境应经常保持设置时的要求，不得在其周围堆放任何杂物，保持必要的操作空间和通道。

5）维修机器停电作业时，要与电源负责人联系停电，要悬挂警示标志，卸下保险丝，锁上开关箱。

3. 手持电动机具使用安全

手持电动机具在使用中需要经常移动，其振动较大，比较容易发生触电事故。而这类设备往往是在工作人员紧握之下运行的，因此，手持电动机具比固定设备更具有较大的危险性。

（1）手持电动机具的分类：手持电动机具按触电保护分为Ⅰ类工具、Ⅱ类工具和Ⅲ类工具。

1）Ⅰ类工具（即普通型电动机具）。

其额定电压超过50V。工具在防止触电的保护方面不仅依靠其本身的绝缘，而且必须将不带电的金属外壳与电源线路中的保护零线做可靠连接，这样才能保证工具基本绝缘损坏时不成为导电体。这类工具外壳一般都是全金属。

2）Ⅱ类工具（即绝缘结构皆为双重绝缘结构的电动机具）。

其额定电压超过50V。工具在防止触电的保护方面不仅依靠基本绝缘，而且还提供双重绝缘或加强绝缘的附加安全预防措施。这类工具外壳有金属和非金属两种，但手持部分是非金属，非金属处有“回”符号标志。

3）Ⅲ类工具（即特低电压的电动机具）。

其额定电压不超过50V。工具在防止触电的保护方面依靠由安全特低电压供电和在工具内部不含产生比安全特低电压高的电压。这类工具外壳均为全塑料。

Ⅱ、Ⅲ类工具都能保证使用时电气安全的可靠性，不必接地或接零。

（2）手持电动机具的安全使用要求：

1）一般场所应选用Ⅰ类手持式电动工具，并应装设额定漏电动作电流不大于15mA、额定漏电动作时间小于0.1s的漏电保护器。

2）在露天、潮湿场所或金属构架上操作时，必须选用Ⅱ类手持式电动工具，并装设漏电保护器，严禁使用Ⅰ类手持式电动工具。

3）负荷线必须采用耐用的橡皮护套铜芯软电缆。

单相用三芯（其中一芯为保护零线）电缆；三相用四芯（其中一芯为保护零线）电缆；电缆不得有破损或老化现象，中间不得有接头。

4）手持电动工具应配备装有专用的电源开关和漏电保护器的开关箱，严禁一台开关接两台以上设备，其电源开关应采用双刀控制。

5）手持电动工具开关箱内应采用插座连接，其插头、插座应无损坏、无裂纹，且绝缘良好。

6）使用手持电动工具前，必须检查外壳、手柄、负荷线、插头等是否完好无损，接线是否正确（防止相线与零线错接）；发现工具外壳、手柄破裂，应立即停止使用并进行更换。

7）非专职人员不得擅自拆卸和修理工具。

8）作业人员使用手持电动工具时，应穿绝缘鞋，戴绝缘手套，操作时握其手柄，不得利用电缆提拉。

9）长期搁置不用或受潮的工具在使用前应由电工测量绝缘阻值是否符合要求。

4. 施工现场临时用电安全检查主要内容

（1）检查标准规范依据包括：

1）《建筑施工安全检查标准》JGJ 59—2011；

2）《施工现场临时用电安全技术规范》JGJ 46—2005。

（2）施工用电检查评分表是对施工现场临时用电情况的评价。检查的项目应包括：外电防护、接地与接零保护系统、配电箱、开关箱、现场照明、配电线路、电器装置、变配电装置和用电档案九项内容。

5. 施工现场临时用电安全检查方法

施工现场临时用电检查主要采用现场检查和用检查评分表打分的办法。

（1）施工用电检查评分应按表7－7进行检查打分。

表7－7 施工用电检查评分表

序号	检查项目		扣分标准	应得分数	扣减分数	实得分数
1	保证项目	外电防护	1. 外电线路与在建工程（含脚手架）、高大施工设备、场内机动车道之间小于安全距离且未采取防护措施扣10分； 2. 防护设施和绝缘隔离措施不符合规范扣5～10分； 3. 在外电架空线路正下方施工、建造临时设施或堆放材料物品扣10分	10		

续表 7－7

序号	检查项目		扣分标准	应得分数	扣减分数	实得分数
2	保证项目	接地与接零保护系统	1. 施工现场专用变压器配电系统未采用 TN－S 接零保护方式扣 20 分； 2. 配电系统未采用同一保护方式扣 10～20 分； 3. 保护零线引出位置不符合规范扣 10～20 分； 4. 保护零线装设开关、熔断器或与工作零线混接扣 10～20 分； 5. 保护零线材质、规格及颜色标记不符合规范每处扣 3 分； 6. 电气设备未接保护零线每处扣 3 分； 7. 工作接地与重复接地的设置和安装不符合规范扣 10～20 分； 8. 工作接地电阻大于 4Ω，重复接地电阻大于 10Ω 扣 10～20 分； 9. 施工现场防雷措施不符合规范扣 5～10 分	20		
3		配电线路	1. 线路老化破损，接头处理不当扣 10 分； 2. 线路未设短路、过载保护扣 5～10 分； 3. 线路截面不能满足负荷电流每处扣 2 分； 4. 线路架设或埋设不符合规范扣 5～10 分； 5. 电缆沿地面明敷扣 10 分； 6. 使用四芯电缆外加一根线替代五芯电缆扣 10 分； 7. 电杆、横担、支架不符合要求每处扣 2 分	10		
4		配电箱与开关箱	1. 配电系统未按“三级配电、二级漏电保护”设置扣 10～20 分； 2. 用电设备违反“一机、一闸、一漏、一箱”每处扣 5 分； 3. 配电箱与开关箱结构设计、电器设置不符合规范扣 10～20 分； 4. 总配电箱与开关箱未安装漏电保护器每处扣 5 分； 5. 漏电保护器参数不匹配或失灵每处扣 3 分； 6. 配电箱与开关箱内闸具损坏每处扣 3 分； 7. 配电箱与开关箱进线和出线混乱每处扣 3 分； 8. 配电箱与开关箱内未绘制系统接线图和分路标记每处扣 3 分；	20		

续表 7－7

序号	检查项目		扣分标准	应得分数	扣减分数	实得分数
4	保证项目	配电箱与开关箱	9. 配电箱与开关箱未设门锁、未采取防雨措施每处扣3分； 10. 配电箱与开关箱安装位置不当、周围杂物多等不便操作每处扣3分； 11. 分配电箱与开关箱的距离、开关箱与用电设备的距离不符合规范每处扣3分	20		
小计				60		
5	一般项目	配电室与配电装置	1. 配电室建筑耐火等级低于3级扣15分； 2. 配电室未配备合格的消防器材扣3～5分； 3. 配电室、配电装置布设不符合规范扣5～10分； 4. 配电装置中的仪表、电器元件设置不符合规范或损坏、失效扣5～10分； 5. 备用发电机组未与外电线路进行连锁扣15分； 6. 配电室未采取防雨雪和小动物侵入的措施扣10分； 7. 配电室未设警示标志、工地供电平面图和系统图扣3～5分	15		
6		现场照明	1. 照明用电与动力用电混用每处扣3分； 2. 特殊场所未使用36V及以下安全电压扣15分； 3. 手持照明灯未使用36V以下电源供电扣10分； 4. 照明变压器未使用双绕组安全隔离变压器扣15分； 5. 照明专用回路未安装漏电保护器每处扣3分； 6. 灯具金属外壳未接保护零线每处扣3分； 7. 灯具与地面、易燃物之间小于安全距离每处扣3分； 8. 照明线路接线混乱和安全电压线路接头处未使用绝缘布包扎扣10分	15		

续表 7－7

序号	检查项目		扣分标准	应得分数	扣减分数	实得分数
7	一般项目	用电档案	1. 未制定专项用电施工组织设计或设计缺乏针对性扣 5～10 分； 2. 专项用电施工组织设计未履行审批程序，实施后未组织验收扣 5～10 分； 3. 接地电阻、绝缘电阻和漏电保护器检测记录未填写或填写不真实扣 3 分； 4. 安全技术交底、设备设施验收记录未填写或填写不真实扣 3 分； 5. 定期巡视检查、隐患整改记录未填写或填写不真实扣 3 分； 6. 档案资料不齐全、未设专人管理扣 5 分	10		
小计				40		
检查项目合计				100		

（2）日常检查管理用表：

临时用电工程检查验收记录见表 7－8 所列。

表 7－8 临时用电工程检查验收记录

工程名称				供电方式	
计算用电电流（A）		计算用电负荷（kV·A）		选择变压器容量（kV·A）	
选择电源电缆或导线截面积（mm^2）		供电局变压器容量（kV·A）		保护方式	

序号	验收项目	验收内容	验收结果
1	施工方案	用电设备在 5 台及以上或设备总容量 50kW 及以上者应编制临时用电施工组织设计，施工单位技术负责人批准、总监理工程师审批	
		用电设备在 5 台以下或设备总容量 50kW 以下者应制定安全用电和电气防火措施，施工单位技术负责人批准、总监理工程师审批	
		应有用电工程总平面图、配电装置布置图、配电系统接线图（总配电箱、分配电箱、开关箱）、接地装置设计图	

续表 7-8

序号	验收项目	验收内容	验收结果
2	安全技术交底	有安全技术交底	
3	外电防护	外电架空线路下方应无生活设施、作业棚、堆放材料、施工作业区	
		与外电架空线之间的最小安全操作距离符合规范要求	
		达不到最小安全距离要求时，应设置坚固、稳定的绝缘隔离防护设施，并悬挂醒目的警告标志	
4	配电线路	架空线、电杆、横担应符合规定要求，架空线应架设在专用电杆上，不得架设在树木、脚手架及其他设施上。架空线在一个挡距内，每层导线的接头数不得超过该层导线条数的50%，且一条导线应只有一个接头	
		架空线路布设符合规范要求。架空线路的挡距≤35m，架空线路的线间距≥0.3m	
		架空线与邻近线路或固定物的距离符合规范要求	
		电杆埋地、接线符合规范要求	
		电缆中应包含全部工作芯线和用做保护零线或保护线的芯线。需要三相四线制配电的电缆线路必须采用五芯电缆	
		五芯电缆应包含淡蓝、绿/黄二种颜色绝缘芯线。淡蓝色芯线必须用做工作零线（N线）；绿/黄双色芯线必须用做保护零线（PE线），严禁混用	
		架空电缆敷设应符合规范要求	
		埋地电缆敷设方式、深度应符合规范要求，埋地电缆路径应设方位标志	
		埋地电缆在穿越建筑物、构筑物、道路、易受机械损伤、介质腐蚀场所及引出地面2m至地下0.2m处，应采用可靠的安全防护措施	
		在建工程内的电缆线路严禁穿越脚手架引入，垂直敷设固定点每楼层不得少于一处	
		装饰装修工程或其他特殊阶段，应补充编制单项施工用电方案。电源线可沿墙角、地面敷设，但应采取防机械损伤和电火措施	
		室内配线必须是绝缘导线或电缆，过墙处应穿管保护	

续表 7－8

序号	验收项目	验收内容	验收结果
5	接地与接零保护系统	应采用 TN－S 接零保护系统供电，电气设备的金属外壳必须与 PE 线连接	
		当施工现场与外电线路共用同一供电系统时，电气设备的接地、接零保护应与原系统保持一致	
		PE 线采用绝缘导线。PE 线上严禁装设开关或熔断器，严禁通过工作电流，且严禁断线	
		TN 系统中，PE 线除必须在配电室或总配电箱处做重复接地外，还必须在配电系统的中间处和末端处做重复接地。接地装置符合规范要求，每一处重复接地装置的接地电阻值不应大于 10Ω	
		工作接地电阻值符合规范要求	
		不得采用铝导体做接地体或地下接地线。垂直接地体不得采用螺纹钢。接地可利用自然接地体，但应保证其电气连接和热稳定	
		需设防雷接地装置的，其冲击接地电阻值不得大于 30Ω	
		做防雷接地机械上的电气设备，所连接的 PE 线必须同时做重复接地，同一台机械电气设备的重复接地和机械的防雷接地可共用同一接地体，但接地电阻应符合重复接地电阻值的要求	
6	配电箱	符合三级配电两级保护要求，箱体符合规范要求，有门、有锁、有防雨、有防尘措施	
		每台用电设备必须有各自专用的开关箱，动力开关箱与照明开关箱必须分设	
		配电箱设置位置应符合有关要求，有足够二人同时工作的空间或通道	
		配电柜（总配电箱）、分配电箱、开关箱内的电器配置与接线应符合有关要求，连接牢固，完好可靠	
		配电箱的电器安装板上必须分设 N 线端子板和 PE 线端子板。N 线端子板必须与金属电器安装板绝缘；PE 线端子板必须与金属电器安装板做电气连接	

续表 7-8

序号	验收项目	验收内容	验收结果
6	配电箱	隔离开关应设置于电源进线端，应采用分断时具有可见分断点，并能同时断开电源所有极的隔离电器	
		配电箱、开关箱的电源进线端严禁采用插头或插座做活动连接；开关箱出线端如连接需接 PE 线的用电设备，不得采用插头或插座做活动连接	
		漏电保护装置应灵敏、有效，参数应匹配	
		开关箱中漏电保护器的额定漏电动作电流不应大于 30mA，额定漏电动作时间不应大于 0.1s	
		总配电箱中漏电保护器的额定漏电动作电流应大于 30mA，额定漏电动作时间应大于 0.1s，但其额定漏电动作电流与额定漏电动作时间的乘积不应大于 30mA·s	
7	现场照明	照明回路有单独开关箱，应装设隔离开关、短路与过载保护电器和漏电保护器	
		灯具金属外壳应做接零保护。室外灯具安装高度不低于 3m，室内安装高度不低于 2.5m	
		照明器具选择符合规范要求。照明器具、器材应无绝缘老化或破损	
		按规定使用安全电压。隧道、人防工程、高温、有导电灰尘、比加减法潮湿或灯具离地面高度低于 2.5m 等场所的照明，电源电压不应大于 36V	
		照明变压器必须使用双绕组型安全隔离变压器，严禁使用自耦变压器	
		照明装置符合规范要求	
		对夜间影响飞机或车辆通行的在建工程及机械设备，必须设置醒目的红色信号灯，其电源应设在施工现场总电源开关的前侧，并应设置外电线路停止供电时的应急自备电源	

续表 7－8

<table>
<tr><th>序号</th><th>验 收 项 目</th><th colspan="2">验 收 内 容</th><th>验收结果</th></tr>
<tr><td rowspan="3">8</td><td rowspan="3">变配电装置</td><td colspan="2">配电室布置应符合有关要求，自然通风，应有防止雨雪侵入和动物进入的措施</td><td rowspan="3"></td></tr>
<tr><td colspan="2">发电机组电源必须与外电线路电源连锁，严禁并列运行</td></tr>
<tr><td colspan="2">发电机组并列运行时，必须装设同期装置，并在机组同步运行后再向负载供电</td></tr>
<tr><td colspan="3" rowspan="2">项目经理部验收结论：

项目负责人：
项目技术负责人：
专职安全员：
电工：
其他人员：
年　月　日（章）</td><td colspan="2">施工单位验收意见：

验收负责人：
年　月　日（章）</td></tr>
<tr><td colspan="2">监理单位意见：

总监理工程师：
年　月　日（章）</td></tr>
</table>

7.1.6 消防设施的安全检查和评价

建筑消防设施主要分为两大类，一类为灭火系统，另一类为安全疏散系统。应使建筑消防设施始终处于完好有效的状态，保证建筑物的消防安全。

必须加大监督检查管理的力度，提高建筑消防设施的完好率，保证公民人身安全和建筑物的消防安全。建筑消防设施种类很多，适应于施工现场的种类不多，主要有施工现场消火栓给水系统、手提灭火器和推车灭火器、现场灭火沙包等。

1. 施工现场消火栓给水系统

（1）施工现场安全检查要点。

1）施工现场临时消火栓应分设于各层明显且便于使用的地点，并保证消火栓的充实水柱能到达工程内任何部位。使用时栓口离地面 1.2m，出水方向宜与墙壁呈 90°。

2）消火栓口径应为 65mm，配备的水带每节长度不宜超过 20m，水枪喷嘴口径不小于 19mm。每个消火栓处宜设启动消防水泵的按钮。

3）室外消火栓应沿消防车道或堆料场内交通道路的边缘设置，消火栓之间的距离不应大于 120m。周围 3m 之内，禁止堆物。

（2）常见问题：

1）消防水池：有效容量偏小、合用水池无消防专用的技术措施、较大容量水池无分格措施。

2）消防水泵：流量偏小或扬程偏大，一组消防水泵只有一根吸水管或只有一根出水管，出水管上无压力表、无试验放水阀、无泄压阀，引水装置设置不正确，吸水管的管径偏小。

3）增压设施：增压泵的流量偏大。

4）水泵接合器：与室外消火栓或消防水池的取水口距离大于40m、数量偏少、未分区设置。

5）减压装置：消火栓口动压大于0.5MPa的未设减压装置，减压孔板孔径偏小。

6）消防水箱：屋顶合用水箱无直通消防管网水管、无消防水专用措施、出水管上未设单向阀。

7）消火栓：阀门关闭不严，有渗水现象；冬期地上室外消火栓冻裂；室外地上消火栓开启时剧烈振动；室内消火栓口处的静水压力超过80m水柱，没有采用分区给水系统；室内消火栓口方向与墙平行（另外，目前新上市的消火栓口可旋转的消防栓质量有一部分不过关，用过一段时间消火栓口生锈，影响使用）；屋顶未设检查用的试验消火栓。

8）消火栓按钮：临时高压给水系统部分消火栓箱内未设置直接启泵按钮，功能不齐（常见错误有4种类型：消火栓按钮不能直接启泵，只能通过联动控制器启动消防水泵；消火栓按钮启动后无确认信号；消火栓按钮不能报警，显示所在部位；消火栓按钮通过220V强电启泵）。

9）消火栓管道：直径小；采用镀锌管，有的安装单位违章进行焊接（致使防腐层破坏，管道易锈蚀烂穿，造成漏水）。

10）高层建筑下层水压超过0.4MPa，无减压装置；这样给使用带来很大问题，压力过大无法操作使用，还容易造成事故。

11）消火栓箱内的水枪、水带、接口、消防卷盘（水喉）等器材缺少、不全，水泵启动按钮失效。

12）供水压力不足，不能满足水枪充实水柱的要求，影响火灾火场施救。

13）消火栓箱内器材锈蚀、水带发霉、阀门锈蚀无法开启。

14）水泵接合器故障、失效。

2．手提灭火器和推车灭火器

手提式灭火器和推车式灭火器是扑救建筑初期火灾最有效的灭火器材，使用方便，容易掌握，是施工现场配置的最常见的消防器材。它的类型有很多种，分别适用于不同类型的火灾。保证灭火器的有效好用是扑救初期火灾的必备条件。

检查各种灭火器，是对施工现场消防检查的一项重要内容。应当熟练地掌握检查的内容和重点，以及不同场所灭火器的配置计算。

（1）常见问题：

1）数量不足、灭火器选型与场所环境火灾类型不符。

2）灭火器超期；无压力表，或压力不足。

3）夏季酷热时节，灭火器在阳光下直接暴晒（可能引起爆炸），冬天严寒时期，灭火器在室外存放（导致失效）。

4）灭火器放置在灭火器箱内上锁，不方便取用。

5）配置的灭火器是非正规厂家的假冒伪劣产品，或非法维修的灭火器。

（2）现场检查：

1）根据危险等级检查灭火器数量是否充足，场所灭火器选型是否合适。

2）有无灭火器锈蚀、过期或压力不足现象。

3）是否取用方便。灭火器是否是国家认证合格产品，是否是认证厂家维修。

（3）检查检测：

建筑消防设施的检查检测，要耐心细致，认真测试，详细记录在案并以之作为维护检测的依据。

建筑消防设施随着科技进步在不断地更新换代，新的设施与旧的设施能否很好地配套结合是不容忽视的问题。许多新设施安装后由于未能很好地解决与原设施的结合调试问题，结果使整个系统陷于瘫痪。在检查时遇到设备更新时，要注意这方面的问题。

建筑消防设施的维护检查，是长期不辍的事情，要想保证消防设施的完好有效，保证建筑场所的消防安全，就必须耐心坚持，认真负责，一丝不苟。对于消防监督人员是这样，对于建筑中从事消防设施管理的人员也应是这样。

3．施工现场消防设施检查内容

（1）消防管理方面应检查的内容有：消防安全管理组织机构的建立，消防安全管理制度，防火技术方案，灭火及应急疏散预案和演练记录，消防设施平面图，消防重点部位明细，消防设备、设施和器材登记，动火作业审批。

（2）施工现场主要消防器材有：灭火器、消防锹、消防钩、消防钳，消防用钢管、配件，消防管道等。

（3）施工现场应编制消防重点部位明细，做到分区分责任落实到位。

（4）消火栓系统的检查包括：

1）现场用消火栓水枪射水（直接插入排水管道）检查消防水压。

2）消火栓箱内的启动按钮启动消防水泵。

3）检查消火栓箱内的枪、带、接口、压条、阀门、卷盘是否齐全好用。

4）检查室内消火栓系统内的单向阀、减压阀等有无阀门锈蚀现象；水带有无破损、发霉的情况。

5）消火栓的使用方法是否正确。打开消火栓门，按下内部火警按钮（按钮用做报警和启动消防泵）→一人接好枪头和水带奔向起火点→另一人接好水带和阀门口→逆时针打开阀门水喷出即可。电起火要确定切断电源。

（5）手提灭火器和推车灭火器的检查包括：

1）根据危险等级检查灭火器数量是否充足，场所灭火器选型是否合适。

2）有无灭火器锈蚀、过期或压力不足现象。

3）是否取用方便。灭火器是否是国家认证合格产品，是否是认证厂家维修。

4．消防保卫安全资料检查内容

（1）消防安全管理主要包括下列内容：

1）项目部应建立消防安全管理组织机构。

2）项目部应制定消防安全管理制度。

3）项目部应编制施工现场防火技术专项方案。

4）项目部应编制施工现场灭火及应急疏散预案，定期组织演练，并有文字和图片记录。

5）项目部应绘制消防设施平面图，应明确现场各类消防设施、器材的布置位置和数量。

6）项目部应对施工现场消防重点部位进行登记，填写“消防重点部位明细表”。

7）项目部应将各类消防设备、设施和器材进行登记，填写“消防设备、设施、器材登记表”。

8）施工现场动火作业前，应由动火作业人提出动火作业申请，填写动火作业审批手续。

（2）保卫管理主要包括下列内容：

1）项目部应制定安全保卫制度。

2）项目部值班保卫人员应每天记录当班期间工作的主要事项，做好保卫人员值班、巡查等工作记录。

3）项目部应建立门卫制度，设置门卫室，门卫每天对外来人员、车辆进行登记，做好有关记录。

5. 施工现场消防管理常用表格

施工现场常用的管理表格有：消防重点部位明细记录和消防设备、设施、器材登记记录等（表7－9、表7－10）。

表7－9 消防重点部位明细记录

<table>
<tr><td>工程名称</td><td colspan="4"></td></tr>
<tr><td>序号</td><td>消防重点部位名称</td><td>消防器材配备情况</td><td>防火责任人</td><td>检查时间和结果</td></tr>
<tr><td></td><td></td><td></td><td></td><td></td></tr>
<tr><td></td><td></td><td></td><td></td><td></td></tr>
<tr><td></td><td></td><td></td><td></td><td></td></tr>
<tr><td></td><td></td><td></td><td></td><td></td></tr>
<tr><td></td><td></td><td></td><td></td><td></td></tr>
<tr><td></td><td></td><td></td><td></td><td></td></tr>
<tr><td></td><td></td><td></td><td></td><td></td></tr>
</table>

项目负责人： 消防安全管理人员：

表7－10 消防设备、设施、器材登记记录

<table>
<tr><td>工程名称</td><td colspan="2"></td><td>地址</td><td colspan="2"></td></tr>
<tr><td>工程高度</td><td></td><td>层数</td><td></td><td>水泵台数</td><td></td></tr>
<tr><td>扬程</td><td></td><td>水压情况</td><td></td><td>设水箱否</td><td></td></tr>
<tr><td>水箱容量</td><td></td><td colspan="3">泵房是否设专用线路</td><td></td></tr>
<tr><td>消防竖管口径</td><td></td><td colspan="2">水口如何配备</td><td colspan="2"></td></tr>
<tr><td>器材箱的配备</td><td></td><td>水龙带数</td><td></td><td>现场消火栓数</td><td></td></tr>
<tr><td>灭火器材数量</td><td></td><td>维修时间</td><td></td><td>是否有效</td><td></td></tr>
<tr><td colspan="6">制定的措施及泵房配电线路图</td></tr>
<tr><td colspan="6">年 月 日</td></tr>
</table>

项目负责人： 消防安全管理人员：

7.2　施工项目安全验收

7.2.1　验收项目

施工项目安全验收项目包括：

（1）一般防护设施和中小型机械。

（2）脚手架。

（3）高大外脚手架、满堂脚手架。

（4）吊篮架、挑架、外挂脚手架、卸料平台。

（5）整体式提升架。

（6）高20m以上的物料提升架。

（7）施工用电梯。

（8）塔吊。

（9）临电设施。

（10）钢结构吊装吊索具等配套防护设施。

（11）$30m^3/h$以上的搅拌站。

（12）其他大型防护设施。

7.2.2　验收的程序

验收的程序如下：

（1）一般防护设施和中小型机械设备由项目经理部专业责任工程师会同分包有关责任人共同进行验收。

（2）整体防护设施以及重点防护设施由项目总（主任）工程师组织区域责任工程师、专业责任工程师及有关人员进行验收。

（3）区域内的单位工程防护设施及重点防护设施由区域工程师组织专业责任工程师，分包商施工、技术负责人、工长进行验收。项目经理部安全总监及相关分包安全员参加验收，其验收资料分专业归档。

（4）高度超过20m以上的高大架子等防护设施，临电设施，大型设备施工项目在自检自验基础上报请公司安全主管部门进行验收。

7.2.3　验收内容

验收内容为下列内容：

（1）对于一般脚手架（20m及其以下井字架、门式架）的验收。按照验收表格的验收项目、内容、标准进行详细检查，确无危险隐患，达到搭设图要求和规范要求，检查组成员签字正式验收。

（2）20m以上架体（包括爬架）的验收。按照检查表所列项目、内容、标准进行详细检查。并空载运行，检查无误后，进行满载升降运行试验，检查无误，最后进行超载

15%～25%和升降运行试验。试验中认真观察安全装置的灵敏状况，试验后，对缆风绳锚桩、起重绳、天滑轮、定向滑轮、转向滑轮、金属结构、卷扬机等进行全面检查，确无损坏且运行正常，检查组成员共同签字验收通过。

（3）塔吊等大中小型机械设备的验收。按照检查表所列项目、内容、标准进行详细检查。进行空载试验，验证无误，进行满负荷动载试验。再次全面检查无误，将夹轨夹牢后，进行超载15%～25%的动载运行试验。试验中，派专人观察安全装置是否灵敏可靠，对轨道机身吊杆起重绳、卡扣、滑轮等详细检查，确无损坏，运行正常，检查组成员共同签字验收通过。

（4）对于临电线路及电气设施的验收。按照临电验收所列项目、内容、标准进行详细检查。针对施工方案中的明确设置、方式、路线等进行检查。确认无误后，由检查组成员共同签字验收通过。

7.2.4 各种检查验收表（单）

（1）普通架子验收单（表7-11）。

表7-11 普通架子验收单

验收项目	验收评定	验收项目	验收评定
地基		拉结	
垫板		脚手架铺板及挡脚板	
材质		护身栏杆	
扫地杆		剪刀撑	
立杆		立网及兜网搭设	
大横杆		管理措施及交底	
小横杆			
搭设单位自检： 验收日期： 年 月 日			
搭设负责人		安全员	
项目自检： 验收日期： 年 月 日			
方案制定人		责任工程师	
安全总监		技术负责人	

（2）高大架子验收单（表7－12）。

表7－12 高大架子验收单

<table>
<tr><td colspan="2">搭设单位</td><td></td><td colspan="2">架子高度</td><td></td></tr>
<tr><td colspan="2">验收项目</td><td>验收评定</td><td colspan="2">验收项目</td><td>验收评定</td></tr>
<tr><td rowspan="2">管理</td><td>施工方案</td><td></td><td rowspan="5">作业面防护</td><td>防护栏杆</td><td></td></tr>
<tr><td>施工交底</td><td></td><td>脚手板</td><td></td></tr>
<tr><td rowspan="3">材质</td><td>钢管</td><td></td><td>挡脚板</td><td></td></tr>
<tr><td>扣件</td><td></td><td>立网</td><td></td></tr>
<tr><td>跳板</td><td></td><td>兜网</td><td></td></tr>
<tr><td rowspan="4">杆件间距</td><td>立杆</td><td></td><td rowspan="3">架体稳固</td><td>基础</td><td></td></tr>
<tr><td>大横杆</td><td></td><td>拉结</td><td></td></tr>
<tr><td>小横杆</td><td></td><td>卸荷措施</td><td></td></tr>
<tr><td>剪刀撑</td><td></td><td colspan="2"></td><td></td></tr>
<tr><td colspan="6">搭设单位自检：
验收日期： 年 月 日</td></tr>
<tr><td colspan="2">搭设负责人</td><td></td><td colspan="2">安全员</td><td></td></tr>
<tr><td colspan="6">项目自检：
验收日期： 年 月 日</td></tr>
<tr><td colspan="2">方案制定人</td><td></td><td colspan="2">责任工程师</td><td></td></tr>
<tr><td colspan="2">安全总监</td><td></td><td colspan="2">技术负责人</td><td></td></tr>
<tr><td colspan="6">公司验收：
验收负责人：
验收日期： 年 月 日</td></tr>
</table>

（3）挂架验收单（表7－13）。

表7－13 挂架验收单

<table>
<tr><td colspan="6">搭设安装单位：</td></tr>
<tr><td colspan="2">验收项目</td><td>验收评定</td><td colspan="2">验收项目</td><td>验收评定</td></tr>
<tr><td rowspan="2">管理</td><td>施工方案</td><td></td><td rowspan="4">架体防护</td><td>立网</td><td></td></tr>
<tr><td>施工交底</td><td></td><td>兜网</td><td></td></tr>
<tr><td rowspan="2">架体</td><td>材质</td><td></td><td>脚手板</td><td></td></tr>
<tr><td>规格</td><td></td><td>防护栏杆</td><td></td></tr>
<tr><td rowspan="4">挂件</td><td>材质</td><td></td><td rowspan="2">荷载</td><td>设计荷载（N/m^2）</td><td></td></tr>
<tr><td>规格</td><td></td><td>荷载试验（N/m^2）</td><td></td></tr>
<tr><td>间距</td><td></td><td></td><td></td><td></td></tr>
<tr><td>防脱措施</td><td></td><td colspan="2"></td><td></td></tr>
<tr><td colspan="6">搭设单位自检：
验收日期： 年 月 日</td></tr>
<tr><td colspan="2">搭设负责人</td><td></td><td colspan="2">安全员</td><td></td></tr>
<tr><td colspan="6">项目自检：
验收日期： 年 月 日</td></tr>
<tr><td colspan="2">方案制定人</td><td></td><td colspan="2">责任工程师</td><td></td></tr>
<tr><td colspan="2">安全总监</td><td></td><td colspan="2">技术负责人</td><td></td></tr>
<tr><td colspan="6">公司验收：
验收负责人：
验收日期： 年 月 日</td></tr>
</table>

（4）悬挑式脚手架验收单（表7－14）。

表7－14　悬挑式脚手架验收单

<table>
<tr><td colspan="6">搭设安装单位：</td></tr>
<tr><td colspan="2">验收项目</td><td>验收评定</td><td colspan="2">验收项目</td><td>验收评定</td></tr>
<tr><td rowspan="2">管理</td><td>施工方案</td><td></td><td rowspan="5">作业面防护</td><td>防护栏杆</td><td></td></tr>
<tr><td>施工交底</td><td></td><td>脚手板</td><td></td></tr>
<tr><td rowspan="3">材质</td><td>钢管</td><td></td><td>挡脚板</td><td></td></tr>
<tr><td>扣件</td><td></td><td>立网</td><td></td></tr>
<tr><td>跳板</td><td></td><td>兜网</td><td></td></tr>
<tr><td rowspan="3">杆件间距</td><td>外挑杆</td><td></td><td rowspan="2">荷载</td><td>设计荷载（N/m²）</td><td></td></tr>
<tr><td>立杆</td><td></td><td>荷载试验（N/m²）</td><td></td></tr>
<tr><td>横杆</td><td></td><td colspan="2">拉结</td><td></td></tr>
<tr><td colspan="6">搭设单位自检：

验收日期：　　年　　月　　日</td></tr>
<tr><td colspan="2">搭设负责人</td><td></td><td colspan="2">安全员</td><td></td></tr>
<tr><td colspan="6">项目自检：

验收日期：　　年　　月　　日</td></tr>
<tr><td colspan="2">方案制定人</td><td></td><td colspan="2">责任工程师</td><td></td></tr>
<tr><td colspan="2">安全总监</td><td></td><td colspan="2">技术负责人</td><td></td></tr>
<tr><td colspan="6">公司验收：

验收负责人：

验收日期：　　年　　月　　日</td></tr>
</table>

（5）附着式脚手架（整体爬架）验收单（表7－15）。

表7－15 附着式脚手架（整体爬架）验收单

<table>
<tr><td colspan="3">出租单位：</td><td colspan="3">搭设安装单位：</td></tr>
<tr><td colspan="2">验收项目</td><td>验收评定</td><td colspan="2">验收项目</td><td>验收评定</td></tr>
<tr><td rowspan="2">施工管理</td><td>施工方案</td><td></td><td rowspan="2">架体</td><td>材质</td><td></td></tr>
<tr><td>施工交底</td><td></td><td>架体构造</td><td></td></tr>
<tr><td rowspan="5">安全装置</td><td>附着支撑</td><td></td><td rowspan="4">架体防护</td><td>脚手板</td><td></td></tr>
<tr><td>升降装置</td><td></td><td>防护栏杆</td><td></td></tr>
<tr><td>防坠落装置</td><td></td><td>立网</td><td></td></tr>
<tr><td>导向防
倾斜装置</td><td></td><td>兜网</td><td></td></tr>
<tr><td>提升
保险装置</td><td></td><td rowspan="2">荷载</td><td>设计荷载
（N/m^2）</td><td></td></tr>
<tr><td colspan="2">出租及搭设资质</td><td></td><td>荷载试验
（N/m^2）</td><td></td></tr>
<tr><td colspan="6">搭设安装单位自检：

验收日期：　　年　　月　　日</td></tr>
<tr><td colspan="2">搭设负责人</td><td></td><td colspan="2">安全员</td><td></td></tr>
<tr><td colspan="6">项目自检：

验收日期：　　年　　月　　日</td></tr>
<tr><td colspan="2">方案制定人</td><td></td><td colspan="2">责任工程师</td><td></td></tr>
<tr><td colspan="2">安全总监</td><td></td><td colspan="2">技术负责人</td><td></td></tr>
<tr><td colspan="6">公司验收：

验收负责人：

验收日期：　　年　　月　　日</td></tr>
</table>

6）吊篮架子验收单（表7－16）。

表7－16 吊篮架子验收单

<table>
<tr><td colspan="6">搭设安装单位：</td></tr>
<tr><td colspan="2">验收项目</td><td>验收评定</td><td colspan="2">验收项目</td><td>验收评定</td></tr>
<tr><td rowspan="2">管理</td><td>施工方案</td><td></td><td rowspan="2">钢丝绳</td><td>承重绳规格</td><td></td></tr>
<tr><td>施工交底</td><td></td><td>保险绳规格</td><td></td></tr>
<tr><td rowspan="3">材质</td><td>挑梁</td><td></td><td rowspan="3">升降葫芦</td><td>单个起重量</td><td></td></tr>
<tr><td>钢管</td><td></td><td>保险卡</td><td></td></tr>
<tr><td>跳板</td><td></td><td>吊钩保险</td><td></td></tr>
<tr><td rowspan="2">挑梁</td><td>规格</td><td></td><td rowspan="5">作业面防护</td><td>防护栏杆</td><td></td></tr>
<tr><td>固定措施</td><td></td><td>脚手板</td><td></td></tr>
<tr><td rowspan="2">荷载</td><td>设计荷载（N/m^2）</td><td></td><td>挡脚板</td><td></td></tr>
<tr><td>荷载试验（N/m^2）</td><td></td><td>立网</td><td></td></tr>
<tr><td colspan="2" rowspan="2">吊篮规格
（长×宽×高）（m）</td><td rowspan="2"></td><td>兜网</td><td></td></tr>
<tr><td colspan="2">里皮与墙间距</td><td></td></tr>
<tr><td colspan="6">搭设单位自检：

验收日期： 年 月 日</td></tr>
<tr><td colspan="2">搭设负责人</td><td></td><td colspan="2">安全员</td><td></td></tr>
<tr><td colspan="6">项目自检：

验收日期： 年 月 日</td></tr>
<tr><td colspan="2">方案制定人</td><td></td><td colspan="2">责任工程师</td><td></td></tr>
<tr><td colspan="2">安全总监</td><td></td><td colspan="2">技术负责人</td><td></td></tr>
<tr><td colspan="6">公司验收：

验收负责人：

验收日期： 年 月 日</td></tr>
</table>

（7）提升式脚手架验收单（表7－17）。

表7－17 提升式脚手架验收单

<table>
<tr><td colspan="2">项目名称</td><td></td><td colspan="2">架体总高（mm）</td><td></td></tr>
<tr><td colspan="2">验收项目</td><td>验收评定</td><td colspan="2">验收项目</td><td>验收评定</td></tr>
<tr><td rowspan="2">管理</td><td>施工方案</td><td></td><td rowspan="2">吊篮</td><td>两侧防护</td><td></td></tr>
<tr><td>施工交底</td><td></td><td>导靴间隙</td><td></td></tr>
<tr><td rowspan="2">基础</td><td>基础做法</td><td></td><td rowspan="4">安全装置</td><td>吊盘停靠装置</td><td></td></tr>
<tr><td>水平偏差</td><td></td><td>超高限位</td><td></td></tr>
<tr><td rowspan="4">架体</td><td>标准节连接</td><td></td><td>信号装置</td><td></td></tr>
<tr><td>垂直度</td><td></td><td>限重标志</td><td></td></tr>
<tr><td>缆风和拉结</td><td></td><td rowspan="3">防护门</td><td>进料门</td><td></td></tr>
<tr><td rowspan="2">自由高度</td><td rowspan="2"></td><td>出料门</td><td></td></tr>
<tr><td>吊盘防护门</td><td></td></tr>
<tr><td rowspan="4">卷扬机</td><td>锚固</td><td></td><td rowspan="5">首层防护</td><td>护头棚</td><td></td></tr>
<tr><td>与地滑轮距离</td><td></td><td>周边围护</td><td></td></tr>
<tr><td>机棚</td><td></td><td rowspan="3">其他</td><td rowspan="3"></td></tr>
<tr><td>钢丝绳过路保护</td><td></td></tr>
<tr><td>钢丝绳</td><td>钢丝绳</td><td></td></tr>
<tr><td colspan="6">出租（安装）单位签字：

年 月 日</td></tr>
<tr><td rowspan="2">项目验收</td><td colspan="5">机械主管：
年 月 日</td></tr>
<tr><td colspan="5">安全总监：
年 月 日</td></tr>
<tr><td colspan="6">公司验收：
（20m以上高架）

验收负责人：

年 月 日</td></tr>
</table>

（8）施工现场临电验收单（表7－18）。

表7－18　施工现场临电验收单

<table>
<tr><td>单位名称</td><td></td><td>工程名称</td><td></td></tr>
<tr><td colspan="4">临时供用电时间：自　　年　　月　　日至　　年　　月　　日</td></tr>
<tr><td>项目</td><td>检查情况</td><td>项目</td><td>检查情况</td></tr>
<tr><td>临时用电施工组织设计</td><td></td><td>临时用电责任工程师</td><td></td></tr>
<tr><td>变配电设施</td><td></td><td>外电防护</td><td></td></tr>
<tr><td>三相五线制配电线路</td><td></td><td>三级配电两级保护</td><td></td></tr>
<tr><td>配电箱</td><td></td><td>接地</td><td></td></tr>
<tr><td>闸箱配电箱、闸具</td><td></td><td>室内外照明线路及灯具</td><td></td></tr>
<tr><td colspan="4">项目自检：

验收日期：　　年　　月　　日</td></tr>
<tr><td>方案制定人签字</td><td></td><td>安全总监</td><td></td></tr>
<tr><td>临时用电责任工程师签字</td><td colspan="3"></td></tr>
<tr><td colspan="4">公司验收：
验收负责人：

验收日期：　　年　　月　　日</td></tr>
</table>

（9）设备验收会签单（表7－19）。

表7－19　设备验收会签单

<table>
<tr><td>项目名称</td><td></td><td colspan="2">设备名称</td><td></td></tr>
<tr><td>验收阶段</td><td></td><td colspan="2">设备编号</td><td></td></tr>
<tr><td>会签单位</td><td>会签人员</td><td colspan="2">会签意见</td><td>签字</td></tr>
<tr><td>设备出租方</td><td>技术负责人</td><td colspan="2"></td><td></td></tr>
<tr><td rowspan="2">安装单位</td><td>安装负责人</td><td colspan="2"></td><td></td></tr>
<tr><td>安全监理</td><td colspan="2"></td><td></td></tr>
<tr><td rowspan="3">项目经理部</td><td>技术负责人</td><td colspan="2"></td><td></td></tr>
<tr><td>现场经理</td><td colspan="2"></td><td></td></tr>
<tr><td>安全总监</td><td colspan="2"></td><td></td></tr>
<tr><td rowspan="2">公司总部</td><td>项目管理部</td><td colspan="2"></td><td></td></tr>
<tr><td>安全监督部</td><td colspan="2"></td><td></td></tr>
<tr><td>备注</td><td></td><td></td><td></td><td></td></tr>
<tr><td>验收日期</td><td></td><td></td><td></td><td></td></tr>
</table>

注：1. 本会签表使用于塔吊、施工用电梯验收。

2. 表中验收阶段填写基础阶段、设备安装、顶升附着三个阶段。

3. 单项技术验收表验收合格后，有关各方进行会签。

（10）中小型机械验收单（表7－20）。

表7－20 中小型机械验收单

<table>
<tr><td>机械名称</td><td></td><td>使用单位</td><td></td><td>设备编号</td><td></td></tr>
<tr><td colspan="2">验收项目</td><td>验收评定</td><td colspan="2">验收项目</td><td>验收评定</td></tr>
<tr><td rowspan="3">状况</td><td>机架、机座</td><td></td><td rowspan="5">电源部分</td><td>开关箱</td><td></td></tr>
<tr><td>动力、传动部分</td><td></td><td>一次线长度</td><td></td></tr>
<tr><td>附件</td><td></td><td>漏电保护</td><td></td></tr>
<tr><td rowspan="5">防护装置</td><td>防护罩</td><td></td><td>接零保护</td><td></td></tr>
<tr><td>轴盖</td><td></td><td>绝缘保护</td><td></td></tr>
<tr><td>刃口防护</td><td></td><td rowspan="4">操作场所空间、安装情况</td><td rowspan="4"></td><td rowspan="4"></td></tr>
<tr><td>挡板</td><td></td></tr>
<tr><td>阀</td><td></td></tr>
<tr><td colspan="2">验收结论</td><td></td></tr>
<tr><td rowspan="2">验收签字</td><td colspan="2">出租单位：</td><td colspan="3">项目安全总监：</td></tr>
<tr><td colspan="2">项目责任工程师：</td><td colspan="3">项目临时用电责任工程师：</td></tr>
<tr><td colspan="6">验收日期： 年 月 日</td></tr>
</table>

参考文献

[1] 中华人民共和国住房和城乡建设部，中华人民共和国公安部. GB 50720－2011 建设工程施工现场消防安全技术规范 [S]. 北京：中国计划出版社，2011.

[2] 中华人民共和国住房和城乡建设部. JGJ 33－2012 建筑机械使用安全技术规程 [S]. 北京：中国建筑工业出版社，2012.

[3] 中华人民共和国建设部. JGJ 46－2005 施工现场临时用电安全技术规范 [S]. 北京：中国建筑工业出版社，2005.

[4] 住房和城乡建设部定额研究所. JGJ 59－2011 建筑施工安全检查标准 [S]. 北京：中国建筑工业出版社，2012.

[5] 中华人民共和国住房和城乡建设部. JGJ 128－2010 建筑施工门式钢管脚手架安全技术规范 [S]. 北京：中国建筑工业出版社，2010.

[6] 中华人民共和国住房和城乡建设部. JGJ 130－2011 建筑施工扣件式钢管脚手架安全技术规范 [S]. 北京：中国建筑工业出版社，2011.

[7] 中华人民共和国住房和城乡建设部. JGJ 162－2008 建筑施工模板安全技术规范 [S]. 北京：中国建筑工业出版社，2008.

[8] 中华人民共和国住房和城乡建设部. JGJ 164－2008 建筑施工木脚手架安全技术规范 [S]. 北京：中国建筑工业出版社，2008.

[9] 中华人民共和国住房和城乡建设部. JGJ 166－2008 建筑施工碗扣式钢管脚手架安全技术规范 [S]. 北京：中国建筑工业出版社，2009.

[10] 中华人民共和国住房和城乡建设部. JGJ 202－2010 建筑施工工具式脚手架安全技术规范 [S]. 北京：中国建筑工业出版社，2010.

[11] 中华人民共和国住房和城乡建设部. JGJ/T 250－2011 建筑与市政工程施工现场专业人员职业标准 [S]. 北京：中国建筑工业出版社，2012.

[12] 中华人民共和国住房和城乡建设部. JGJ 254－2011 建筑施工竹脚手架安全技术规范 [S]. 北京：中国标准出版社，2012.

[13] 中华人民共和国住房和城乡建设部. JGJ 276－2012 建筑施工起重吊装工程安全技术规范 [S]. 北京：中国建筑工业出版社，2012.

[14] 王洪德. 毕业就当安全员 [M]. 北京：中国电力出版社，2011.